U0220980

国家科学技术学术著作出版基金资助出版

Multi-body Spacecraft Dynamics
and Control Based on
Extended Degrees of Freedom

基于拓展自由度的
多体航天器动力学与控制技术

李 爽 佘宇琛 李胤慷 著

化学工业出版社

·北 京·

内容简介

本书聚焦空间多体航天器各个模块之间的接触与相对滑动动力学与控制问题，着重考虑目标与机械臂之间复杂接触环境的建模问题，提出了基于拓展自由度的动力学建模、参数辨识、组合体稳定控制等一系列方法。全书共分为两大部分：第一部分从理论角度，介绍了动力学建模与参数识别等相关问题，包括传统空间多体动力学系统建模理论、拓展自由度建模方法、多体系统运动测量与参数识别技术等内容；第二部分从工程应用场景角度，主要聚焦控制技术相关问题，通过几个具体的算例全面展示拓展自由度建模方法在不同的航天器控制任务中所起到的作用。

本书可供从事航天器动力学、多体动力学等相关研究领域的工程技术人员，以及高等院校航天相关专业师生参考。

图书在版编目（CIP）数据

基于拓展自由度的多体航天器动力学与控制技术 / 李爽，佘宇琛，李胤慷著. — 北京：化学工业出版社，2023.3

ISBN 978-7-122-42663-5

Ⅰ. ①基… Ⅱ. ①李… ②佘… ③李… Ⅲ. ①航天器 –飞行力学②航天器–飞行控制 Ⅳ. ①V412.4②V525

中国版本图书馆CIP数据核字（2022）第246281号

责任编辑：张海丽
责任校对：杜杏然
装帧设计：尹琳琳

出版发行：化学工业出版社
　　　　　（北京市东城区青年湖南街13号 邮政编码100011）
印　　装：三河市航远印刷有限公司
710mm×1000mm　1/16　印张15　字数270千字
2023年4月北京第1版第1次印刷

购书咨询：010–64518888
售后服务：010–64518899
网　　址：http://www.cip.com.cn

定　　价：128.00元　　　　　　版权所有 违者必究

空间多体航天器系统在现代航天任务中扮演着极其重要的角色，空间在轨服务与维护、空间交会对接、空间碎片清理、大型航天器在轨组装等都属于这个范畴。顾名思义，多体航天器指的是需要数个模块彼此连接协同才能运转的空间系统，而模块与模块之间在彼此连接接触的过程中，难免会出现固连、滑动、迟滞、扭转等复杂的接触现象。因此，对于模块之间存在物理接触的情况下出现的复杂相对运动的研究就显得尤为重要，这就是单边约束运动的概念。

当前，对空间多体航天器系统数学建模的方法一般较为固定，基本上都是采用基于多关节运动链系统的多体动力学模型。而对于关节之间的复杂接触和相对运动问题，现阶段的研究中则没有得到充分的讨论，也没有把这种复杂接触问题定量地引入到多体航天器的参数辨识与控制器设计之中。

本书主要以单边约束环境下的多体航天器动力学建模与控制技术为背景，重点研究基于拓展自由度方法的多体航天器各个模块之间的复杂接触情况下动力学建模问题，并发展了与之相配套的控制算法，从而较完满地解决了复杂接触条件下空间多体航天器动力学建模与控制难题。本书所提出的空间多体航天器动力学建模与控制技术，有效地提高了空间机械臂系统在复杂任务环境中的操控能力，为空间机械臂操控理论的发展提供了一条新思路，也为后续的相关型号任务的顺利实施提供了有益的借鉴。

本书将聚焦空间多体航天器各个模块之间的接触与相对滑动问题，通过动力学建模、参数辨识与控制器设计三个方面的工作，解决现有研究的不足。全书共分为两大部分：

第一部分为理论讨论，聚焦动力学建模与参数识别等相关问题，包括本书的第1章～第4章。其中，第1章为绪论，明确了本书的研究背景、研究目标和主要研究内容。第2章为传统空间多体动力学系统建模理论，介绍了在研究多体动力学系统过程中会用到的数学工具，并对传统的空间多体动力学建模方法进行回顾。第3章为拓展自由度建模方法，定义了本书的研究对象，明确了相关的假设和约束条件，并基于传统建模方法的不足，给出拓展自由度的具体定义。第4章为基于拓展自由度的多体系统运动测量与参数识别技术，对拓展自由度动力学模型进行进一步深入讨论，并从实际工程应用需求出发，对新增自由度的可观测性和普适性等方面的问题进行论证。

第二部分为应用场景分析，聚焦控制技术相关问题，通过几个具体的算例全面展示拓展自由度建模方法在不同的航天器控制任务中所起到的作用，包括本书的第5章～第8章。其中，第5章以空间单机械臂抓捕非合作目标为任务背景，描述了在考虑单边约束的情况下，利用拓展自由度建模方法实现对空间单机械臂组合体系统的建模与控制器设计。第6章则将研究对象定为带有铰间隙的多体航天器系统，以一个带有可运动天线的航天器控制任务为例，描述了基于拓展自由度的铰间隙多体系统的建模方法和相关的控制器设计。第7章进一步将任务场景设置为空间多机械臂系统，首先通过拓展自由度的方式提出了空间并联系统的动力学建模方法，并采用新型神经网络自适应方法实现了对空间多柔性机械臂系统的控制作业。可以注意到，第5章～第7章这三个应用场景都是单个多体航天器系统或机械臂抓住目标之后的组合体运动。为了尽可能全面地认识拓展自由度建模方法的特点和优势，本书最后在第8章将问题设定在空间机械臂抓捕非合作目标的任务之中，探讨拓展自由度模型在任务场景中同时存在机械臂和目标两个物体的情况下，对抓捕任务的规划和控制过程将起到怎样的影响。

本书主要由南京航空航天大学航天学院李爽、佘宇琛、李胤慷撰写。其中，第1章和第2章由李爽、佘宇琛撰写；第3章～第8章由李爽、佘宇琛、李胤慷撰写；李爽负责全书统稿和审校。在此，特别致谢上海交通大学孟光教授和西北工业大学邓子辰教授，他们都是我在学术研究中的良师益友，向他们表示衷心的感谢！本书的出版还得到了国家自然科学基金和中国航天科技集团五院 502 所空间智能控制技术重点实验室项目的支持，在此一并表示感谢！

本书在撰写过程中参考和引用了国内外相关文献，本书的完成离不开这些文献作者的开创性工作，在此表示深深的谢意。

限于作者水平及能力，书中难免有诸多不妥之处，敬请广大读者不吝批评指正。

李爽

2022 年 10 月

目录

第**1**章 绪 论 ————————————————————— 1

    1.1 空间多体动力学系统的定义与用途   2

    1.1.1 空间碎片清除   2

    1.1.2 空间服务与维护   3

    1.1.3 空间对抗   5

    1.2 单边约束空间多体动力学系统的典型案例   5

    1.2.1 空间机械臂组合体   5

    1.2.2 带有铰间隙的多体航天器   9

    1.3 本书的主要研究内容与章节安排   18

    1.3.1 当前研究存在的不足之处   18

    1.3.2 本书的研究内容与章节安排   20

第**2**章 传统空间多体动力学系统建模理论 —————————— 21

    2.1 常用坐标系定义与坐标转换方法   22

    2.2 空间多体系统的运动学建模方法   25

    2.3 空间多体系统的动力学建模方法   27

    2.3.1 牛顿 - 欧拉法   28

    2.3.2 拉格朗日法   30

    2.3.3 凯恩法   31

    2.3.4 仿真验证   33

    2.4 接触动力学模型在多体动力学系统中的应用   36

    2.4.1 常用的接触动力学建模方式   36

    2.4.2 传统接触动力学模型与多体动力学模型的集成方法   38

    2.5 现阶段多体动力学模型所存在的不足之处   40

第 **3** 章   基于拓展自由度的多体航天器动力学建模方法 ——— 41

    3.1   拓展自由度定义   42

    3.2   直线接触边缘工况下的拓展自由度动力学模型   44

    3.3   一般情况下的拓展自由度动力学模型   48

    3.3.1   拓展自由度可观测性分析   48

    3.3.2   一般情况下的改进型拓展自由度定义方式   50

    3.4   仿真验证   52

    3.4.1   固连状态动力学验证   53

    3.4.2   组合体航天器脉冲响应动力学验证   54

    3.4.3   拓展自由度模型与牛顿力学模型的比对   56

    3.4.4   非直线接触边缘工况与不同摩擦力模型的比对   57

    3.5   本章小结   61

第 **4** 章   基于拓展自由度的多体系统运动测量与参数识别

        技术 ————————————————————— 63

    4.1   相对运动测量与解算方法   64

    4.2   复杂相对运动环境下对非合作目标动力学参数的估计

        方法   68

    4.2.1   基于几何特征匹配的目标质心位置提取方法   69

    4.2.2   基于拓展自由度的空间机械臂组合体动力学模型分析   71

    4.3   基于初值猜测的非合作目标动力学参数识别方法   79

    4.4   仿真验证   84

    4.4.1   目标与执行机构间相对运动的测量策略   85

4.4.2 复杂相对运动环境下非合作目标的动力学参数识别算法
测试　87

4.5 本章小结　95

第 **5** 章　拓展自由度方法在空间单机械臂组合体系统中的
应用 ——————————————— 97

5.1 任务场景定义与传统机械臂零空间控制算法回顾　98

5.2 基于模式切换的空间非合作目标组合体阻尼消旋稳定控制
方法　100

5.2.1 第一类阻尼消旋控制方法　101

5.2.2 第二类阻尼消旋控制方法　103

5.2.3 基于多工作模式切换的组合体稳定消旋控制策略集成　105

5.3 考虑相对滑动的空间非合作目标组合体姿态机动控制
算法　107

5.4 仿真验证　109

5.4.1 基于模式切换的空间非合作目标组合体阻尼消旋稳定控制
方法　110

5.4.2 基于模式切换的空间非合作目标组合体姿态控制算法　116

5.5 本章小结　121

第 **6** 章　拓展自由度方法在带有铰间隙的多体系统中的
应用 ——————————————— 122

6.1 挠性运动部件与星体姿态的耦合动力学建模　123

6.1.1 任务场景定义　123

6.1.2　带有运动天线的敏捷卫星系统动力学建模方法　　124

6.2　运动天线转动扰动抑制与补偿控制器设计　　129

6.2.1　基于动力学模型的 LPV 误差识别方法　　129

6.2.2　一阶滑模控制方法　　130

6.2.3　针对天线挠性的讨论　　133

6.3　带有间隙的多体动力学系统建模　　134

6.3.1　任务场景介绍　　134

6.3.2　二阶滑模跟踪控制方法的讨论　　138

6.3.3　铰间隙对控制器的影响　　138

6.4　仿真验证　　139

6.4.1　不考虑铰间隙的定点模式控制　　140

6.4.2　不考虑铰间隙的多体系统跟踪模式控制　　145

6.4.3　带有铰间隙的控制器设计　　147

6.5　本章小结　　151

第 7 章　拓展自由度方法在空间多机械臂组合体系统中的应用 ——————— 152

7.1　平面环境内复杂多机械臂变拓扑系统的建模　　153

7.2　基于拓展自由度的三维空间内并联多臂系统动力学建模方法　　157

7.2.1　三维运动下摩擦力模型的拓展　　157

7.2.2　基于接触动力学模型的多体系统建模方法　　159

7.2.3　模型集成　　163

7.3　仿真验证　　166

7.3.1　二维环境任务场景仿真验证　　166

7.3.2　多机械臂对于多体目标的操控技术仿真　　　177

7.4　本章小结　　　182

第 **8** 章　拓展自由度方法在空间机械臂抓捕非合作目标过程中的
　　　　　应用 ————————————————— **183**

8.1　任务场景定义　　　184

8.1.1　单臂抓捕任务场景　　　184

8.1.2　多臂抓捕任务场景　　　186

8.2　抓捕策略设计　　　191

8.2.1　基于相对运动分解的空间单臂抓捕策略　　　191

8.2.2　基于深度强化学习的抓捕路径规划算法　　　199

8.3　仿真验证　　　209

8.3.1　单臂抓捕　　　209

8.3.2　多臂抓捕　　　216

8.4　本章小结　　　223

参考文献 ————————————————————— **225**

第1章
绪　论

1.1 空间多体动力学系统的定义与用途

本书主要以单边约束环境下的多体航天器动力学建模与控制技术为背景，重点研究多体航天器各个模块之间的复杂接触问题和相配套的控制算法。空间多体系统在现代航天任务中扮演着重要的角色，包括空间操控服务、交会对接、空间碎片清理、大型航天器在轨组装、执行机构展开、航天器可运动部件的转动等[1-2]。

1.1.1 空间碎片清除

空间碎片（Space Debris）主要包含卫星解体造成的碎片以及失效航天器和火箭残骸等物体，是人类太空活动的直接负面产物[3]。空间碎片是现阶段空间非合作目标操控领域主要的研究对象，得到了各个航天大国和多个国际航天组织的高度关注。根据欧洲航天局（ESA）最新公布的统计数据[4]，自 1957 年太空时代开始以来，火箭发射次数大约 6340 次（不包括故障）。这些发射活动已将 14710 颗卫星送入地球轨道，其中仍在太空中的卫星数目约为 9780 颗，仍在运行的卫星大约 6900 颗。由空间监视网络（Space Surveillance Networks）定期跟踪并编目的空间碎片大约 32500 个。截至 2022 年，产生空间碎片的碎裂、爆炸、碰撞或异常事件次数超过 630 次，在地球轨道上的所有空间碎片总质量超过 10500t（包含未被跟踪和编目的空间碎片）。截至 2022 年，基于统计模型估计的空间碎片数量为：大于 10cm 的空间碎片约为 36500 个；大于 1cm、小于 10cm 的空间碎片约为 100 万个；大于 1mm、小于 1cm 的空间碎片约为 1.3 亿个。可以预估，随着人类航天活动的加速发展，如果不对空间碎片进行人为干预，这一数字将呈现爆炸式增加。

另一个值得关注的问题是太空目标的自解体现象（Fragment Event）。由于火箭上面级、失效卫星等太空碎片往往都还保存有易燃易爆的燃料、氧化性较强的电池组件以及高压气体，在太空恶劣环境的长期辐射之下，储存这些活跃成分的储箱材料容易受到腐蚀变形，并与内部危险气体发生反应，造成结构的爆炸和解体。这类现象不可预测且不可控制，将造成大量小尺寸空间碎片。这些碎片不易探测且轨道参数复杂，对航天器和航天员的安全产生了巨大的威胁。相关统计数据显示[5]，目前太空碎片中 39.9% 来源于自解体效应。在成功被探测到的自解体现象中，58.4% 来自火箭上面级和卫星推进舱段，11.5% 来自 GEO 大型卫星平台，因此可以认为以上两种太空碎片最为危险，若长期停留在太空中将有重大安全隐患。根据公开的数据统计，目前太空碎片中，火箭上面级占到了 17.9%，大型卫星平台的比例更高。通过上述统计数据可以得知，空间碎片清理已经迫在眉睫，有着强烈的工程应用需求。对于此种太空碎片，近距离操作任务主要聚焦于对目标进行离轨作业，以腾出宝贵的太空空间供其他航天器使用，同时减少航天器发生碰撞的风险。

空间碎片分布与可能造成的威胁如图 1.1 所示。

1.1.2　空间服务与维护

空间服务技术（On-orbit Servicing）早在 20 世纪 60 年代就已经被提出，其全称为"在轨装配、维护与后勤支持"（Space Assembly、Maintenance and Servicing）[6]。该技术作为早期人类载人航天的基本需求之一，一度被列为航天技术发展的重要方向。与空间碎片清除任务中的离轨需求不同，空间服务技术的目标更加复杂，其主要包括以下两个方面：

① 受火箭推力、整流罩包络及机构复杂度的影响，当前的可展式结构难以满足未来深空探测、天文观测、战略侦察等工程所需的大面积、大跨度空间结构的构建要求。因此，在构建大面积、大空间跨度的空间飞行器时，可采用"化整为零"的思想，把子模块运入待定的空间位置，进行在轨组装。多个国家和地区都对这种任务进行了大量理论论证和型号试验，如我国正在深化论证的天基太阳能电站计划（Space Solar Power Station，SSPS）[7]以及欧洲航天局正在主推的大型太空望远镜项目[8]。除了概念论证，相关技术也已经被应用于真实的航天任务之中，包括已经搭建完成的国际空间站日本太空舱 KIBO[9]以及 2021 年发射升空的詹姆斯韦伯太空望远镜（JWST）[10]。在这种任务背景之下，需要操作的空间目标往往是货柜、舱段等不具备自主控制能力的航天器模块，这类目标不能配合主动航天器进行安装作业，因此可以认为这种操作目标是部分非合作目标。针对这种目标的抓捕难度得到了极大的降低，但抓捕后的组合体操控技术基本与传统意义上的非合作目标操控技术一致。因此，这一领域也通常被视为空间非合作目标操作技术的一个分支。更重要的是，由于这一分支的相关技术已经在部分型号任务中开展了应用，这也为包括机械臂路径规划、机械臂抓捕与控制等领域的硬件与算法提供了宝贵的在轨验证环境，是未来实现非合作目标抓捕任务的重要铺垫和跳板。

② 针对空间失效或故障航天器的在轨服务作业，包括航天器燃料加注、模块更换、关键部件维修等。在这一领域，国内外同样进行了大量理论研究和型号验证实验。例如，美国的"凤凰计划"，就是针对燃料耗尽但是载荷状态良好的航天器进行载荷拆除与平台更换作业，从而以较小的成本延长载荷的服役时间[11]。对于出现故障、燃料耗尽但是基本设备仍然完好的航天器，虽然通信、电力系统等仍可能正常工作，但是失效的航天器可能出现不受控翻滚、相对位置姿态信息交互障碍等问题，使得逼近、绕飞、伴飞、捕获等过程的风险大大增加。因此，

图1.1 空间碎片分布与可能造成的威胁示意图

这类航天器也应被视作非合作目标。

1.1.3　空间对抗

空间对抗的主要目的是针对潜在的敌方航天器进行跟踪、侦察、抓捕和打击。虽然对方航天器可能没有任何故障或失效，但是其同样不会配合我方航天器的接近和抓捕作业，甚至会主动逃逸和反击。由于对方航天器的控制策略不可预知，且对方的反制手段也无从知晓，因此，空间对抗是空间非合作目标操作技术的重点和难点。此外，出于国家空间安全的考虑，这一方面的技术仍然值得大力投入和研发。

1.2　单边约束空间多体动力学系统的典型案例

上面已经集中讨论了多体航天器系统的几种主要用途，说明了该种航天器系统在人类探索利用太空的过程中所起到的重要的作用。顾名思义，多体航天器指的是需要数个模块彼此连接协同才能运转的空间系统，而模块与模块之间在彼此连接接触的过程中，难免会出现固连、滑动、迟滞、扭转等复杂的接触现象，因此，对于模块之间存在物理接触的情况下出现的复杂相对运动的研究就显得尤为重要，这就是单边约束运动的概念。本节从几个角度介绍单边约束多体航天器的几个典型案例，并分析当前航天任务中多体航天器在复杂接触环境下的动力学特征与控制方式。

1.2.1　空间机械臂组合体

最典型也最为大众所熟知的空间多体航天器的案例就是空间机械臂。空间机械臂本质上是一个搭载了机械臂的卫星。利用所搭载的机械臂，此种卫星可以实现对空间目标，特别是非合作目标的抓捕操作，并进而完成在轨组装、搬运、切割、喷涂等多种服务任务，是实现大型航天器组装、深空探测采样、在轨维修维护等任务的重要工具。根据搭载的机械臂的数量，可以分为开链机械臂（单机械臂）系统和并联闭链机械臂（多机械臂）系统。为此，本小节将分别从开链、闭链两个层面出发，对空间机械臂的研究现状进行简要的回顾。

1.2.1.1　空间开链机械臂系统

由前面的论述可以得知，空间机械臂操控是目前世界公认较为可行的空间操控方式。美国、俄罗斯、日本和欧洲等国家和地区均已在该领域开展了大规模的基础研究和型号验证实验，其中的著名案例包括日本于 1997 年发射升空的应用技术试验卫星 7 号（ETS-VII）[12]、美国于 2007 年发射的轨道快车卫星（Orbit Express）[13]，以及国际空间站上搭载的加拿大机械臂（Canada Arm）[14] 等。其中，ETS-VII 卫星如图 1.2 所示，由一大一小两颗航天器组成，其中主体航天器搭载了机械臂和传感器系统，负责对释放后的小型航天器进行抓捕与控制测试。该项目首次验证了反应零空间控制（Reactionless control），并取得了大量学术成果，为空间机械臂技术的研究和发展提供了宝贵的数据和实验资料。美国的轨道快车卫星系统如图 1.3 所示，该系统的任务需要三颗航天器在轨协同完成。其基本任务流程分为以下三步：一颗采用模块化设计的航天器在高轨道等待服务；一根空间服务机械臂进入太空，与被服务航天器对接并进行模块更新维护操作；一颗货运航天器进入太空，空间服务机器人与货运航天器对接，装载货物并补充燃料，再将货物运送至被服务航天器，并对其进行进一步的补给和模块更换。从对该任务的分析可以看出，其任务理念非常先进，对未来航天器在轨维护服务技术进行了全方位的测试和验证。而空间机械臂在该任务中更是起到了决定性的作用，捕获对接、维护操控、模块更换等各个层面都围绕空间机械臂展开。国际空间站作为人类目前建立过的最大的航天器，一直作为空间操控与服务技术的在轨实验平台。至今为止，国际空间站上总共搭载了三根机械臂，包括加拿大臂 2 号臂、日本太空舱 KIBO 机械臂和欧洲机械臂（ERA）。这三根机械臂均具备 7～9 个关节，可以装载 4～11t 重的物体，它们在国际空间站的组装、维护、模块更换等工作中发挥了重要的作用。其中，最典型的案例就是日本太空舱 KIBO 的在轨组装任务。在该任务中，首次采用了两根机械臂协同安装的方式，对 KIBO 的外露实验平台进行拼接和组装，如图 1.4 所示，显示了强大的多臂在轨协同操作能力，为未来复杂结构在轨组装提供了先导支持和前期经验。以上任务为空间非合作目标在轨操控技术打下了坚实的基础，同时也反复印证了空间机械臂技术对于空间操控任务的重要性。

空间机械臂与地面运行的机械臂系统存在着诸多不同。首先，由于空间机械臂系统处于自由漂浮状态，没有固定基座的概念。这一现象直接影响到了空间机器人的数学模型，即它的运动学与动力学是耦合的。对于地面机械臂，在关节质量、转动惯量不明确的情况下，仍然能够从几何的角度对机械臂的运动路径进行设计[15]。但是对于空间机械臂，该方法将不再适用，因此，需要设计新的数学模型对该复杂系统的运动进行描述。与此同时，空间机械臂所抓捕和操控的目标与传统机械臂也存在明显区别。在抓捕前，非合作目标可能存在自旋、平移等复杂运动；在抓捕后，非合作目标与执行机构之间可能继续存在滑动、扭转等相对运动。因此，抓捕路径规划与组合体控制器设计是空间机械臂技术研究的重点和

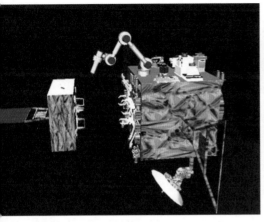

图 1.2　日本 ETS-Ⅶ 卫星

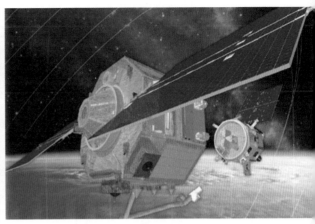

图 1.3　美国轨道快车卫星系统

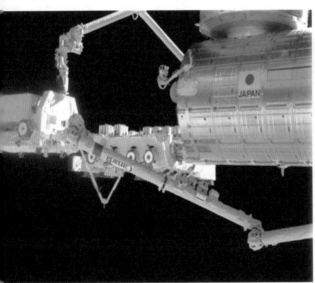

图 1.4　国际空间站上搭载的机械臂与航天飞机机械臂在轨运行图片

难点[13]。

1.2.1.2　空间并联结构机构

　　闭链结构机构的主要特征是并联约束多体系统。与开链系统不同，并联系统一般存在复杂的拓扑约束，因此只需要其中一部分主动关节施加控制输入，则剩余所有关节的运动都可以解算。空间并联多体系统可以是多机械臂组合体系统，也可以是并联机械结构，如载人飞船的对接环等。因此，本小节将以上两种空间多体系统统一进行讨论。

对于空间多机械臂系统，由于其运动约束众多，星载软件一般难以实现对这种系统的快速计算。因此，截至目前，在公开的人类航天任务中，多机械臂系统并不多见。其较为典型的案例就是 2008 年国际空间站上完成部署的"并联特别执行机构"（Special Purpose Dexterous Manipulator，SPDM）系统[16]。该系统为加拿大机械臂执行机构 SARAH 的一个新增模块，由两根 7 自由度小型机械臂组成，分别安装在 SARAH 主执行机构的两侧，如图 1.5 所示。由于加拿大机械臂的长度长达二十多米，因此其柔性较强，加上电机分辨率、传感器精度的不足，难以利用这样一根巨大的机械臂进行精密操作。为解决这一问题，当 SARAH 主执行机构在加拿大臂的驱动下运动到某个目标的大致位置之后，这两根小机械臂可以在大致位置的附近进一步进行高精度精密操作，从而提高机械臂操控的精度以完成一些之前无法实现的任务。除此之外，在上一小节的讨论中，图 1.4 展示的国际空间站两根机械臂的协同操作场景，也可以近似认为是双机械臂并联系统操作场景。考虑到并联系统的复杂运动约束所带来的高任务风险，现阶段的多机械臂协同操控任务一般采用人在回路策略[14]，以确保任务过程的安全。除了国际空间站之外，其他公开的空间多机械臂系统基本上都处于论证阶段或地面实验阶段，其典型案例包括欧洲的 CADET 空间机械臂系统[17]和日本学者提出的 TAKO 空间机械臂等[18]，如图 1.6 所示。这两种系统的设计思路很类似，都是在航天器平台上安装两根多关节机械臂系统，在太空中通过环抱的方式抓住非合作目标，并对其进行进一步的操控作业。通过分析可以得知，此种操控策略主要的难点在于环抱式接触过程中目标与机械臂之间的多点碰撞，以及接触问题的分析与建模[19]。如果目标质量较大，则环抱住目标之后可能出现无法消旋稳定的危险情况，从而威胁到主动航天器的安全。为此，这两种系统至今仍停留在理论

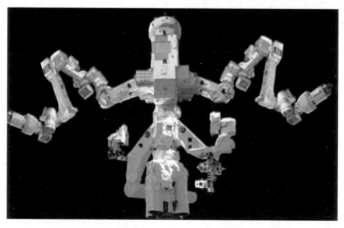

图 1.5   国际空间站上的 SPDM 并联执行机构

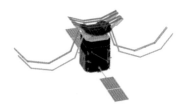

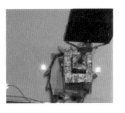

图 1.6　欧洲 CADET 与日本 TAKO 并联抓捕系统设计图与样机

分析与样机试验的阶段。

　　除了空间多机械臂系统，并联结构机构在航天器设计中的重要应用案例就是载人飞船与空间站所配备的对接机构。空间站和载人飞船是实现载人航天的必要手段，而在轨交会对接技术则是实现可持续载人宇宙飞行的必要前提。截至目前，共有俄罗斯、欧洲、日本、美国和中国五个国家或地区研制过载人太空飞行器。其中，欧洲采用了俄罗斯的杆式对接机构[20]，日本则采用了美国的对接环机构[21]。因此，实际上真正拥有自主交会对接技术的国家目前只有中国、美国、俄罗斯。其中，中国的对接机构与美国类似，采用了对接环并联机构[22]，如图1.7 所示。从图中可以看出，此种机构本质上可以视作一个并联伺服平台，这种平台在地面被广泛用于飞行模拟器、可运动伺服平台和娱乐设施等。此种机构的特点在于具备较强的冗余性和鲁棒性，有较高的可控性和可靠性。这种伺服系统一般仅采用运动学控制，不涉及动力学解算，因此算法设计简单且技术成熟，计算效率高。

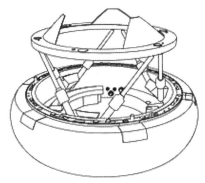

图 1.7　载人航天中所采用的舱段对接环并联机构

1.2.2　带有铰间隙的多体航天器

　　与空间机械臂类似，带有铰间隙的多体动力学系统（Multi-body System with Clearance）一直是机械领域和控制领域研究的重点对象，同时也是一个典型的非线性系统。其在实际生活中的应用案例包括曲柄、轴系和液压伺服机构等。在航天领域，该种结构也在逐渐得到更高的重视。因为太空环境恶劣，转动天线、机械臂、大型帆板等结构的关节之间往往留有间隙，以弥补热胀冷缩和油膜等现象所带来的结构应力。对于此种结构的动力学建模，也逐渐成为航天领域内研究的重点方向[23]。本书以带有间隙的轴系为例，介绍拓展自由度方法在带有间隙的动力学系统建模中的应用。

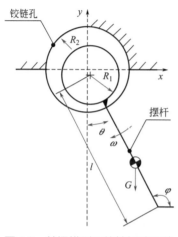

图 1.8　单摆模型下的铰间隙系统

对于航天器来说，带有间隙的多体结构主要体现在星载可运动部件上，主要包括星载天线、雷达、激光或相机的转台。此种二维云台能够主动调整有效载荷的指向方向，从而实现通信、观测、打击等多种任务，是很多航天任务成功的重要保障。在传统的观念中，基于电机传动的主动可控转动关节的基本构型是如图 1.8 所示的齿轮减速器构造，而显然此种构造并不具备铰间隙关节的基本特征。为此，我们针对铰间隙问题进行了文献调研，在调研中发现铰间隙的原始定义与本书所描述的动力学系统似乎存在着一定的出入。在传统的多体动力学研究中，铰间隙主要是用以描述被动关节系统的运动形式。譬如，在文献 [24] 中，就提到了如图 1.8 所示的带有铰间隙的单摆模型。从图中可以看出，整个系统唯一的一个控制输入（重力）作用在摆杆的重心位置，而铰链孔与轴之间的相对运动是摆杆在重力作用下的往复运动所产生的牵连运动，在铰链孔和轴的位置并没有实际的控制输入。因此，铰间隙关节实际上是一个被动关节，其不存在主动的控制输入，影响铰间隙的碰撞力、摩擦力、扭矩等接触力实际上是其他主动关节运动所导致的牵连运动的附属产物。

类似的案例还有很多，如同样在文献 [24] 中所提及的如图 1.9 所示的带有铰间隙的导弹气动舵面控制系统，从其结构设计中可以看出，铰间隙关节 A 和 B 都不具备主动控制系统，而舵机所控制的伸缩推杆没有铰间隙的存在。与此同时，在文献 [25] 中则展示了如图 1.10 所示的两组双铰间隙传动系统，分别代表了平动传动和转动传动的机械设计方式。从图中可以看出，以上两种传动系统都是由单一控制输入外加两个带有铰间隙的被动关节所构成的。因此，可以得出结论：在传统的机械设计领域中，带有铰间隙的关节往往是不具备主动控制机构的被动关节，只能够在其他主动可控关节的运动过程中，受牵连运动导致轴鞘与轴互相碰撞而产生复杂的应力和控制反馈。

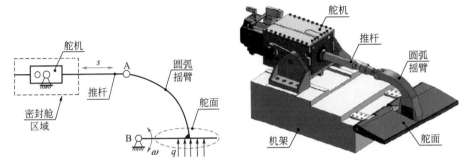

图 1.9 带有铰间隙的导弹气动舵面控制系统示意图

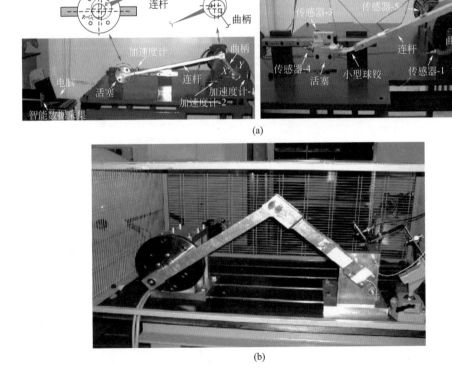

(a)

(b)

图 1.10 双铰间隙平动传动系统和转动传动系统实验平台

在航天领域内，带有铰间隙结构与机构的航天器也已经大量服役。此种机构在航天器上主要分为两类：一是可展开机构，包括太阳能帆板、大型天线、柔性散热器等；二是可运动部件，主要为小型天线、相机、激光器的二维旋转云台。本小节将从以上两类结构的角度出发，分别介绍带有铰间隙的多体航天器的型号任务和相关控制方法。

1.2.2.1　可展开机构

本小节主要介绍可展开机构的相关型号任务，内容包括结构设计、动力学模型和控制方法等。众所周知，大型可展开天线是大型通信卫星、中继卫星、对地观测卫星、深空探测器等航天器任务得以实现的基础。因此，世界各国均已针对这一领域进行了大量理论研究和型号试验任务，其中，日本、美国与欧洲在这一领域处于领跑地位。在大型可展开机构的型号试验任务中，最为典型的案例是 2006 年发射入轨的日本 ETS-Ⅷ号大型通信试验卫星，如图 1.11 所示[26]。该卫星由日本宇航研究发展机构（JAXA）负责研制，重 5.8t，于 2006 年 12 月 18 日由日本 H-ⅡA 运载火箭发射升空并在 GEO 轨道上成功定点。该航天器搭载了大型可控太阳帆板阵列和两面大型展开式天线系统。从已公开的数据中可以得知，该航天器的卫星平台尺寸约为 7.3m×2.45m×2.35m，而它所搭载的太阳帆板翼展达到了 40m，大型通信天线的总跨度也达到了 37m。为了能够将这种巨大的结构成功装载进入运载火箭整流罩并发射升空，该颗卫星创新性地采用了柔性网状材料作为大型天线反射面的结构材料。天线柱体结构由桁架框架构成，柔性网状材料依附于桁架结构上形成类似雨伞的结构。此种结构的地面测试画面如图 1.12 所示，可以看出，此结构可以跟随桁架结构的变化伸展和折叠。在发射准备阶段，天线将呈现收拢状态，如图 1.13 所示；在发射入轨之后，天线将跟随桁架结构的伸展而处于展开状态并对地面目标提供通信服务，如图 1.14 所示。

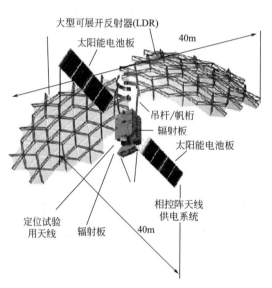

图 1.11　日本 ETS-Ⅷ 卫星示意图

除了日本，美国在航天器大型天线的动力学特征和控制策略领域也进行了深入的研究。在进行大量地面半物理实验的同时，还发射了多颗实验验证卫星对动力学系统和控制方法进行验证。其中的典型案例包括 ICO-G1 卫星上所搭载的 12m 口径可展开式天线系统[27]、TacSat-4 航天器所搭载的 4m 口径柔性天线结构[28]、TRW 公司于 2000 年发射升空的 Thuraya-1 卫星所搭载的 12.25m 口径天线结构[29]以及 2010 年升空的 Skyterra-1 卫星所搭载的 22m 口径大型天线结构[30]等，以上航天器载荷以及型号在图 1.15 ～图 1.18 中进行了集中展示。其中，ICO-G1 卫

图 1.12　日本 ETS-VIII 卫星可展开天线地面测试画面

图 1.13　ETS-VIII 卫星大型天线处于收拢状态

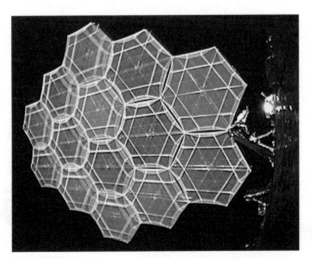

图 1.14　ETS-VIII 卫星天线太空展开后的状态

星和 Skyterra-1 卫星所搭载的大型挠性天线均为可控的运动部件。可以看出，美国在大型运动部件的动力学响应与振动抑制领域已经走在世界前沿，已经形成了口径从数米级别到数十米级别的尺寸覆盖以及功能覆盖的产品系列，能够满足不同成本、不同需求的通信任务。其中，Skyterra-1 卫星由波音公司负责制造，在 2010 年 11 月由质子 -M 型火箭发射升空并成功定点在 GEO 轨道之上。该航天器重 5.4t，航天器平台采用了波音公司成熟的 BSS-GEM 系统，22m 口径偏馈天线展开后即可以独立对全美地区进行通信覆盖服务。从目前公开的数据看，该型航天器采用的姿态控制策略与日本 ETS-Ⅷ卫星的策略类似，主要以加速度前馈策

图 1.15   Thuraya-1 所搭载的大型柔性天线结构

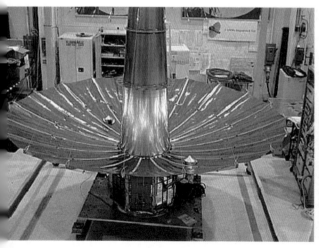

图 1.16   TacSat-4 所搭载的 4m 口径天线

图 1.17   Skyterra-1 卫星所搭载的天线

略修正由于天线挠性所造成的对地定向姿态误差。而对于其星载天线的控制方法、展开策略以及振动抑制手段等，均没有进一步公开的资料可供查证。不过通过该任务的描述可以推断，此任务的航天器姿态指向需求为对地定向，天线对准方向为北美大陆。因此，应该不存在大规模姿态机动与运动部件机动的任务场景，故传统的扰动加速度前馈控制应该已经可以基本满足任务需求。

图 1.18　ICO-G1 卫星示意图

除了型号任务验证，美国还针对大型天线结构的动力学响应以及控制问题展开了一系列基于物理或半物理模型的地面试验。由于较为传统或成熟的技术均已经在真实的航天任务中进行了试验验证，对于地面试验，美国主要聚焦于新技术与新概念的可行性、可靠性研究，包括新型天线结构方案、新型天线系统设计、新型控制策略以及天线模拟样机的动力学测试等。其中，较为典型的案例为美国航空航天局（NASA）主持研制的充气式可展开天线系统，如图 1.19（a）所示。此种天线在发射准备时处于收拢状态，当发射入轨后通过充气的方式进行展开。待结构完全充气展开到位后，通过喷洒固化剂的方式使得天线反射面得到固化，同时尽可能降低天线结构的挠性。此种天线结构的好处是系统质量进一步降低、收拢后的结构变得更加小巧。因此，这种类型的天线结构可以轻易地做到几十米甚至上百米口径。虽然此种结构由于充气的原因或多或少会产生挠性，但是在加入固化剂之后同样具有扇面质量低、可靠性高、气囊材料对热变形不敏感、材料选择灵活等其他多种优点，必将成为未来下一代星载大型 / 超大型运动天线的研制方向之一。另一个地面验证试验的典型案例为洛克希德马丁公司的大型卷曲收拢天线系统。此种系统外形上采用了传统的抛物面有肋天线的基本构型，但是最大的不同为天线肋采用了大挠性的柔性结构，如图 1.19（b）所示。这样，天线的收拢模式就不再需要拘泥于传统的伞状收拢方式，而可以利用天线肋的挠性，将肋条折叠或是缠绕在天线抛物面中心的主轴之上，从而达到进一步缩小天线收拢后尺寸的目的。

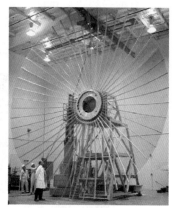

(a) 充气天线   (b) 柔性肋天线

图 1.19　充气天线和柔性肋天线的地面验证试验

1.2.2.2　可运动部件

本小节主要介绍可运动部件的动力学建模与控制技术，包括星载可运动天线、可运动相机以及我国 2020 年成功在轨验证的太空 3D 打印技术等。

首先，在现代航天器设计过程中，运动天线往往是航天器最重要的外设附件之一，负责整星与地面控制中心或中继卫星之间的数据传输，是当代高分辨率成像卫星实现大规模载荷数据快速下传的关键部件。然而，运动天线在其对地面站或中继卫星的定向运动过程中，不可避免地会对航天器姿态产生严重影响，是整星姿态扰动的重要来源之一，严重时可能导致整星姿态稳定度无法满足有效载荷高精度成像的要求。随着遥感载荷成像分辨率的大幅提高，新一代遥感卫星必须具备大规模载荷数据快速下传的能力，因而要求数传天线、中继天线等定向运动天线在卫星可见弧段内快速建立数据链路，并对通信目标进行高精度的平稳跟踪，完成载荷数据的高速下传。

作为典型案例，上一小节提到的 ETS-Ⅷ卫星所搭载的大型天线就是可运动部件，每个天线均由一个二轴驱动电机系统实现相对于航天器平台的二维指向定点控制。ETS-Ⅷ卫星天线结构如图 1.20 所示。通过上一小节对航天器以及载荷尺寸的讨论可知，这是一个典型的大型挠性运动部件的控制问题。为了能够正确控制航天器的姿态并将挠性部件对航天器姿态的影响降到最低，日本学者们提出了多种姿态控制方法并在真实的飞行任务中进行了验证。首先，针对大型通信天线的控制策略如图 1.21 所示。从图中可以看出，该任务的控制指标为日本本土地面覆盖率，而针对挠性部件对姿态扰动的抑制控制完全由航天器平台的姿态控

制系统来实现。根据目前公开的文献资料显示，在 ETS-Ⅷ卫星上总共试验了至
少 5 种控制器设计，它们分别为：传统 PD 控制器；基于 μ 综合方法的线性时不
变控制律（Linear time invariant control law by applying μ- synthesis）；使用线性插
值的增益调度控制律（Gain scheduling control law using linear interpolation）；基于
对称动态输出反馈控制器的二自由度控制律（Two degrees-of-freedom control law
based on symmetric dynamic output feedback controller）；基于对称静态输出反馈
控制器的二自由度控制律（Two degrees-of-freedom control law based on symmetric
static output feedback controller）。其中，除了 PD 控制器以外，其余控制器都是
基于线性时变系统模型［Linear parametric varying（LPV）dynamic model］而制
定的自适应控制算法。这些控制器主要是基于多体航天器的动力学模型，在传统

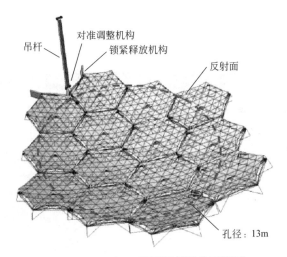

图 1.20　ETS-Ⅷ卫星天线结构示意图

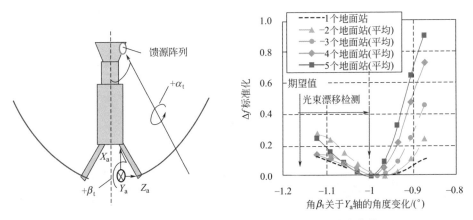

图 1.21　ETS-Ⅷ天线二轴转动调整与地面覆盖率曲线

的控制器增益自适应（Gain scheduling）控制框架之下，解算出合适的 PD 控制器增益，从而令控制系统拥有足够的鲁棒性和稳定裕度来抑制挠性振动对航天器的干扰。以上控制器均在真实飞行中进行了实际测试和比对，从而成功地测试了基于模态振幅反馈的自适应控制算法，证明了在某些情况下通过航天器平台姿态控制器的设计可以从算法的角度解决挠性运动部件对航天器姿态的影响问题，也为 ETS-Ⅷ卫星飞行任务的成功做出了巨大的贡献。

除了上述大型柔性可运动部件之外，航天器系统的另一个典型可运动部件为高精度高转速可运动天线，如图 1.22 所示。此种可运动部件尺寸小、刚度较高，因此对航天器平台的振动扰动有限。该种天线控制系统与上述柔性天线不同，它的设计重心不是如何利用鲁棒性消除柔性天线振动对航天器本身的影响，而是聚焦于天线的快速转动与高精度跟瞄。因此，该种控制器一般采用滑模、神经网络自适应或反步法等高增益高带宽的控制方法，让运动天线进行快速机动和高精度指向。

图 1.22   ESA-ENTRUSTED 航天器示意图

1.3   本书的主要研究内容与章节安排

1.3.1   当前研究存在的不足之处

在对前面章节的论述进行总结之后可以看出，多体航天器的种类繁多，但对其数学建模的方法一般较为固定，都是采用基于多关节运动链系统的多体动力学模型。而对于关节之间的复杂接触和相对运动问题，现阶段的研究中则没有得到充分的讨论，也没有把这种复杂接触问题定量地引入多体航天器的参数辨识与控制器设计之中。为此，我们梳理出现阶段多体航天器控制的几个典型不足：

（1）空间多体航天器动力学建模

在空间多体航天器动力学建模方面，现阶段主要采用的方式为多刚体动力学模型，其主要不足在于很少有文献对目标与执行机构之间的相对运动进行详细研究。虽然在文献［31］和［32］中，已经对目标与执行机构之间的接触动力学和相对滑动进行了论述，但是至今仍未有一种统一的定量方法来描述目标与执行机构之间的复杂相对运动情况。因此，在本书的研究中，主要的难点在于目标相对运动参数的选择，以及如何采取合适的方法，将目标的相对运动参数集成到传统多体航天器动力学系统之中。

（2）空间非合作目标与主动航天器之间的相对运动测量与动力学参数辨识

从前面的讨论中可以看出，非合作目标多体系统的操控难度特别大，风险也很高。在这个领域内，现阶段几乎所有的研究都聚焦于抓捕前非合作目标与主动航天器之间的相对运动测量。机械臂与目标接触之后，一般认为目标与机械臂完美固连，而未充分地考虑两者之间的相对滑动对后续的测量和动力学参数解算的影响。对于非合作目标动力学参数辨识的问题，现有研究更是仅仅考虑在目标与执行机构固连的情况下，将动力学参数辨识转化成对一个单刚体的转动惯量和质心位置的识别操作。因此，本书在该领域研究的主要问题就是如何在目标与执行机构之间存在相对滑动的情况下有效识别目标的动力学参数。

（3）空间多体航天器控制技术

正如 1.2 节中所论述的，目前针对空间多体航天器系统的控制技术主要从两个层面入手，即基于柔性多体动力学 PD 闭环系统被动 Lyapunov 稳定的鲁棒控制方法和基于柔性多体动力学模型的 LPV 控制方法。其中，鲁棒控制器可以通过选择合理的 PD 控制器增益实现对部分被动关节的运动控制，此种控制方法广泛用于柔性可运动天线的控制器设计之中。对于空间机械臂，PD 鲁棒控制器的价值更多地体现在将目标与执行机构间的复杂接触现象视作机械臂受到的外在扰动，从而利用鲁棒控制器对此种扰动进行抑制。而空间机械臂的主流控制方法则是 LPV 控制思路，其中的 RNS 方法更是得到了学者们的广泛认可。该方法利用多体系统的冗余性，以牺牲部分自由度为代价，在完成主要控制需求的情况下兼顾对某些其他被动自由度的运动控制。但是，在上述方法中，均没有对目标与执行机构之间的相对滑动做出处理。通过分析可知，目标与执行机构间的相对滑动与传统多体系统中的挠性自由度、无驱动的曲柄等类似，本质上都可以归纳为被动关节。这些自由度没有执行机构，无法直接通过控制器进行控制，且往往存在测量识别困难、摩擦力建模复杂和非线性强等特点。为此，本书在控制方面的主要研究就是如何在传统多体系统控制方法的基础上，将已有技术与新的任务场景进行类比和结合，从而给出在实现组合体稳定消旋的同时，有效抑制相对滑动的方法。

1.3.2   本书的研究内容与章节安排

基于以上的讨论，本书将聚焦空间多体航天器各个模块之间的接触与相对滑动问题，通过动力学建模、参数辨识与控制器设计三个方面的工作，解决现有研究的不足。本书的内容主要分为以下两个部分：

第一部分为理论讨论，聚焦动力学建模与参数识别等相关问题，包括本书的第1章～第4章。其中，第1章为绪论，明确了本书的研究背景、研究目标和主要研究内容。第2章为传统空间多体动力学系统建模理论，介绍了在研究多体动力学系统过程中会用到的数学工具，并对传统的空间多体动力学建模方法进行回顾。第3章为拓展自由度建模方法，定义了本书的研究对象，明确了相关的假设和约束，并基于传统建模方法的不足，给出拓展自由度的具体定义。第4章为基于拓展自由度的多体系统运动测量与参数识别技术，对拓展自由度动力学模型进行进一步深入讨论，并从实际工程应用需求出发，对新增自由度的可观测性和普适性等方面的问题进行论证。

第二部分为应用场景分析，聚焦控制技术相关问题，通过几个具体的算例全面展示拓展自由度建模方法在不同的航天器控制任务中所起到的作用，包括本书的第5章～第8章。其中，第5章以空间单机械臂抓捕非合作目标为任务背景，描述了在考虑单边约束的情况下，利用拓展自由度建模方法实现对空间单机械臂组合体系统的建模与控制器设计。第6章则将研究对象定为带有铰间隙的多体航天器系统，以一个带有可运动天线的航天器控制任务为例，描述了基于拓展自由度的铰间隙多体系统的建模方法和相关的控制器设计。第7章进一步将任务场景设置为空间多机械臂系统，首先通过拓展自由度的方式提出了空间并联系统的动力学建模方法，并采用新型神经网络自适应方法实现了对空间多柔性机械臂系统的控制作业。可以注意到，这三个应用场景都是单个多体航天器系统或机械臂抓住目标之后的组合体运动。为了尽可能全面地认识拓展自由度建模方法的特点和优势，本书最后在第8章将问题设定在空间机械臂抓捕非合作目标的任务之中，探讨拓展自由度模型在任务场景中同时存在机械臂和目标两个物体的情况下，能够对抓捕任务的控制和规划过程起到怎样的影响。

第 **2** 章
传统空间多体动力学系统建模理论

　　根据第 1 章的讨论可以得知，空间多体系统是近年来航天领域中的研究热点之一，而对多体航天器精确的运动学与动力学描述是规划算法与控制算法设计的基础，因此，本章将对传统空间多体动力学系统建模中常用的数学工具以及建模理论进行系统回顾。本章的讨论主要分为以下几个部分：首先，2.1 节对多体系统建模中常用的坐标系进行定义，并介绍坐标系间的转换方式，为后续的运动学建模与动力学建模提供必要的工具；进一步地，2.2 节对目前常用的空间多体动力学系统的运动学建模方法进行具体的理论推导，包括固定基座与自由漂浮基座的情况；在此基础上，2.3 节对牛顿 - 欧拉法、拉格朗日法与凯恩法三种常用于空间多体系统动力学建模的方法逐一进行理论推导，对方法的优势与缺点进行对比分析与总结，并通过仿真对模型进行验证；在完成空间多体系统动力学建模之后，2.4 节针对空间多体系统与空间目标接触时的接触动力学模型进行推导，并考虑到空间多体系统与目标接触时的受力情况，介绍传统接触动力学模型与多体动力学模型的集成方法；最后，2.5 节分析现阶段多体动力学模型所存在的一些不足之处，并引出本书所采用的空间多体系统动力学建模方法。

2.1　常用坐标系定义与坐标转换方法

为了使空间多体系统的运动学与动力学建模更加清晰与方便,首先需要建立合适的坐标系,并对坐标系间的转换方法进行分析。下面将以空间机械臂系统为例,具体介绍目前常用坐标系的定义方法与转换方法。

考虑如图 2.1 所示的空间机械臂多体系统,该系统由基座卫星以及一根四自由度的机械臂组成。为了方便对问题的数学描述,常用的坐标系建立方法如下:

① 惯性坐标系 $O_I\text{-}X_IY_IZ_I$:该坐标系中心定义为惯性空间中任一固定点,三轴指向在惯性空间保持不变。这里需要指出,本书所述的惯性空间认为提供轨道运动的向心力与万有引力完全一致,从而将多体系统在质心附近的位置姿态运动与轨道运动完全解耦处理。不考虑航天器系统本身在太空中所受到的轨道运动和万有引力,即假设航天器是一个自由漂浮状态的空间多体系统。

② 基座卫星本体系 $O_B\text{-}X_BY_BZ_B$:该坐标系中心建立在基座卫星质心位置,其三轴指向与基座卫星固连,并指向基座卫星最大、最小惯量轴方向。在任务场景中,航天器姿态指向的定义为基座卫星本体系 $O_B\text{-}X_BY_BZ_B$ 与惯性坐标系 $O_I\text{-}X_IY_IZ_I$ 之间的相对姿态。该坐标系用于对惯性坐标系下航天器姿态进行描述,为便于计算,通常将各关节的坐标转换到该坐标系下表示。

③ 关节坐标系 $O_i\text{-}X_iY_iZ_i$:在关节坐标系中,其下标 i 指沿机械臂基座向机械臂末端递推的第 i 个关节,该坐标系的中心在机械臂相邻两臂杆的连接处,其 Z 轴指向关节角速度方向,X 轴沿连杆指向第 $i+1$ 个关节处,Y 轴与 X 轴和 Z 轴形成右手系。通过各个关节坐标系之间的转换,可以将关节坐标系下表示的各点坐标统一转换到基座卫星本体系或惯性坐标系下,以便于后续运动学以及动力学计算。

④ 末端坐标系 $O_e\text{-}X_eY_eZ_e$:该坐标系的中心在机械臂末端执行机构的中心处,其 Z 轴沿机械臂连接末端执行机构的臂杆方向指向需要操作目标物,Y 轴在末端执行机构操作平面内且与 Z 轴正交,X 轴垂直于操作平面并与 Y 轴和 Z 轴形成右手系。该坐标系主要用于在抓捕目标时末端执行器与目标之间相对姿态的描述。

⑤ 目标本体坐标系 $O_t\text{-}X_tY_tZ_t$:该坐标系的中心在目标的质心处,其三轴指向与目标固连,并指向目标的最大、最小惯量轴方向。该坐标系主要用于描述目标在惯性坐标系下的位置姿态以及与机械臂末端执行器间的相对位姿。

航天器的姿态机动可以描述为绕 x,y,z 轴旋转的姿态角 φ,ϑ,ϕ。由基座卫星本体系 $O_B\text{-}X_BY_BZ_B$ 到惯性坐标系 $O_I\text{-}X_IY_IZ_I$ 的坐标变换可以通过绕三轴的三次旋转来实现,采用欧拉角 3-2-1 旋转序列定义方式,分别绕三轴顺时针旋转 φ,ϑ,ϕ 角

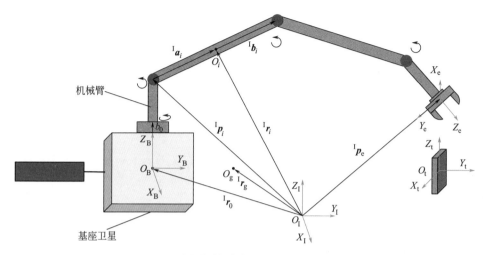

图 2.1　空间机械臂多体系统坐标系示意图

度，三个基本的坐标变换矩阵为：

$$\boldsymbol{R}_x(\varphi)=\begin{bmatrix}1 & 0 & 0 \\ 0 & \cos\varphi & \sin\varphi \\ 0 & -\sin\varphi & \cos\varphi\end{bmatrix}, \boldsymbol{R}_y(\vartheta)=\begin{bmatrix}\cos\vartheta & 0 & -\sin\vartheta \\ 0 & 1 & 0 \\ \sin\vartheta & 0 & \cos\vartheta\end{bmatrix}, \boldsymbol{R}_z(\phi)=\begin{bmatrix}\cos\phi & \sin\phi & 0 \\ -\sin\phi & \cos\phi & 0 \\ 0 & 0 & 1\end{bmatrix}$$

$$\text{(2.1)}$$

则卫星在惯性坐标系下的坐标可以表示为：

$$\boldsymbol{v}_{\mathrm{I}}=\boldsymbol{R}_x(-\varphi)\boldsymbol{R}_y(-\vartheta)\boldsymbol{R}_z(-\phi)\boldsymbol{v}_{\mathrm{B}} \tag{2.2}$$

式中，$\boldsymbol{v}_{\mathrm{I}}$ 为卫星在惯性坐标系下的坐标向量；$\boldsymbol{v}_{\mathrm{B}}$ 为卫星在本体系下的坐标向量。

而基座卫星本体系 $O_{\mathrm{B}}\text{-}X_{\mathrm{B}}Y_{\mathrm{B}}Z_{\mathrm{B}}$ 到关节坐标系以及末端坐标系的坐标变换可以通过 D-H 参数法求得。D-H 参数法的坐标变换过程如图 2.2 所示，其变换的基本步骤如下。

首先为每一个关节 i 指定一个关节坐标系，对每个关节都指定一个 Z 轴和 X 轴，且指定的 Z 轴和 X 轴要满足如下要求：

① Z 轴：关节的旋转角速度方向；

② X 轴：相邻两个关节 Z 轴的公垂线。

在本节的坐标系定义中，关节坐标系各坐标轴的定义符合使用 D-H 参数法进行坐标变换的条件，因此可以采用 D-H 参数法按照以下规则进行坐标变换：

① 绕 Z_{i-1} 轴旋转角度 θ_i 使得 X_{i-1} 轴与 X_i 轴平行；

② 沿 Z_{i-1} 轴平移距离 d_i，使得 X_{i-1} 轴与 X_i 轴共线；

③ 沿已旋转过的 X_{i-1} 轴平移距离 a_i，使得 X_{i-1} 轴与 X_i 轴的原点重合；

④ 将 Z_{i-1} 轴绕 X_i 轴旋转角度 α_i，使得 Z_{i-1} 轴与 Z_i 轴重合。

按照上述参数进行变换，则从关节 i 坐标系变换到关节 $i-1$ 坐标系的坐标变换矩阵可记作：

$$\boldsymbol{A}_{i-1}^{i} = \begin{bmatrix} \cos\theta_{i-1} & -\sin\theta_{i-1}\cos\alpha_{i-1} & \sin\theta_{i-1}\sin\alpha_{i-1} & a_i\cos\theta_{i-1} \\ \sin\theta_{i-1} & \cos\theta_{i-1}\cos\alpha_{i-1} & -\cos\theta_{i-1}\sin\alpha_{i-1} & a_i\sin\theta_{i-1} \\ 0 & \sin\alpha_{i-1} & \cos\alpha_{i-1} & d_{i-1} \\ 0 & 0 & 0 & 1 \end{bmatrix} \quad (2.3)$$

则任意一点 p 在关节 i 坐标系下的坐标向量 $\boldsymbol{v}_p^i$ 与在关节 $i-1$ 坐标系中的坐标向量 $\boldsymbol{v}_p^{i-1}$ 之间的变换关系可以写作：

$$\begin{bmatrix} \boldsymbol{v}_p^{i-1} \\ 1 \end{bmatrix} = \boldsymbol{A}_{i-1}^{i} \begin{bmatrix} \boldsymbol{v}_p^{i} \\ 1 \end{bmatrix} \quad (2.4)$$

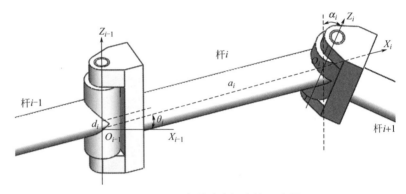

图 2.2　D-H 参数法坐标变换示意图

对于空间机械臂系统而言，采用本节的关节坐标系与末端坐标系定义方式，则可以根据机械臂的初始构型以及各关节的转动角度，轻易地列出从基座卫星本体系递推到末端坐标系中各个相邻坐标系之间的 D-H 变换参数，从而得到坐标系与坐标系之间的坐标变换矩阵 $\boldsymbol{A}_{\mathrm{B}}^1, \boldsymbol{A}_1^2, \boldsymbol{A}_2^3, \cdots, \boldsymbol{A}_{n-1}^n, \boldsymbol{A}_n^{\mathrm{e}}$，其中，$n$ 为机械臂的总关节个数。通过坐标系间连续转换的方法，即可将任意坐标系下的任意一点的坐标向量转换到基座卫星本体系下进行表示，其数学表达即为坐标变换矩阵连乘的形式（以末端坐标系中一点 q 的坐标变换为例）：

$$\begin{bmatrix} \boldsymbol{v}_q^{\mathrm{B}} \\ 1 \end{bmatrix} = \boldsymbol{A}_{\mathrm{B}}^1 \boldsymbol{A}_1^2 \boldsymbol{A}_2^3 \cdots \boldsymbol{A}_{n-1}^n \boldsymbol{A}_n^{\mathrm{e}} \begin{bmatrix} \boldsymbol{v}_q^{\mathrm{e}} \\ 1 \end{bmatrix} \quad (2.5)$$

式中，$\boldsymbol{v}_q^{\mathrm{B}}$ 为点 q 在基座卫星本体系下的坐标向量；$\boldsymbol{v}_q^{\mathrm{e}}$ 为点 q 在末端坐标系下的坐标向量。通过将运算所需要的各点的坐标向量转换到基座卫星本体系下，再通过式（2.2）将基座卫星本体系下的坐标向量转换到惯性坐标系下，即可在惯性坐标系下进行后续运动学与动力学的建模计算。

2.2 空间多体系统的运动学建模方法

空间多体系统的运动学指的是从几何的角度描述多体系统中各单体的运动规律以及各单体之间的运动关系，不涉及作用力/力矩等影响运动的因素。本书以典型的空间多体系统——空间机械臂系统为例，介绍常用的空间多体系统运动学建模方法。具有 n 个关节的空间机械臂，其末端执行器的位置和速度由所有关节的角度与角速度以及基座的运动状态所决定。由所有关节运动状态（角度、角速度）所构成的空间称为关节空间，而由机械臂末端执行器的运动状态构成的空间称为操作空间。关节空间与操作空间之间存在一定的映射关系，即运动学建模所需要求解的映射矩阵，或者称之为雅可比矩阵。

通过 2.1 节的坐标变换方法可以求解出每一根臂杆在惯性坐标系下的质心位置以及末端执行器的位置。各个臂杆质心位置对时间求导数即可得到相应的质心速度，基于此可以进一步推导出空间机械臂系统的运动学模型。从图 2.1 中可以得到机械臂上第 i 根连杆的质心位置在惯性坐标系下的坐标矢量表示：

$$^{\mathrm{I}}\boldsymbol{r}_i = {}^{\mathrm{I}}\boldsymbol{r}_0 + \sum_{j=1}^{i} {}^{\mathrm{I}}\boldsymbol{a}_j + \sum_{j=0}^{i-1} {}^{\mathrm{I}}\boldsymbol{b}_j \tag{2.6}$$

式中，$^{\mathrm{I}}\boldsymbol{r}_0$ 为基座质心在惯性坐标系下的坐标；$^{\mathrm{I}}\boldsymbol{a}_j$ 为从关节 j 指向连杆 j 质心的向量；$^{\mathrm{I}}\boldsymbol{b}_j$ 为从连杆 j 质心指向关节 $j+1$ 的向量。对式（2.6）中的位置矢量求时间导数可得其在惯性坐标系下的速度矢量：

$$^{\mathrm{I}}\boldsymbol{v}_i = {}^{\mathrm{I}}\boldsymbol{v}_0 + {}^{\mathrm{I}}\boldsymbol{\omega}_0 \times \left({}^{\mathrm{I}}\boldsymbol{r}_i - {}^{\mathrm{I}}\boldsymbol{r}_0\right) + \sum_{j=1}^{i} {}^{\mathrm{I}}\boldsymbol{z}_j \times \left({}^{\mathrm{I}}\boldsymbol{r}_i - {}^{\mathrm{I}}\boldsymbol{p}_j\right)\dot{\theta}_j \tag{2.7}$$

式中，$^{\mathrm{I}}\boldsymbol{v}_0$ 为惯性坐标系下基座质心速度矢量；$^{\mathrm{I}}\boldsymbol{\omega}_0$ 为基座的姿态角速度矢量；$^{\mathrm{I}}\boldsymbol{z}_j$ 为关节 j 的角速度方向矢量；$^{\mathrm{I}}\boldsymbol{p}_j$ 为关节 j 的位置矢量；$\dot{\theta}_j$ 为关节 j 的角速度大小。同样地，可以求出每个关节的角速度矢量：

$$^{\mathrm{I}}\boldsymbol{\omega}_i = {}^{\mathrm{I}}\boldsymbol{\omega}_0 + \sum_{j=1}^{i} \left({}^{\mathrm{I}}\boldsymbol{z}_j\dot{\theta}_j\right) \tag{2.8}$$

根据式（2.6）～式（2.8），可以推导出机械臂末端执行器的速度与角速度矢量：

$$\begin{cases} ^{\mathrm{I}}\boldsymbol{v}_{\mathrm{e}} = {}^{\mathrm{I}}\boldsymbol{v}_0 + {}^{\mathrm{I}}\boldsymbol{\omega}_0 \times \left({}^{\mathrm{I}}\boldsymbol{p}_{\mathrm{e}} - {}^{\mathrm{I}}\boldsymbol{r}_0\right) + \sum_{j=1}^{n} {}^{\mathrm{I}}\boldsymbol{z}_j \times \left({}^{\mathrm{I}}\boldsymbol{p}_{\mathrm{e}} - {}^{\mathrm{I}}\boldsymbol{p}_j\right)\dot{\theta}_j \\ \\ ^{\mathrm{I}}\boldsymbol{\omega}_{\mathrm{e}} = {}^{\mathrm{I}}\boldsymbol{\omega}_0 + \sum_{j=1}^{n} \left({}^{\mathrm{I}}\boldsymbol{z}_j\dot{\theta}_j\right) \end{cases} \tag{2.9}$$

式中，^Ip_e 为机械臂末端执行器的位置矢量，可以将式（2.9）写成矩阵形式：

$$\begin{bmatrix} ^Iv_e \\ ^I\omega_e \end{bmatrix} = \begin{bmatrix} E_3 & -\tilde{p}_{0e} \\ O & E_3 \end{bmatrix}\begin{bmatrix} ^Iv_0 \\ ^I\omega_0 \end{bmatrix} + \begin{bmatrix} ^Iz_1\times(^Ip_e-{}^Ip_1) & \cdots & ^Iz_n\times(^Ip_e-{}^Ip_n) \\ ^Iz_1 & \cdots & ^Iz_n \end{bmatrix}\dot{\theta} \tag{2.10}$$

式中，E_3 是 3×3 的单位矩阵；$\tilde{p}_{0e}=p_e-r_0$；$\dot{\theta}^T=\begin{bmatrix}\dot{\theta}_1 & \dot{\theta}_2 & \cdots & \dot{\theta}_n\end{bmatrix}^T$。

对于向量 $e=\begin{bmatrix}e_x & e_y & e_z\end{bmatrix}$，算子 $\tilde{e}$ 表示为：$\tilde{e}=\begin{bmatrix} 0 & -e_z & e_y \\ e_z & 0 & -e_x \\ -e_y & e_x & 0 \end{bmatrix}$。

定义矩阵 J_0 与 J_θ 分别为基座速度 $\begin{bmatrix}{}^Iv_0^T & {}^I\omega_0^T\end{bmatrix}^T$ 与关节角速度 $\dot{\theta}$ 到末端执行器速度 $\begin{bmatrix}{}^Iv_e^T & {}^I\omega_e^T\end{bmatrix}^T$ 的映射矩阵，则式（2.10）可以简化为：

$$\begin{bmatrix} ^Iv_e \\ ^I\omega_e \end{bmatrix} = J_0\begin{bmatrix} ^Iv_0 \\ ^I\omega_0 \end{bmatrix} + J_\theta\dot{\theta} \tag{2.11}$$

式中，矩阵 J_0 和 J_θ 即为机械臂系统的雅可比矩阵。若基座状态和所有的关节角状态都是可测的，那么末端执行器的运动状态即可通过式（2.11）计算得到。对于定基座机械臂来说，其基座的速度与角速度都为 0，机械臂末端执行器的运动状态只与各个关节的运动状态有关，因此，式（2.11）通常用于固定基座机械臂的运动学解算。

对于空间机械臂系统来说，其基座一般都是处于自由漂浮状态，机械臂与基座之间存在运动学耦合，机械臂的运动会引起基座的运动状态的改变，因此无法继续采用式（2.11）描述其运动学特性，需要在其基础上进一步考虑运动学耦合特性。

空间机械臂系统在执行抓捕任务期间，为了节省能源，通常其姿控与轨控系统都处于关闭状态。也就是说，此时的空间机械臂系统是自由漂浮的，满足动量守恒与角动量守恒定律。空间机械臂系统的动量和角动量计算如下：

$$\begin{cases} P = m_0\,{}^Iv_0 + \sum_{i=1}^n m_i\,{}^Iv_i \\ H = I_0\,{}^I\omega_0 + m_0\,{}^Ir_0\times{}^Iv_0 + \sum_{i=1}^n\left(I_i\,{}^I\omega_i + m_i\,{}^Ir_i\times{}^Iv_i\right) \end{cases} \tag{2.12}$$

式中，P 和 H 分别表示系统的动量和角动量。将式（2.6）～式（2.8）代入式（2.12）可以得到：

$$\begin{bmatrix} P \\ H \end{bmatrix} = \begin{bmatrix} ME_3 & -Mr_{0g}^\times \\ Mr_g^\times & P_\omega \end{bmatrix}\begin{bmatrix} ^Iv_0 \\ ^I\omega_0 \end{bmatrix} + \begin{bmatrix} J_{P\theta} \\ P_\theta \end{bmatrix}\dot{\theta} \tag{2.13}$$

式中，$r_{0g} = {}^\mathrm{I}r_g - {}^\mathrm{I}r_0$，${}^\mathrm{I}r_g$ 表示系统质心；$P_\omega = \sum\limits_{i=1}^{n}\left(I_i - m_i\,{}^\mathrm{I}r_i\,{}^\mathrm{I}r_{0i}^{\times}\right) + I_0$。定义下列矩阵：

$$
\begin{aligned}
J_{Pi} &= \begin{bmatrix} {}^\mathrm{I}z_1 \times \left({}^\mathrm{I}r_i - {}^\mathrm{I}p_1\right) & \cdots & {}^\mathrm{I}z_i \times \left({}^\mathrm{I}r_i - {}^\mathrm{I}p_i\right) & 0 & \cdots & 0 \end{bmatrix} \\
J_{Hi} &= \begin{bmatrix} {}^\mathrm{I}z_1 & \cdots & {}^\mathrm{I}z_i & 0 & \cdots & 0 \end{bmatrix}
\end{aligned}
\tag{2.14}
$$

则 $J_{P\theta}$ 和 P_θ 可以表示为：$J_{P\theta} = \sum\limits_{i=1}^{n} m_i \sum\limits_{j=1}^{i} J_{Pj}$，$P_\theta = \sum\limits_{i=1}^{n}\left(I_i J_{Hi} + m_i\,{}^\mathrm{I}r_i^{\times} J_{Pi}\right)$。假设系统的初始动量和初始角动量都为零，则通过公式联立，即可求得空间机械臂系统的广义雅可比矩阵：

$$
\begin{bmatrix} {}^\mathrm{I}v_0 \\ {}^\mathrm{I}\omega_0 \\ {}^\mathrm{I}v_e \\ {}^\mathrm{I}\omega_e \end{bmatrix} = \begin{bmatrix} -\begin{bmatrix} ME_3 & -Mr_{0g}^{\times} \\ Mr_g^{\times} & P_\omega \end{bmatrix}^{-1}\begin{bmatrix} J_{P\theta} \\ P_\theta \end{bmatrix} \\[2mm] J_\phi - J_0 \begin{bmatrix} ME_3 & -Mr_{0g}^{\times} \\ Mr_g^{\times} & P_\omega \end{bmatrix}^{-1}\begin{bmatrix} J_{P\theta} \\ P_\theta \end{bmatrix} \end{bmatrix} \dot{\theta}
\tag{2.15}
$$

使用式（2.15）所示的广义雅可比矩阵，即可对漂浮基空间机械臂系统机械臂与基座之间的耦合运动进行描述。

2.3 空间多体系统的动力学建模方法

空间多体系统动力学指的是描述系统在力 / 力矩作用下的运动特性。以空间机械臂系统为例，其动力学即为关节和连杆在关节力矩作用下的运动特性。空间机械臂由多个关节和连杆组成，具有多个输入多个输出，它们之间存在错综复杂的耦合关系，是一个复杂的非线性系统。通过建立动力学模型，可以得到作用力 / 力矩与机械臂状态变量之间的映射关系，其映射关系分为正向映射与逆向映射两类：前者是根据机器人状态变量得到作用力和力矩，称为正向动力学，主要用于机械臂的控制力 / 力矩的计算；后者是根据作用力 / 力矩计算机械臂的状态变量，主要用于在仿真软件中替代机械臂实物以实现仿真分析的功能。空间多体系统动力学在发展的过程中，根据所用数学原理与建模方法的不同形成了各具特色的建模方法，本节将主要介绍目前常用于空间机械臂动力学建模的三种基本方法，即牛顿 - 欧拉法、拉格朗日法以及凯恩法。

2.3.1 牛顿 - 欧拉法

牛顿于 1687 年建立了用于解决质点的运动学与动力学问题的方法，被命名为牛顿方程。1775 年，欧拉率先提出了刚体的概念，他采用了隔离体方法描述运动副的约束，即作用力与反作用力概念，并建立了经典力学中的牛顿 - 欧拉方程。因此，牛顿 - 欧拉法的数学原理可以分为两个部分，即牛顿第二定律和欧拉方程。

① 牛顿第二定律，即力平衡方程：

$$\boldsymbol{f}_i = m_i \ddot{\boldsymbol{r}}_i \tag{2.16}$$

式中，m_i 为连杆 i 的质量；$\boldsymbol{r}_i$ 为连杆 i 的质心位置坐标矢量；$\boldsymbol{f}_i$ 为作用在连杆 i 上的合外力矢量。

② 欧拉方程，即力矩平衡方程：

$$\boldsymbol{\tau}_i = \frac{\mathrm{d}(\boldsymbol{I}_i \boldsymbol{\omega}_i)}{\mathrm{d}t} = \boldsymbol{I}_i \dot{\boldsymbol{\omega}}_i + \boldsymbol{\omega}_i \times (\boldsymbol{I}_i \boldsymbol{\omega}_i) \tag{2.17}$$

式中，$\boldsymbol{I}_i$ 为连杆 i 的惯性张量；$\boldsymbol{\omega}_i$ 为连杆 i 的角速度矢量；$\boldsymbol{\tau}_i$ 为作用在连杆 i 上的合外力矩矢量。

式（2.16）与式（2.17）并称为牛顿 - 欧拉方程。基于牛顿 - 欧拉方程，并引入动量与角动量定理，则可以建立空间多体系统的动力学模型。首先需要在惯性空间下求得系统每一个关节的速度 / 角速度基于系统自由度的描述：

$$\begin{cases} {}^1\boldsymbol{v}_i = {}^1\boldsymbol{v}_0 + {}^1\boldsymbol{\omega}_0 \times \left({}^1\boldsymbol{r}_i - {}^1\boldsymbol{r}_0\right) + \sum_{j=1}^{i} {}^1\boldsymbol{z}_j \times \left({}^1\boldsymbol{r}_i - {}^1\boldsymbol{p}_j\right)\dot{\theta}_j \\ {}^1\boldsymbol{\omega}_i = {}^1\boldsymbol{\omega}_0 + \sum_{j=1}^{i} \left({}^1\boldsymbol{z}_j \dot{\theta}_j\right) \end{cases} \tag{2.18}$$

在此处的公式推导中，将沿用 2.2 节中各变量的定义。基于以上公式可以构造出系统动量与角动量关于系统自由度的数学映射：

$$\begin{cases} \boldsymbol{P} = m_0\,{}^1\boldsymbol{v}_0 + \sum_{i=1}^{n} \left(m_i\,{}^1\boldsymbol{v}_i\right) \\ \boldsymbol{H} = \boldsymbol{I}_0\,{}^1\boldsymbol{\omega}_0 + m_0\,{}^1\boldsymbol{r}_0 \times {}^1\boldsymbol{v}_0 + \sum_{i=1}^{n} \left(\boldsymbol{I}_i\,{}^1\boldsymbol{\omega}_i + m_i\,{}^1\boldsymbol{r}_i \times {}^1\boldsymbol{v}_i\right) \end{cases} \tag{2.19}$$

将式（2.19）分别代入动量定理与角动量定理：

$$\begin{cases} \boldsymbol{f}_{\mathrm{c}} = \dfrac{\mathrm{d}\boldsymbol{P}}{\mathrm{d}t} \\ \boldsymbol{\tau}_{\mathrm{c}} = \dfrac{\mathrm{d}\boldsymbol{H}}{\mathrm{d}t} \end{cases} \tag{2.20}$$

式中，$f_c = [f_{cx}\quad f_{cy}\quad f_{cz}]^T$ 为作用在系统质心上的合外力；$\tau_c = [\tau_{cx}\quad \tau_{cy}\quad \tau_{cz}]^T$ 为作用在系统质心上的合外力矩。

由于动量 P 和角动量 H 是关于系统中各单体速度 ${}^I v_i$ 与角速度 ${}^I \omega_i$ 的函数，因此其对时间的导数可以通过对式（2.18）求导得出。将式（2.19）代入式（2.20）中，对式（2.18）求导并代入式（2.20）消去速度 ${}^I v_i$ 与角速度 ${}^I \omega_i$ 相关的项，即可将式（2.20）整理为如下紧凑形式的动力学方程：

$$\begin{bmatrix} f_c \\ \tau_c \end{bmatrix} = \begin{bmatrix} M_{fx} \\ M_{fy} \\ M_{fz} \\ M_{\tau x} \\ M_{\tau y} \\ M_{\tau z} \end{bmatrix} \begin{bmatrix} {}^I\dot{v}_0 \\ {}^I\dot{\omega}_0 \\ \dot{\theta} \end{bmatrix} + \begin{bmatrix} C_{fx} \\ C_{fy} \\ C_{fz} \\ C_{\tau x} \\ C_{\tau y} \\ C_{\tau z} \end{bmatrix} \begin{bmatrix} {}^I v_0 \\ {}^I \omega_0 \\ {}^I\theta \end{bmatrix} + D_f \tag{2.21}$$

式中，每个 M 与 C 都为 $6+n$ 维的行向量；D 为 6 维列向量。

将式（2.21）左乘力的雅可比矩阵，即可将作用在系统质心上的合外力与合外力矩从笛卡儿空间映射到关节空间，得到如下形式的动力学方程：

$$J_f \begin{bmatrix} M_{fx} \\ M_{fy} \\ M_{fz} \\ M_{\tau x} \\ M_{\tau y} \\ M_{\tau z} \end{bmatrix} \begin{bmatrix} {}^I\dot{v}_0 \\ {}^I\dot{\omega}_0 \\ \dot{\theta} \end{bmatrix} + J_f \begin{bmatrix} C_{fx} \\ C_{fy} \\ C_{fz} \\ C_{\tau x} \\ C_{\tau y} \\ C_{\tau z} \end{bmatrix} \begin{bmatrix} {}^I v_0 \\ {}^I \omega_0 \\ {}^I\theta \end{bmatrix} + J_f D_f = \begin{bmatrix} f_{in} \\ \tau_{in} \end{bmatrix} \tag{2.22}$$

式中，J_f 为 $(6+n) \times 6$ 维的雅可比矩阵。

将系数矩阵合并可以得到最终形式的紧凑动力学方程：

$$M \begin{bmatrix} {}^I\dot{v}_0 \\ {}^I\dot{\omega}_0 \\ \dot{\theta} \end{bmatrix} + C \begin{bmatrix} {}^I v_0 \\ {}^I \omega_0 \\ {}^I\theta \end{bmatrix} + D = \begin{bmatrix} f_{in} \\ \tau_{in} \end{bmatrix} \tag{2.23}$$

式（2.23）即为通过牛顿 - 欧拉法求解出的空间多体系统动力学方程的最终形式。牛顿 - 欧拉法建立的多体系统动力学模型具有清晰的物理意义，但由于需要对每个刚体进行受力分析，一旦多体系统刚体数量较多，采用牛顿 - 欧拉法计算过程将十分繁琐，容易出错，且不方便用计算机编写程序进行自动求解。

2.3.2 拉格朗日法

1788 年，拉格朗日阐述了分析力学理论，利用变分原理考虑系统的势能与动能，建立了不含约束力的动力方程，并提出了广义坐标的概念，得到了第二类拉格朗日方程。拉格朗日法以分析力学为基础，从系统总动能与总势能的角度出发，引入广义坐标的概念对系统的位形进行描述，采用变分原理进行计算，最终导出了用系统的动能与所受广义力表示的、具有极其简明形式的多刚体系统动力学方程。拉格朗日方程对力学原理诠释得如此完美，以至于被哈密顿誉为"科学的诗篇"。

在牛顿力学中，研究质点系的动力学常常采用的是直角坐标系，而拉格朗日方法可以任意选择坐标系建立质点系的动力学方程，该坐标系称为广义坐标系，其表示系统自由度的独立参数称为广义坐标。对于空间机械臂系统来说，广义坐标通常取基座的六自由度位姿信息以及每个关节的转角，即 $\boldsymbol{q}=\begin{pmatrix} x\,y\,z\,\varphi\,\vartheta\,\phi\,\theta_i\,\cdots\,\theta_i \end{pmatrix}^{\mathrm{T}}$。拉格朗日法求解空间机械臂系统的动力学方程的基本步骤一般如下。

（1）求解空间机械臂系统的总动能

空间机械臂系统的总动能包括基座的动能以及各连杆的动能，求解如下：

$$T=\frac{1}{2}\sum_{i=0}^{N}\left({}^{\mathrm{l}}\boldsymbol{v}_i^{\mathrm{T}}m_i\,{}^{\mathrm{l}}\boldsymbol{v}_i+{}^{\mathrm{l}}\boldsymbol{\omega}_i^{\mathrm{T}}\boldsymbol{I}_i\,{}^{\mathrm{l}}\boldsymbol{\omega}_i\right)\tag{2.24}$$

式中，各单体速度 ${}^{\mathrm{l}}\boldsymbol{v}_i$ 与角速度 ${}^{\mathrm{l}}\boldsymbol{\omega}_i$ 由式（2.18）确定，将式（2.18）代入式（2.24）可以得到：

$$T=\frac{1}{2}\begin{bmatrix} {}^{\mathrm{l}}\boldsymbol{v}_0^{\mathrm{T}} & {}^{\mathrm{l}}\boldsymbol{\omega}_0^{\mathrm{T}} & {}^{\mathrm{l}}\dot{\boldsymbol{\theta}}^{\mathrm{T}} \end{bmatrix}\boldsymbol{P}\begin{bmatrix} {}^{\mathrm{l}}\boldsymbol{v}_0 \\ {}^{\mathrm{l}}\boldsymbol{\omega}_0 \\ {}^{\mathrm{l}}\dot{\boldsymbol{\theta}} \end{bmatrix}\tag{2.25}$$

其中

$$\boldsymbol{P}=\begin{bmatrix} \boldsymbol{ME}_3 & -\boldsymbol{Mr}_{0\mathrm{g}}^{\times} & \boldsymbol{J}_{P\theta} \\ \boldsymbol{Mr}_{\mathrm{g}}^{\times} & \boldsymbol{P}_{\omega} & \boldsymbol{P}_{\theta} \\ \boldsymbol{J}_{P\theta}^{\mathrm{T}} & \boldsymbol{P}_{\theta}^{\mathrm{T}} & \sum_{i=1}^{n}\left(\boldsymbol{J}_{Hi}^{\mathrm{T}}\boldsymbol{I}_i\boldsymbol{J}_{Hi}+m_i\boldsymbol{J}_{Pi}^{\mathrm{T}}\,{}^{\mathrm{l}}\boldsymbol{r}_i^{\times}\boldsymbol{J}_{Pi}\right) \end{bmatrix}\tag{2.26}$$

式中，各矩阵定义与 2.2 节保持一致，令

$$\boldsymbol{P}_q=\sum_{i=1}^{n}\left(\boldsymbol{J}_{Hi}^{\mathrm{T}}\boldsymbol{I}_i\boldsymbol{J}_{Hi}+m_i\boldsymbol{J}_{Pi}^{\mathrm{T}}\,{}^{\mathrm{l}}\boldsymbol{r}_i^{\times}\boldsymbol{J}_{Pi}\right)\tag{2.27}$$

则式（2.26）可以简化为：

$$P = \begin{bmatrix} M\mathbf{E}_3 & -Mr_{0g}^{\times} & J_{P\theta} \\ Mr_g^{\times} & P_{\omega} & P_{\theta} \\ J_{P\theta}^{\mathrm{T}} & P_{\theta}^{\mathrm{T}} & P_q \end{bmatrix} \quad (2.28)$$

代入广义坐标表示，则系统的总动能最终可以写作：

$$T = \frac{1}{2}\dot{q}^{\mathrm{T}}P\dot{q} \quad (2.29)$$

（2）求解空间机械臂系统的总势能

由于空间机械臂系统处于微重力环境，因此在动力学建模时通常认为其势能为 0，即：

$$V=0 \quad (2.30)$$

（3）求解拉格朗日动力学方程

拉格朗日方程的形式为：

$$\frac{\partial}{\partial t}\left(\frac{\partial L}{\partial \dot{q}}\right) - \frac{\partial L}{\partial q} = F \quad (2.31)$$

式中，L 为拉格朗日函数，其形式为：

$$L=T-V \quad (2.32)$$

将式（2.29）、式（2.30）代入式（2.32）中求解出拉格朗日函数，再将拉格朗日函数代入式（2.31）中，整理即可得到紧凑形式的动力学方程：

$$M\ddot{q} + C\dot{q} + D(q \quad \dot{q}) = F \quad (2.33)$$

式中，各矩阵的定义为：

$$M = \frac{\partial\left(\dfrac{\partial L}{\partial \dot{q}}\right)}{\partial \dot{q}}, C = \frac{\partial\left(\dfrac{\partial L}{\partial \dot{q}}\right)}{\partial q}, D = -\frac{\partial L}{\partial q} \quad (2.34)$$

式（2.33）即为通过拉格朗日法求解出的空间多体系统动力学方程的最终形式。拉格朗日法建立的多体系统动力学模型形式较为简单，从能量的角度出发进行建模，不需要对每个单体进行受力分析。因此，在推导过程中不会出现系统内部约束力和约束力矩，但在其最终形式的动力学模型中，每个矩阵的求解过程都包含复杂的微分运算，导致其运算复杂度大大增加。

2.3.3　凯恩法

凯恩法是建立一般多体系统动力学方程的一种普遍方法，是以伪速度作为独立变量来描述系统的运动，既适用于完整系统，也适用于非完整系统。其基本思想是源于吉布斯 - 阿沛耳的伪坐标概念，利用广义速度代替广义坐标作为独立的变量来描述系统运动。以凯恩法建立的系统动力学方程不会出现理想约束反力，也不会出现拉格朗日法中出现的动力学函数，这种方法非常适合于计算机的程序设计。因此，凯恩法是多体系统动力学建模的一种重要方法。下面将详细推导采用凯恩法建立空间机械臂系统动力学模型的具体过程。

定理： 对于完整系统，由于广义速度之间彼此独立，因此可以取伪速度为广义速度。

将空间机械臂系统的任意连杆 i 的位置坐标矢量用广义坐标 $\boldsymbol{q}$ 表示：

$$\boldsymbol{r}_i = \boldsymbol{r}_i(\boldsymbol{q}, t) \tag{2.35}$$

将式（2.35）对时间 t 求导，得到系统中任意连杆 i 的速度矢量为：

$$\boldsymbol{v}_i = \dot{\boldsymbol{r}}_i = \sum_{j=1}^n \frac{\partial \boldsymbol{r}_i}{\partial q_j} \dot{q}_j + \frac{\partial \boldsymbol{r}_i}{\partial t} \tag{2.36}$$

对于本书所述空间机械臂系统来说，由于其为完整约束系统，因此可以应用上述定理，取广义速度 $\dot{q}_j$ 为伪速度，凯恩法将式（2.36）中独立的伪速度 $\dot{q}_j$ 前的矢量系数定义为连杆 i 的第 j 个偏速度，即真实速度可表示为伪速度的线性组合，而伪速度前面的矢量系数就是偏速度。由式（2.36）可知，相对独立广义速度的偏速度为：

$$v_i^{(j)} = \frac{\partial \boldsymbol{r}_i}{\partial q_j} \tag{2.37}$$

根据式（2.36）可以得到：

$$\mathrm{d}\boldsymbol{r}_i = \sum_{j=1}^n v_i^{(j)} \dot{q}_j \mathrm{d}t + v_i^{(0)} \mathrm{d}t \tag{2.38}$$

对于完整系统来说，同样可以取广义坐标为伪坐标，并且认为广义坐标的变分 δq_j 存在，则连杆 i 的虚位移 $\delta \boldsymbol{r}_i$ 可以用独立的伪坐标的变分来表示，即：

$$\delta \boldsymbol{r}_i = \sum_{j=1}^n v_i^{(j)} \delta q_j \tag{2.39}$$

将式（2.39）代入动力学普遍方程中：

$$\sum_{i=1}^n (\boldsymbol{F}_i - m_i \ddot{\boldsymbol{r}}_i) \, \delta \boldsymbol{r}_i = 0 \tag{2.40}$$

得到：

$$\sum_{i=1}^n (\boldsymbol{F}_i - m_i \ddot{\boldsymbol{r}}_i) \sum_{j=1}^n v_i^{(j)} \delta q_j = 0 \tag{2.41}$$

交换式（2.41）求和次序可以得到：

$$\sum_{j=1}^{n}\left[\sum_{i=1}^{n}\left(\boldsymbol{F}_i - m_i\ddot{\boldsymbol{r}}_i\right)\boldsymbol{v}_i^{(j)}\right]\delta q_j = 0 \tag{2.42}$$

凯恩法将

$$\tilde{F}_j = \sum_{i=1}^{n}\boldsymbol{F}_i\boldsymbol{v}_i^{(j)},\ \tilde{F}_j^* = \sum_{i=1}^{n}\left(-m_i\ddot{\boldsymbol{r}}_i\right)\boldsymbol{v}_i^{(j)} \tag{2.43}$$

分别定义为系统对应于第 j 个伪速度的广义主动力与广义惯性力,其物理意义为矢量形式的主动力与惯性力沿偏角速度方向的投影。应用式(2.43),则式(2.42)可以化作:

$$\sum_{j=1}^{n}\left(\tilde{F}_j + \tilde{F}_j^*\right)\delta q_j = 0 \tag{2.44}$$

由于 δq_j 为独立的变分,所以式(2.44)成立的充要条件为:

$$\tilde{F}_j + \tilde{F}_j^* = 0 \tag{2.45}$$

式(2.45)即为凯恩方程,各伪速度对应的广义主动力与广义惯性力之和为零。对于空间机械臂系统来说,按照凯恩法的定义,广义主动力为:

$$\tilde{F}_j = \sum_{i=1}^{n}\boldsymbol{F}_i\boldsymbol{v}_i^{(j)} = \sum_{i=1}^{n}\boldsymbol{F}_i\frac{\partial \boldsymbol{r}_i}{\partial q_j} = Q_j \tag{2.46}$$

而 Q_j 则可以看作是拉格朗日方程中的广义力,因此,对于空间机械臂系统来说,凯恩方程中的广义主动力即为拉格朗日方程中对应于广义坐标的广义力。对照第二类拉格朗日方程,凯恩方程中的广义力可以由系统的动能进行表示:

$$\tilde{F}_j^* = -\frac{\mathrm{d}}{\mathrm{d}t}\left(\frac{\partial T}{\partial \dot{q}_j}\right) + \frac{\partial T}{\partial q_j} \tag{2.47}$$

因此,对于空间机械臂系统来说,凯恩方程与拉格朗日方程是等价的。

2.3.4　仿真验证

由 2.3.1 节~ 2.3.3 节可以看出,虽然牛顿 - 欧拉法、拉格朗日法与凯恩法建模时所采用的力学原理不同,动力学方程的形式不同,但是殊途同归,用三种方式所建立的空间多体系统动力学模型最终都可以化作以下形式:

$$\boldsymbol{M}\ddot{\boldsymbol{q}} + \boldsymbol{C}\dot{\boldsymbol{q}} + \boldsymbol{D}\left(\boldsymbol{q}\quad\dot{\boldsymbol{q}}\right) = \boldsymbol{F} \tag{2.48}$$

因此,本小节将采用式(2.48)建立空间机械臂系统动力学模型,以图 2.1 所示四自由度空间机械臂系统为例进行动力学仿真验证,采用 MATLAB 编写动力学模型计算程序,对动力学模型进行分析计算,并与 ADAMS 多体系统软件得到的结果进行比较，验证所建立动力学模型的正确性。

空间机械臂系统由基座卫星与机械臂连杆组成，共有 10 个自由度（基座卫星 3 个平动自由度和 3 个转动自由度，四根连杆每根 1 个转动自由度），机械臂连杆与基座卫星都视为刚体，且其质心都位于各自的几何中心处，其主要动力学参数如表 2.1 所示。

表 2.1 空间机械臂系统动力学参数

项目	质量 /kg	形状	I_x /(kg·m²)	I_y /(kg·m²)	I_z /(kg·m²)	长度 /m
基座	1000	正方体	100	100	100	[1, 1, 1]
连杆 1	10	圆柱体	1	1	0.05	1
连杆 2	20	圆柱体	8	8	0.1	2
连杆 3	20	圆柱体	8	8	0.1	2
连杆 4	5	圆柱体	0.25	0.25	0.025	0.5

空间机械臂的初始构型设置如图 2.3 所示，仿真的初始参数设置为：基座卫星位置与速度均为 0，机械臂各关节角度、角速度均为 0，仿真步长为 0.02s，仿真时间为 5s，各关节驱动力取 $\tau = [10\sin(5t), \sin(5t), \sin(5t), \sin(5t)](\text{N}\cdot\text{m})$，仿真结果如图 2.4～图 2.8 所示。

图 2.4 ～图 2.7 为 MATLAB 自编的动力学模型与使用 ADAMS 建立的动力学模型在相同的驱动力矩作用下各关节角的运动关系对比图。可以看出，使用 MATLAB 编写的动力学模型与使用 ADAMS 仿真软件建立的模型在相同的激励下得到的动力学响应基本一致，各关节角的运动曲线几乎重合，从而验证了本章

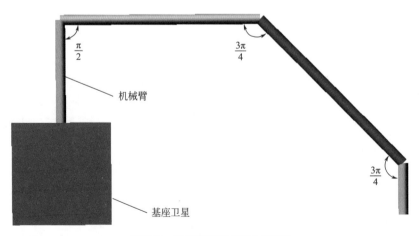

图 2.3 机械臂初始构型示意图

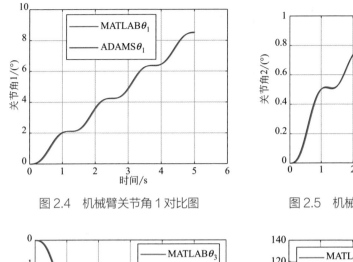

图 2.4 机械臂关节角 1 对比图

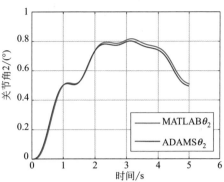

图 2.5 机械臂关节角 2对比图

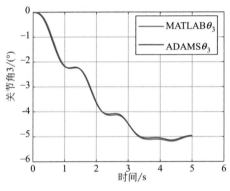

图 2.6 机械臂关节角 3 对比图

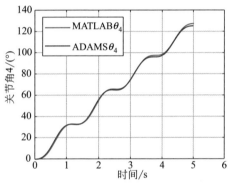

图 2.7 机械臂关节角 4 对比图

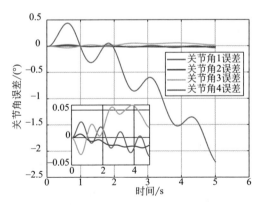

图 2.8 机械臂关节角误差

中所介绍的传统多体动力学系统建模方法的有效性。图 2.8 为机械臂各关节角的误差，从图中可知，各关节角的角度误差都呈小幅振荡，其相对误差在可接受范围内。

2.4　接触动力学模型在多体动力学系统中的应用

在空间机械臂系统等空间多体系统执行任务的过程中，不可避免地会发生与目标接触的情况，因此不仅需要建立空间多体系统的运动学与动力学模型，还需要对空间多体系统与目标之间的接触动力学进行研究。本节将对常用的接触动力学建模方式，以及传统接触动力学模型与多体动力学模型的集成方法进行简要介绍。

2.4.1　常用的接触动力学建模方式

空间机械臂系统与目标的接触通常可以被认作是低速接触碰撞情况，对于这一类接触情况，利用 Hertz 接触碰撞方法可以获得与接触碰撞实验接近的结果。因此，本小节将对基于 Hertz 接触碰撞方法的接触动力学模型进行具体的介绍。

Hertz 接触模型在实际应用过程中，一般遵循以下几个假设：

① 相互接触的物体，在接触区域只产生很小的形变，并认为是线弹性的；

② 相互接触的物体，其接触区域面积远小于两物体的特征参数；

③ 接触表面光滑且连续。

应用 Hertz 接触方法建立的机械臂末端执行器与目标的接触力模型的示意图如图 2.9 所示，以夹取圆柱体目标为例，由于机械臂末端执行器上下表面对称分布，所以只分析其中一个表面的接触动力学模型即可。根据 Hertz 模型，接触力可以表示为机械臂末端执行器与目标的材料参数与穿透深度的函数，具体的表达式为：

$$F_n = \frac{4\sqrt{R}}{3\pi(h_1 + h_2)}\delta^n \tag{2.49}$$

$$h_i = \frac{\left(1 - v_i^2\right)}{\pi E_i},\ i = 1,2 \tag{2.50}$$

式中，R 为目标的半径；v_i 和 E_i 分别为机械臂末端执行器与目标的泊松比与杨氏模量；δ 为穿透深度，其指数 n 一般取 $1.5 \sim 2.2$；$\dfrac{4\sqrt{R}}{3\pi(h_1 + h_2)}$ 为等效接触刚度。

假设空间机械臂末端执行器与目标都是钢材料，它们的杨氏模量 $E_1 = E_2 = 2.06 \times 10^{11}$ Pa，泊松比 $v_1 = v_2 = 0.3$，目标的半径 $R = 0.5$ m，n 取 1.5，则 Hertz 接触模型穿透深度与接触力的关系如图 2.10 所示。

机械臂末端执行器与目标间的接触力不仅包括弹性形变所导致的法向接触

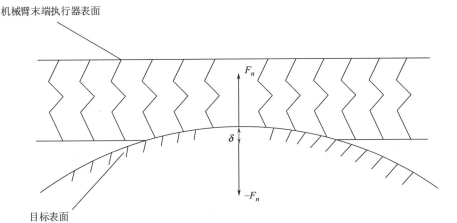

机械臂末端执行器表面

F_n

δ

$-F_n$

目标表面

图 2.9　Hertz 接触模型示意图

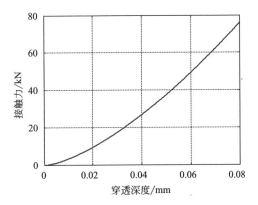

图 2.10　穿透深度－接触力关系图

力，还包括执行器与目标间的相对运动趋势或相对滑动所导致的切向摩擦。切向摩擦力一般采用 Coulomb 模型以及改进的 Coulomb 模型进行表示，本章将介绍改进的 Coulomb 摩擦力模型，其表达式为：

$$F_{\mathrm{T}}=-\mu_{\mathrm{f}}c_{\mathrm{d}}F_{\mathrm{N}}\mathrm{sgn}(V_{\mathrm{t}}) \tag{2.51}$$

式中，μ_{f} 为摩擦因数；c_{d} 为与切向速度相关的动态修正系数，表达式为：

$$c_{\mathrm{d}}=\begin{cases}0, & V_{\mathrm{t}}\leqslant v_0 \\ \dfrac{V_{\mathrm{t}}-v_0}{v_1-v_0}, & v_0<V_{\mathrm{t}}<v_1 \\ 0.8, & V_{\mathrm{t}}\geqslant v_1\end{cases} \tag{2.52}$$

式中，v_0 和 v_1 为给定的切向速度误差值。由于滑动摩擦小于最大静摩擦，因此在相对滑动速度大于给定的切向速度误差值 v_1 时，视为由静摩擦转为滑动摩擦，

将系数 c_d 设置为 0.8。

改进的 Coulomb 摩擦力模型如图 2.11 所示。

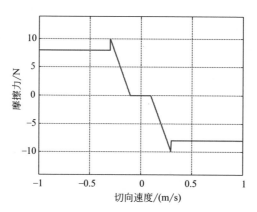

图 2.11　改进的 Coulomb 摩擦力模型

结合本小节所述法向接触力与切向摩擦力的建模方法，即可得到最终形式的末端执行器与目标的接触动力学模型。

2.4.2　传统接触动力学模型与多体动力学模型的集成方法

前面已经对常用的空间机械臂末端执行器与目标之间的接触动力学模型进行了介绍，本小节就如何将传统接触动力学模型集成到空间多体系统的动力学模型中，形成空间多体系统与目标的组合体模型进行具体的介绍。

当空间机械臂末端执行器与目标接触时，根据牛顿第三定律有：

$$\boldsymbol{F}_e = -\boldsymbol{F}_{te} \tag{2.53}$$

式中，$\boldsymbol{F}_e$ 为机械臂末端受到来自目标的接触力；$\boldsymbol{F}_{te}$ 为目标受到来自机械臂末端执行器的接触力。

当末端执行器与目标处于捕获的碰撞过程时，上述两力即为冲击力；当处于碰撞后的固连阶段时，上述两力则为法向接触力与切向摩擦力的合力。取目标体的质心相对于惯性坐标系的位置和姿态作为系统的广义坐标，即 $\boldsymbol{q}_t = [x_t, y_t, z_t, \alpha_t, \beta_t, \gamma_t]$。类似地，可以通过第二类拉格朗日方程求得目标体系统的动力学模型：

$$\boldsymbol{M}_t \ddot{\boldsymbol{q}}_t = \boldsymbol{J}_t^T \boldsymbol{F}_{te} \tag{2.54}$$

当与目标存在接触力时，空间机械臂系统的动力学模型将从式（2.48）改写为：

$$\boldsymbol{M}\ddot{\boldsymbol{q}} + \boldsymbol{C}\dot{\boldsymbol{q}} + \boldsymbol{D}\big(\boldsymbol{q} \quad \dot{\boldsymbol{q}}\big) = [\boldsymbol{F}_0, \tau]^T + \boldsymbol{J}^T \boldsymbol{F}_e \tag{2.55}$$

　　当机械臂与目标处于捕获的接触碰撞阶段时，将式（2.53）～式（2.55）联立消去冲击力项，可以得到：

$$M\ddot{q} + C\dot{q} + D\begin{pmatrix} q & \dot{q} \end{pmatrix} = [F_0, \tau]^{\mathrm{T}} - J^{\mathrm{T}}(J_{\mathrm{t}}^{\mathrm{T}})^+ M_{\mathrm{t}}\ddot{q}_{\mathrm{t}} \tag{2.56}$$

　　一般可以假设捕获过程中冲击时间非常短，机械臂与目标的广义位置坐标都不发生变化，只有两者的广义速度发生突变，将式（2.56）两边分别对冲击时间积分可得：

$$M\left(\dot{q}_{\mathrm{after}} - \dot{q}_{\mathrm{before}}\right) + J^{\mathrm{T}}(J_{\mathrm{t}}^{\mathrm{T}})^+ M_{\mathrm{t}}\left(\dot{q}_{\mathrm{tafter}} - \dot{q}_{\mathrm{tbefore}}\right) = \int_0^{t_i}\left[[F_0, \tau]^{\mathrm{T}} - D\begin{pmatrix} q & \dot{q} \end{pmatrix}\right]\mathrm{d}t - C\left(q_{\mathrm{after}} - q_{\mathrm{before}}\right) \tag{2.57}$$

式中，下标 after、before 分别代表捕获后与捕获前。

　　根据之前的分析可知，式（2.57）等号右边对极短的冲击时间积分，相较于左边可以忽略。同时，由捕获后的组合体运动学特性可知，机械臂与目标接触位置的速度相同：

$$J\dot{q}_{\mathrm{after}} = J_{\mathrm{t}}\dot{q}_{\mathrm{tafter}} \tag{2.58}$$

　　联立式（2.57）与式（2.58），即可求出捕获后空间机械臂系统的广义速度矢量：

$$\dot{q}_{\mathrm{after}} = \left(M + J^{\mathrm{T}}(J_{\mathrm{t}}^{\mathrm{T}})^+ M_{\mathrm{t}}J_{\mathrm{t}}^+ J\right)^{-1}\left(M\dot{q}_{\mathrm{before}} + J^{\mathrm{T}}(J_{\mathrm{t}}^{\mathrm{T}})^+ M_{\mathrm{t}}\dot{q}_{\mathrm{tbefore}}\right) \tag{2.59}$$

　　当机械臂末端与目标处于固连状态时，由目标体的动力学模型可以将目标体抓取点处的受力 F_{te} 分解为：

$$F_{\mathrm{te}} = \left(J_{\mathrm{t}}^{\mathrm{T}}\right)^+ M_{\mathrm{t}}\ddot{q}_{\mathrm{t}} + F_{\mathrm{I}} \tag{2.60}$$

式中，$\left(J_{\mathrm{t}}^{\mathrm{T}}\right)^+ M_{\mathrm{t}}\ddot{q}_{\mathrm{t}}$ 为机械臂作用在目标体上驱使其运动的驱动力；F_{I} 为机械臂末端执行机构产生的内力，其位于雅可比矩阵 $J_{\mathrm{t}}^{\mathrm{T}}$ 的零空间中，即 $J_{\mathrm{t}}^{\mathrm{T}}F_{\mathrm{I}}=0$。内力是防止目标相对于机器人末端执行器滑动和破坏目标与末端执行器接触状态的末端执行器作用力，它对目标的运动不产生任何影响，即 2.4.1 小节中所述的法向接触力。适当的内力能使末端执行器对目标的作用力维持在摩擦力的锥面内，以保证静摩擦约束时抓取目标的稳定性。

　　联立式（2.48）、式（2.53）与式（2.60）可以得到：

$$M\ddot{q} + C\dot{q} + D\begin{pmatrix} q & \dot{q} \end{pmatrix} = [F_0, \tau]^{\mathrm{T}} + J^{\mathrm{T}}\left(J_{\mathrm{t}}^{\mathrm{T}}\right)^+ M_{\mathrm{t}}\ddot{q}_{\mathrm{t}} + F_{\mathrm{I}} \tag{2.61}$$

　　根据之前的分析，固连时机械臂与目标之间存在如下运动学关系：

$$J\dot{q} = J_{\mathrm{t}}\dot{q}_{\mathrm{t}} \tag{2.62}$$

对式（2.62）左右两边同时求导可得：

$$\ddot{q}_{t} = J_{t}^{+}\left(\dot{J}\dot{q} + J\ddot{q} - \dot{J}_{t}J_{t}^{+}J\dot{q}\right) \tag{2.63}$$

将目标作为作用在机械臂末端处的外力，则可以建立空间机械臂与目标组合体的动力学模型：

$$(M + J^{\mathrm{T}}\left(J_{t}^{\mathrm{T}}\right)^{+}M_{t}J_{t}^{+}J)\ddot{q} + (C + J^{\mathrm{T}}\left(J_{t}^{\mathrm{T}}\right)^{+}M_{t}J_{t}^{+}(\dot{J} - \dot{J}_{t}J_{t}^{+}J))\dot{q} + D = [F_{0}, \tau]^{\mathrm{T}} - J^{\mathrm{T}}F_{\mathrm{I}} \tag{2.64}$$

以上即为，空间机械臂在捕获过程中与目标碰撞接触，以及在捕获后与目标固连状态下，传统接触力模型与空间多体系统动力学模型的集成方法。值得一提的是，上述建模方法由于引入了固连时机械臂末端与目标之间的运动学关系，因此在最终形式的组合体系统自由度中并不会出现属于目标的自由度，而是只包含属于空间机械臂系统的自由度，从而使组合体模型在一定程度上得到了简化，便于仿真计算。

2.5　现阶段多体动力学模型所存在的不足之处

本章主要介绍了传统空间多体动力学系统的动力学建模理论。首先，介绍了基于广义雅可比矩阵理论的空间自由漂浮多体系统的运动学建模方法。然后，分别针对目前多体系统建模领域广泛采用的三种动力学方法，即牛顿-欧拉法、拉格朗日法以及凯恩法，进行了理论推导，并证明了这三种方法殊途同归，最终都能写成同一形式的紧凑动力学模型。在上述基础上，按照由传统动力学建模方法得到的紧凑形式动力学模型在 MATLAB 中编写了仿真程序，并通过与 ADAMS 仿真软件得到的动力学响应的仿真对比，验证了传统动力学建模方法得到的紧凑形式动力学模型的正确性。最后，介绍了空间目标捕获过程中，机械臂与目标之间的接触动力学建模方法，及其与多体系统动力学模型的集成方法。

根据本章的归纳总结可以得知，现阶段多体系统动力学模型仍然存在部分不足之处：现阶段空间机械臂系统动力学建模主要采用的方式为多刚体动力学模型，很少有文献对目标与执行机构之间的相对运动进行详细研究。虽然有部分研究已经对目标与执行机构之间的接触动力学和相对滑动进行了论述，但是至今仍未有一种统一的定量方法来描述目标与执行机构之间的复杂相对运动情况。因此，在本书的研究中，主要的难点在于目标相对运动参数的选择，以及如何采取合适的方法，将目标的相对运动参数集成到传统机械臂动力学系统之中。

第 **3** 章
基于拓展自由度的多体航天器
动力学建模方法

　　根据第 2 章的讨论可以得知，空间非合作目标由于其未知性和不确定性等特点，一直被认为是多体航天器研究领域中的重点和难点。因此，本章将从非合作目标组合体动力学的角度出发，通过建立基于拓展自由度的动力学模型来实现在目标与执行机构间存在相对运动的情况下，对空间多体系统进行精确动力学描述，从而引出拓展自由度概念的基本定义和用途，并给出完善的基于拓展自由度的多体航天器动力学描述方法。

　　本章的讨论主要分为以下几个部分：首先，3.1 节将基于现阶段空间多体动力学系统建模方面的不足，引入拓展自由度的概念，以"钳"型执行机构为例，通过定义三个拓展自由度，实现对目标和执行机构之间的相对运动的建模；进一步地，3.2 节通过引入多模式切换的思想，论述目标与执行机构之间可能存在的相对运动情况，并给出不同摩擦力模型的集成规则；为了提高拓展自由度模型的一般性和普适性，3.3 节从工程实际需求出发，对本书所采用的拓展自由度的定义方式进行可观测性分析，并基于一般目标的几何特征，对拓展自由度定义方式进行改进和修正，从而给出基本的相对运动测量策略以提高其应对各种复杂任务情况的能力；最后，3.4 节通过数学仿真对拓展自由度模型进行全方位的测试，以验证其合理性和正确性。

3.1 拓展自由度定义

为了在目标与机械臂之间存在相对滑动的情况下实现对组合体整体运动的正确描述，本节提出了基于拓展自由度的建模方法。基于拓展自由度的建模方法的具体思路是：通过在系统中引入新的广义自由度并构建目标质心相对于机械臂末端的几何关系，来增加组合体动力学模型的维度，使其具备计算相对滑动的能力。通过先前的讨论可知，机械臂末端执行机构与目标之间的相对滑动被约束在 $O_e\text{-}X_eY_eZ_e$ 的 x-z 平面之中，所以上述相对运动是一个三自由度运动，分别是 x 方向和 z 方向上的二维滑动和 y 方向上的一维转动。因此，在定义系统拓展自由度的过程中，新增自由度应该具备以下性质：①拓展自由度所形成的运动空间的阶数应该为 3；②基于拓展自由度参数所得到的参数到目标质心位置的映射应该是一个满映射，即对于任何一个目标质心位置、姿态坐标，至少可以得到一组拓展自由度对该坐标进行描述；③拓展自由度应该至少包含两个位移单位和一个角度单位，分别对应二维滑动和一维扭转的情况。

基于以上约束，本节提出了三个拓展自由度的定义方式，其具体定义分别如图 3.1 所示：滑动自由度 l，表示机械臂末端执行机构坐标系 $O_e\text{-}X_eY_eZ_e$ 的原点到被抓捕目标接触点 a 的距离；转动自由度 θ，表示 $O_e\text{-}X_eY_eZ_e$ 坐标系的 z 轴方向与被抓捕目标连接点位置处切线方向的夹角；最后一个滑动自由度 f 的定义较为复杂，首先过目标质心 C 点作目标连接点位置处切线的垂线，垂线与切线相交于 b 点，且垂线与切线的夹角 φ 固定为 90°，f 则表示点 b 到目标接触点 a 的距离[33]。

进一步分析图 3.1 可知，由于本书的讨论针对的是空间非合作目标，因此假设目标的质心位置 C 是未知的；由于本书在大部分章节都采用了平面内的动力学系统，为了准确描述目标质心相对于机械臂末端执行机构的运动，还需要如图 3.1 中所示引入第四个未知常数 L_a，其几何意义为目标质心 C 到上面所定义的特征点 b 的距离。通过分析可知，该变量的值固定，且无法通过传感器进行直接测量，因此本书不将 L_a 作为系统的拓展自由度之一进行介绍。

最后，为了保证拓展自由度动力学模型的普适性，利用如图 3.2 所示的一般情况任务场景对三维环境下的抓捕构型进行了讨论。从图中可以看出，当动力学模型不再局限于二维平面内之后，为了准确描述目标质心位置相对机械臂末端执行机构的运动，还需要在 L_a 的基础上引入另一个常数 H。通过几何关系可知：当目标质心 C 不处于机械臂执行机构坐标系 $O_e\text{-}X_eY_eZ_e$ 的 x-z 平面之内时，可以通过一个简单的投影关系，将目标质心 C 在 x-z 平面内的投影点 e 作为基准点。针对 e 点的后续所有定义和讨论都与平面动力学场景一致。而 C 点到 e 点的距离即

为新增的常值参数 H。该参数与 L_a 一样不随时间变化，因此不会增加动力学系统的自由度。在实际控制器设计的过程中，需要采用与估计 L_a 一样的算法对 H 的值进行估计，并代入动力学模型实现控制器的集成。为此，可以得出结论，H 的存在对组合体系统动力学分析和控制器设计的影响与 L_a 对系统的影响完全一致。所以在平面场景下，如果能够对 L_a 的处理方式进行充分的论证和验证，相关算法方法可以轻松移植到三维动力学环境之下，故本节在平面任务场景下假设 $H=0$ 的处理不会对动力学模型与控制器的普适性产生决定性的影响。

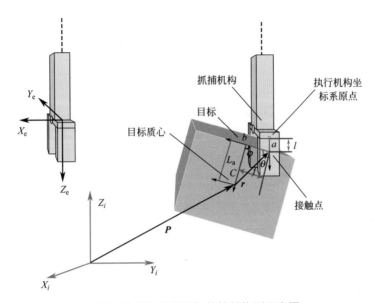

图 3.1 执行机构和目标的接触构型示意图

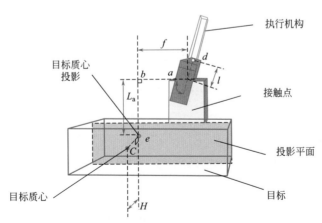

图 3.2 三维任务场景下执行机构和目标的接触构型示意图

3.2　直线接触边缘工况下的拓展自由度动力学模型

利用先前章节所定义的二个拓展自由度和一个目标质心位置参数 L_a，就可以利用拉格朗日动力学模型的框架构建基于拓展自由度的空间非合作目标组合体动力学模型。首先，通过图 3.1 所示的几何关系，可以在平面场景下写出目标质心在惯性坐标系 O_I-$X_IY_IZ_I$ 下的位置坐标：

$$\boldsymbol{P} = \boldsymbol{f}(\boldsymbol{q}) + \boldsymbol{Q}(\boldsymbol{q}) \begin{bmatrix} 0 \\ 0 \\ l \end{bmatrix} + \boldsymbol{Q}(\boldsymbol{q}) \begin{bmatrix} f\sin\theta \\ 0 \\ f\cos\theta \end{bmatrix} + \boldsymbol{Q}(\boldsymbol{q}) \begin{bmatrix} L_a\sin(\theta - 0.5\pi) \\ 0 \\ L_a\cos(\theta - 0.5\pi) \end{bmatrix} \tag{3.1}$$

式中，向量 $\boldsymbol{f}(\boldsymbol{q})$ 表示机械臂末端执行机构在惯性空间的位置坐标；3×3 矩阵 $\boldsymbol{Q}(\boldsymbol{q})$ 则表示从执行机构本体坐标系 O_e-$X_eY_eZ_e$ 到惯性坐标系 O_I-$X_IY_IZ_I$ 的坐标转换矩阵。为了将目标的动力学特征整合进拉格朗日动力学模型，需要对式（3.1）进行求导并获得如下公式：

$$\begin{aligned} \dot{\boldsymbol{P}} &= \dot{\boldsymbol{f}}(\boldsymbol{q}) + \dot{\boldsymbol{Q}}(\boldsymbol{q}) \cdot V + \boldsymbol{Q}(\boldsymbol{q}) \cdot \dot{V} \\ &= \dot{\boldsymbol{f}}(\boldsymbol{q}) + \dot{\boldsymbol{Q}}(\boldsymbol{q}) \cdot V + \boldsymbol{Q}(\boldsymbol{q}) \cdot \left(\frac{\partial V}{\partial l}\dot{i} + \frac{\partial V}{\partial f}\dot{f} + \frac{\partial V}{\partial \theta}\dot{\theta} \right) \end{aligned} \tag{3.2}$$

式中，向量 $\dot{\boldsymbol{f}}(\boldsymbol{q})$ 和矩阵 $\dot{\boldsymbol{Q}}(\boldsymbol{q})$ 分别表示机械臂末端的惯性速度和坐标转换矩阵关于时间的导数；向量 V 即为在执行机构坐标系 O_e-$X_eY_eZ_e$ 下，目标质心相对于机械臂末端执行机构的位置坐标：

$$V = \begin{bmatrix} 0 \\ 0 \\ l \end{bmatrix} + \begin{bmatrix} f\sin\theta \\ 0 \\ f\cos\theta \end{bmatrix} + \begin{bmatrix} L_a\sin(\theta - 0.5\pi) \\ 0 \\ L_a\cos(\theta - 0.5\pi) \end{bmatrix} \tag{3.3}$$

将式（3.2）整合到动能方程中，可以得到在机械臂抓捕目标之后形成的组合体动能方程：

$$E_{new} = E_m + 0.5\dot{\boldsymbol{P}}^T m \dot{\boldsymbol{P}} + 0.5\omega_t^T \boldsymbol{J}\omega_t = L_{new} \tag{3.4}$$

式中，ω_t 为目标相对于惯性空间的角速度。

将上述动能方程代入拉格朗日方程，可获得如下的紧凑动力学方程：

$$\begin{bmatrix} \boldsymbol{M} & \boldsymbol{M}_c \\ \boldsymbol{M}_c^T & \boldsymbol{M}_{ex} \end{bmatrix} \begin{bmatrix} \ddot{\boldsymbol{q}} \\ \ddot{\boldsymbol{q}}_{new} \end{bmatrix} + \begin{bmatrix} \boldsymbol{D} & \boldsymbol{D}_c \\ \boldsymbol{D}_c^T & \boldsymbol{D}_{ex} \end{bmatrix} \begin{bmatrix} \dot{\boldsymbol{q}} \\ \dot{\boldsymbol{q}}_{new} \end{bmatrix} + \begin{bmatrix} \boldsymbol{C} \\ \boldsymbol{C}_{ex} \end{bmatrix} = \begin{bmatrix} \boldsymbol{F} \\ \delta \end{bmatrix} \tag{3.5}$$

式中，M、D、C 为多体系统广义质量、广义阻尼和非线性矩阵；与之对应的，M_{ex}、D_{ex} 和 C_{ex} 表示对应三个拓展自由度的广义质量、广义阻尼和非线性矩阵；M_c 和 D_c 表示多体动力学系统与目标之间的动力学耦合矩阵；F 为机械臂系统的控制输入，其具体来源包含了基座卫星的轨控发动机、姿态控制 RCS 和飞轮，以及多体系统各个主动关节的控制量；$δ$ 是一个 $3×1$ 向量，表示机械臂末端执行机构与目标之间的接触力，也是本书重点讨论的内容。

从式（3.5）可以看出，组合体系统的自由度被分为两个部分，分别代表机械臂系统与被抓捕目标的运动自由度：

$$q_{ex} = \begin{bmatrix} q \\ q_{new} \end{bmatrix} = \begin{bmatrix} q & [l & f & θ] \end{bmatrix}^T \tag{3.6}$$

式中，第一部分 q 为多体动力学系统自由度向量，而 q_{new} 则包含三个新增的系统拓展自由度。

通过分析可知，由于目标为非合作目标，其外表不具备抓捕固定接口，因此可以想象当机械臂通过执行机构抓捕目标后，仅能够通过执行机构与目标之间的摩擦力和扭矩对非合作目标的惯性运动进行控制。因此，为了对向量 $δ$ 的值进行计算，需要对各个摩擦力模型进行具体的讨论。首先，通过传统的动力学分析方法，在惯性坐标系 $O_I\text{-}X_IY_IZ_I$ 下，目标所受到的外力 F_{ext} 和外扭矩 t_{ext} 分别对应惯性坐标系下目标所受到的摩擦力和摩擦扭矩。设惯性坐标系下的接触力向量为 $δ'$，则该向量可以写成如下形式：

$$\begin{cases} δ'_{1-2} = F_{ext} \\ t_{ext} + r_{cap} × F_{ext} = δ'_3 + r_{cap} × δ'_{1-2} \end{cases} \tag{3.7}$$

式中，向量下标 1～3 分别表示向量的第 1～3 个元素。而根据接触动力学的相关原理可知，计算 $δ'$ 的方法包括非连续库仑摩擦力模型[34]、连续库仑摩擦力模型[35] 和 Bristle 摩擦力模型[36] 等。下面将分别对这三种摩擦力计算方法进行论述。

（1）非连续库仑摩擦力模型

首先，非连续库仑摩擦力模型是最为基础的摩擦力描述方式，也是实际环境下与真实测量数据最贴近的摩擦力模型。其基本思路就是将摩擦力分为静摩擦力和滑动摩擦力两个部分，静摩擦力始终与外力大小相等且方向相反，而滑动摩擦力则为定值，方向与相对滑动方向相反。两者之间的切换准则为最大静摩擦力，当外力大于最大静摩擦力时，则系统切换进入滑动状态：

$$δ' = \begin{cases} f_{ext}, \quad \|f_{ext}\| ⩽ \|δ_{max}\| \\ \begin{bmatrix} -δ_{max}(1:2)\operatorname{sgn}(v_s) & -δ_{max}(3)\operatorname{sgn}(\dot{θ}) \end{bmatrix}^T, \quad \|f_{ext}\| > \|δ_{max}\| \\ v_s = \dot{f}e_f + \dot{l}e_l \end{cases} \tag{3.8}$$

式中，向量 $\boldsymbol{f}_{\text{ext}}$ 为目标所受到的外力；$\boldsymbol{\delta}_{\text{max}}$ 为最大静摩擦力向量，其取值与材料性质和执行机构所能施加的正压力相关。正压力的表达式可以通过基于 Hertz 模型所得来的非线性弹簧阻尼公式[31, 37]获得：

$$N_{\text{ct}} = k_{\text{Hertz}} \delta_{\text{p}}^{\gamma} + D_{\text{Hertz}} \dot{\boldsymbol{\delta}}_{\text{p}} \tag{3.9}$$

式中，$\boldsymbol{\delta}_{\text{p}}$ 为接触位置局部微形变位移矢量。

在目前章节的讨论中，暂且认为机械臂末端执行机构所能施加的正压力为定值，对本小节的动力学分析不产生决定性的影响。式（3.8）中，为了利用三个新定义的拓展自由度来准确描述目标与执行机构之间的相对运动速度的方向，我们还构建了接触点局部切线坐标系 $O_{\text{local}}\text{-}\boldsymbol{e}_l\boldsymbol{e}_y\boldsymbol{e}_f$，其具体定义如图 3.3 所示：坐标系原点在初始接触点，y 轴 $\boldsymbol{e}_y$ 与 $O_{\text{e}}\text{-}X_{\text{e}}Y_{\text{e}}Z_{\text{e}}$ 的 y 轴重合，x 轴 $\boldsymbol{e}_l$ 始终指向 $O_{\text{e}}\text{-}X_{\text{e}}Y_{\text{e}}Z_{\text{e}}$ 的 x 轴方向，而 z 轴 $\boldsymbol{e}_f$ 则始终指向初始接触点处的切线方向。因此，可以看出 $O_{\text{local}}\text{-}\boldsymbol{e}_l\boldsymbol{e}_y\boldsymbol{e}_f$ 是一个非正交坐标系，而其优势在于目标与执行机构之间的相对运动在此坐标系内可以通过拓展自由度的广义速度而写成一个非常简单的形式：$\dot{j}\boldsymbol{e}_f + \dot{i}\boldsymbol{e}_l$，从而建立了目标惯性运动与拓展自由度空间的联系，为后续的摩擦力集成打下基础。

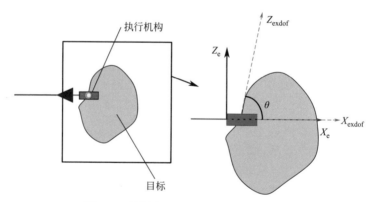

图 3.3　接触点局部切线坐标系定义方式

（2）连续库仑摩擦力模型

在获得了传统的非连续库仑摩擦力模型之后，在此基础上稍加改动即可获得连续形式的库仑摩擦力模型。其核心思想在于将静、动摩擦力的切换用连续的函数进行表述，即采用一个分段函数的方式对摩擦力的值进行描述。为了方便起见，摩擦力被设计为相对滑动速度 $\boldsymbol{v}_{\text{s}}$ 的函数，而不再直接与目标所受到的外力挂钩。其中，分段函数有多种设计方法，本小节通过分析相关模型，提出了一种基于分段式饱和函数的连续库仑摩擦力表述方式，其具体表达式如下：

$$\delta' = \begin{cases} \dfrac{f_{\max}}{1 + \exp\left(-g_{\text{coul}}\left(v - v_{\text{m1}}k_{\text{coul}}\right)\right)}, & v \leqslant v_{\text{m1}} \\[4mm] f_{\max}\left(\dfrac{\delta_{\max}}{f_{\max}} + \dfrac{1 - \dfrac{\delta_{\max}}{f_{\max}}}{1 + \exp\left(-g_{\text{coul}}\left(v_{\text{m2}} - vk_{\text{coul}}\right)\right)}\right), & v > v_{\text{m1}} \end{cases} \tag{3.10}$$

式中，g_{coul}、k_{coul} 是两个正实数增益；$v_{\text{m1}} < v_{\text{m2}}$，为两个特征速度，用以描述摩擦力由静到动的切换过程；$v = \|v_s\|$，是当前目标与执行机构之间的相对滑动速度。

通过以上分段函数模型，就可以用一个较为平滑的曲线信号描述目标与执行机构间的摩擦力变化情况。图 3.4 展示了连续库仑摩擦力模型和非连续库仑摩擦力模型所获得的摩擦力变化对比情况，可以看出，两种模型在静摩擦力状态下信号形式略有不同，而当目标开始滑动后，则统一保持一个常数值，从而印证了本章所提出的新型摩擦力模型的合理性。

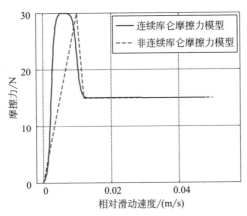

图 3.4　连续库仑摩擦力模型与非连续库仑摩擦力模型的对比结果

（3）Bristle 摩擦力模型

最后一种摩擦力模型为 Bristle 摩擦力模型，该模型的核心思路是参考"鬃毛偏转"的物理现象，采用局部二维弹簧阻尼的形式，对目标和执行机构间的相对受力情况进行描述，其基本的数学形式如下：

$$\delta' = -k_s \boldsymbol{S}$$

$$\boldsymbol{S} = \begin{cases} \boldsymbol{S}_0 + \displaystyle\int_{t_0}^{t} \boldsymbol{v}(t)\,\mathrm{d}t, & \|\boldsymbol{S}\| \leqslant \|\boldsymbol{S}_{\max}\| \\[4mm] \boldsymbol{S}_{\max}\,\mathrm{sgn}\left(\boldsymbol{v}(t)\right), & \|\boldsymbol{S}\| > \|\boldsymbol{S}_{\max}\| \end{cases} \tag{3.11}$$

式中，积分项的初值 $\boldsymbol{S}_0$ 一般被设为 0。从式中可以看出，Bristle 摩擦力模型的核心思路是利用对相对滑动速度的积分获得此刻的广义位移，并将位移代入弹簧阻尼模型获得当前时刻系统所受的摩擦力。而静摩擦力与滑动摩擦力之间的相互切换过程则采用了最大位移 S_{max} 的方式进行描述，其具体定义为：

$$S_{max} = \begin{cases} \delta_{max}, & \|v_t\| \leqslant v_{m1} \\ f_{max}, & \|v_t\| > v_{m1} \end{cases} \tag{3.12}$$

式中，v_{m1} 与式（3.10）中的定义保持一致。

　　基于以上方式，就可以通过控制连接点处单位圆的大小来实现摩擦力由静到动的切换过程。

　　通过以上数个小节的讨论，已获得了式（3.8）、式（3.10）和式（3.11）所述的三种惯性空间下目标与执行机构之间所受摩擦力 δ' 的计算方法。而为了用基于拓展自由度的组合体动力学模型对目标在被抓捕后的运动进行描述，则需要将 δ' 集成到式（3.5）中。基于图 3.3 中所定义的接触点局部切线坐标系可知，三个拓展自由度模型其实对应了目标在 $O_{local}\text{-}e_te_ye_f$ 坐标系下的运动，因此，为了计算 δ，需要将 δ' 从 $O_1\text{-}X_1Y_1Z_1$ 投影到 $O_{local}\text{-}e_te_ye_f$ 之下，其具体方法为：

$$\begin{cases} \delta_{1-2} = \Lambda\delta'_{1-2} \\ \Lambda = \begin{bmatrix} 1 & 0 \\ \cos\theta & \sin\theta \end{bmatrix} \\ \delta_3 = \delta'_3 \end{cases} \tag{3.13}$$

式中，Λ 为 $O_1\text{-}X_1Y_1Z_1$ 到 $O_{local}\text{-}e_te_ye_f$ 的非正交坐标转换矩阵。

　　由此，δ 就可以被计算出，并代入式（3.5）进行动力学解算。

3.3　一般情况下的拓展自由度动力学模型

　　上述章节已经从拓展自由度定义、动力学模型的建立和摩擦力模型切换算法设计等多个角度对基于拓展自由度的空间非合作目标组合体动力学模型进行了具体的论述。本节将在已经建立好的平面拓展自由度模型的基础上进行进一步的拓展和延伸，分别从新增自由度的可观测性分析和非常规形状目标抓捕情况下的拓展自由度定义两个方面，对本章提出的理论进行进一步的完善。

3.3.1　拓展自由度可观测性分析

　　本章的核心思想在于通过定义三个具备几何意义的拓展自由度参数，实现对目标和执行机构之间相对运动的精确描述和控制。为了能够实现上述目标，就必须对三个新定义的拓展自由度进行精确的测量和观测。其中，"测量"定义为对应自由度可以通过选择合适的传感器直接测量得到，而"观测"定义为相对应的自由度无法通过传感器直接获得，而是需要通过对其他测量数据的数学处理来进行估计和识别。为了分析本章中所述各个新增物理量的可观测性，首先从较为简单的接触边缘为直线的情况入手，并引入了如图 3.5 所示的接触构型示意图。从图中可以看出，假设初始 T_0 时刻，三个拓展自由度的值分别为 l、f、θ。一段时间 T 之后，由于目标与执行机构的相对运动，三个拓展自由度变化为 l'、f'、θ'。从几何关系可以看出，在接触边缘为直线的情况下，自由度 l 可以通过在机械臂底部安装测距传感器的方式直接测量得到；θ 同样可以通过识别接触边缘和执行机构视线的方式得到；而 f 则无法通过传感器直接获得。但是，通过几何特征可知，假设初始时刻 $f=f_0$，则经过时间 T 之后 $f'=f_0+\Delta f$，而 Δf 实为初始接触点运动的路程。虽然 f_0 的值无法直接通过传感器测得，但是 Δf 可以通过几何方法测量得出，因此也可以直接对控制器设计提供足够的闭环反馈信息。基于以上讨论，将引入拓展自由度之后系统的新增动力学参数的可观测性归纳罗列在表 3.1 之中。

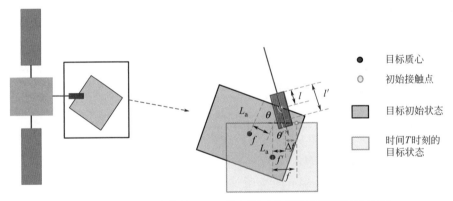

图 3.5　直线接触边缘情况下系统新增动力学参数可观测性分析

表 3.1　新增动力学参数可观测性分析

动力学参数	可观测性
Ex-DoF $l, \dot{l}$	可直接测量得到
Ex-DoF $\theta, \dot{\theta}$	可直接测量得到
Ex-DoF f	不可直接测量，需要通过观测器进行估计
Ex-DoF $\dot{f}$	可直接测量得到
质心位置参数 L_a, H	不可直接测量，需要通过观测器进行估计

通过表 3.1 的分析可知，本章所定义的拓展自由度模型具备良好的可观测性。大部分新增自由度系统的广义位移和速度都可以通过传感器直接测量得到，从而为控制器闭环设计提供了便利。而剩余的部分不可直接测量参数则可以通过状态观测器或滤波算法的设计进行在线估计。

3.3.2　一般情况下的改进型拓展自由度定义方式

本小节将针对抓捕一般几何形状的目标的任务场景，对先前所定义的拓展自由度系统进行进一步的延伸，使之具备更加一般的普遍意义。当钳型抓捕机构抓捕一般形状物体时，目标与执行机构之间的接触边缘将不再是直线，而可能是任意曲线。在此种情况下，为了继续采用三个拓展自由度描述目标与执行机构之间的三自由度相对运动，就必须对拓展自由度的定义进行重新梳理。

如图 3.6 所示，假设 T_0 时刻，执行机构与目标接触，初始接触点为 p_1，此时刻拓展自由度 $l(T_0)$ 的值即为 O_e-$X_e Y_e Z_e$ 原点到 p_1 的距离。此时，目标与执行机构之间存在三自由度滑动。在 T 时刻，目标滑动到图 3.6 右上方所述的位置，此时目标与执行机构间的实际接触点为 p_2。而值得注意的是，此时刻 O_e-$X_e Y_e Z_e$ 原点到 p_2 的距离并非 $l(T)$，可设为 l_{measured}，两者之间存在一个距离 dl。为了定义 $l(T)$，则需要在初始时刻接触点 p_1 处定义其切线方向，即为 Rd。在 T 时刻，假设 p_1 处的斜率为 $Rd(T)$，利用 p_1 点和 $Rd(T)$ 可以得到一条直线，该直线与 O_e-$X_e Y_e Z_e$ 的 x 轴交于点 p_3，我们将 p_3 称为虚拟接触点，则拓展自由度 $l(T)$ 的定义变为 p_3 到 O_e-$X_e Y_e Z_e$ 原点的距离，根据基本的几何定义，其表达式可以写成：

$$l = \boldsymbol{R}_{p_1}(1) - \frac{\boldsymbol{R}_{p_1}(3)}{Rd(T)} \tag{3.14}$$

式中，$\boldsymbol{R}_{p_1}$ 为点 p_1 在 O_e-$X_e Y_e Z_e$ 中的位置坐标。

这里需要指出，式（3.6）中所述的第一个拓展自由度特指 $l(T)$，而非 l_{measured}。但是，通过将目标隔离并进行受力分析，可知目标在惯性空间的运动可以描述为如下形式：

$$\begin{cases} \delta'_{1-2} = m\boldsymbol{a} \\ I_y \beta' = \delta'_3 + \boldsymbol{T}_f(2) \\ \boldsymbol{T}_f = \boldsymbol{r}_{\text{ct}} \times \begin{bmatrix} \delta_1 & 0 & \delta_2 \end{bmatrix}^{\text{T}} \\ \boldsymbol{r}_{\text{ct}} = \begin{bmatrix} \boldsymbol{r}_{\text{ct}}(1) & H & \boldsymbol{r}_{\text{ct}}(3) \end{bmatrix} \end{cases} \tag{3.15}$$

式中，δ' 对应惯性空间下的目标和执行机构之间的三自由度摩擦力向量；δ 表示 O_e-$X_e Y_e Z_e$ 下的三自由度摩擦力向量，如式（3.7）所示；H 为图 3.2 所示的目标质心到 O_e-$X_e Y_e Z_e$ 的 x-z 平面的投影距离；$\boldsymbol{r}_{\text{ct}}$ 为目标质心指向接触点的向量；$\boldsymbol{T}_f$ 为由于摩擦力而在目标上产生的力矩向量。

由于在 3.1 节中已经将目标的转动约束在 $O_e\text{-}X_eY_eZ_e$ 的 $x\text{-}z$ 平面内，因此只有 $\boldsymbol{T}_f$ 的 y 方向出现在式中，有：

$$\boldsymbol{T}_f(2) = \boldsymbol{r}_{ct}(3)\delta_1 - \boldsymbol{r}_{ct}(1)\delta_2 \tag{3.16}$$

进一步由式（3.3）可知，$\boldsymbol{r}_{ct}$ 的表达式可以简单地写成：

$$\boldsymbol{r}_{ct} = -\left(\boldsymbol{V} - \begin{bmatrix} l_{measured} \\ 0 \\ 0 \end{bmatrix}\right) \tag{3.17}$$

注意到式（3.17）出现了传感器所测得的 $l_{measured}$，因此，为了建立目标运动的真实动力学与拓展自由度 l 的关系，需要将 p_2 与 p_3 的关系进行整理，得到如下关系式：

$$\boldsymbol{r}_{ct} = \boldsymbol{r}_{ct\_vir} + l\boldsymbol{e}_l - l_{measured}\boldsymbol{e}_l = \boldsymbol{r}_{ct\_vir} + dl\boldsymbol{e}_l \tag{3.18}$$

将式（3.18）代入式（3.17），即可获得：

$$\begin{cases} \boldsymbol{\delta}_{1-2} = m\boldsymbol{a} \\ I_y\beta' = \delta_3 + \boldsymbol{T}_f'(2) = \delta_3' + \boldsymbol{T}_f(2) \\ \boldsymbol{T}_f' - \boldsymbol{T}_f = (dl\boldsymbol{e}_l) \times \begin{bmatrix} \delta_1 & 0 & \delta_2 \end{bmatrix}^{\mathrm{T}} \end{cases} \tag{3.19}$$

从式（3.19）可以看出，为了在一般情况下利用拓展自由度对目标的运动进行正确描述，需要在摩擦力力矩的计算过程中利用 $l(T)$ 和 $l_{measured}$ 的值进行力矩修正 $(dl\boldsymbol{e}_l) \times \begin{bmatrix} \delta_1 & 0 & \delta_2 \end{bmatrix}^{\mathrm{T}}$。

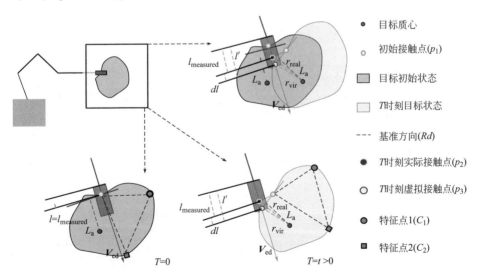

图 3.6　一般接触情况下拓展自由度定义方式

基于以上的讨论可以得出，当接触边缘为直线时，$l(T)$ 和 l_{measured} 始终相等，实际接触点 p_2 与虚拟接触点 p_3 始终重合，此时不需额外进行几何解算和力矩修正。因此，直线接触边缘为一般接触边缘的特殊情况，而上述力矩修正公式具备普遍性，可以有效描述不同情况下目标与执行机构之间的相对运动。考虑到目标的非合作特性，在实际任务执行过程中，需要通过单目视觉与测距传感器相结合的方式，实现对三个拓展自由度的实时测量和解算，此部分算法将在后续章节中进行具体论证。

3.4　仿真验证

本节将对本章提出的动力学模型进行充分的仿真测试，以验证其正确性和高效性。通过先前的讨论可知，在本书所考虑的"钳"型抓捕机构的框架下，目标与机械臂末端抓捕机构之间的相对运动将被约束在 $O_e\text{-}X_eY_eZ_e$ 坐标系的 $x\text{-}z$ 平面内。为此，在验证拓展自由度模型正确性的相关仿真中，主要采用了 2D 平面任务场景。整个组合体被约束在 $x\text{-}z$ 平面中，如图 3.7 所示。在此种任务场景之下，组合体航天器可以视为一个双刚体系统，主动航天器和目标均被约束在目标平面

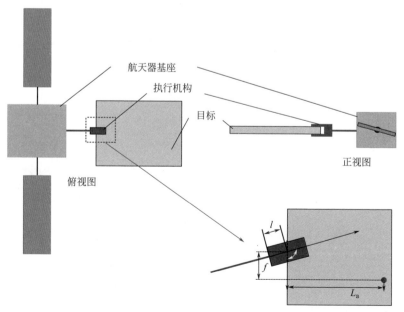

图 3.7　算例 1 的仿真场景示意图

内，都只具备三自由度运动能力，而仿真任务需求则是在考虑两个刚体之间的相对滑动的情况下，完成对组合体航天器的姿态机动操作。仿真任务场景的基本动力学参数见表 3.2，其中，flag R，T，S 分别代表完全固连、存在滑动和存在转动三种相对运动状态，而同时存在滑动和转动的运动状态则由 T 和 S 都设为 1 来表示。基于以上定义，下面将对拓展自由度动力学模型进行系统验证。

表 3.2　仿真算例 1 的动力学参数

动力学参数	参数值
主动航天器质量、转动惯量	50kg，25kg·m^2
目标质量、转动惯量	40kg，20kg·m^2
执行机构长度	1.5m
$\theta,\dot{\theta},l,\dot{l}$	90°，0rad/s，1cm，0m/s
$f,\dot{f},\alpha,\dot{\alpha}$	1.6cm，0m/s，0°，0rad/s
基座卫星初始位置	3m，0m/s，4m，0m/s
初始 flag R，T，S	0，0，0
最大静摩擦力	1.5N

从表 3.2 可以看出，在本节所考虑的任务场景下，组合体航天器初始状态为镇定状态，系统初始角速度为 0，目标和主动航天器之间也没有相对运动。在传统研究思路中，如果出现如上所示的初始条件，则学者们往往会认为目标与抓捕机构已经完美固连，整个组合体航天器将被视为一个单刚体动力学模型进行处理。而在本章所述的动力学环境下，我们将通过后续的仿真证明：即使初始条件稳定，在姿态机动过程中仍然有可能激发目标与主动航天器之间的相对滑动，从而严重影响组合体航天器的几何构型。

3.4.1　固连状态动力学验证

为了验证本节所介绍的拓展自由度动力学模型的正确性，本小节首先从较为简单的固连状态入手。从先前的讨论可以得知，如果采用传统的库仑摩擦力模型作为广义摩擦力的计算输入，则三个拓展自由度的运动将在固连和相对运动模式之间进行切换。因此，我们可以想象，如果目标与主动航天器始终保持固连模式，则组合体航天器的动力学响应应该与单刚体航天器完全一致。假设目标与主动航天器始终固连，则组合体航天器作为一个单刚体系统，它的转动惯量计算如下：

$$J_{\text{tot}} = \sum_i \left(I_i + m_i \left(\left(R_i^{\text{T}} R_i \right) 1_3 - R_i R_i^{\text{T}} \right) \right) \tag{3.20}$$

式中，I_i 为第 i 个航天器绕其本体系的转动惯量；R_i 则为第 i 个航天器相对于组合体航天器质心的坐标。在当前所考虑的任务场景中，$i=1,2$，分别代表主动航天器和目标，而组合体航天器的姿态动力学则可以直接表示为：

$$\beta_{\text{tot}} = \frac{T_t}{J_{\text{tot}}} \tag{3.21}$$

式中，T_t 为作用在组合体航天器上的总力矩。

因此，在第一组仿真中，我们人为地将 flag R 设置为 0，让目标和主动航天器始终处于固连状态。并将一个固定方向和固定大小的力矩作用于组合体航天器之上，采用固连状态动力学计算组合体的姿态变化情况。将计算得到的结果与单刚体模型的结果进行比对，就可以测试拓展自由度动力学模型在固连状态下的正确性。

基于上述假设的仿真结果展示在图 3.8 中。从图中可以看出，当目标与主动航天器始终固连时，组合体航天器在常值力矩的作用下呈现恒定角加速度响应，与传统单刚体完全一致，其角加速度大小也与理论解算结果一致。因此，可以得出结论，基于拓展自由度的动力学模型在固连模式下可以正确描述组合体航天器的运动。

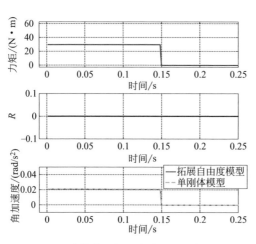

图 3.8   固连状态下拓展自由度模型与传统单刚体模型的仿真结果

3.4.2   组合体航天器脉冲响应动力学验证

在上一小节的基础之上，本小节将对拓展自由度动力学模型在不同相对运动模式下的响应进行进一步测试。首先，对组合体航天器模型的脉冲响应进行仿真测试。测试结果如图 3.9 ～图 3.11 所示。从图 3.9 中可以看出，为了实现脉冲响应仿真，给系统输入了一个 0.05s 左右的较大幅值的力矩信号。在 0.05s 之后，力矩归为 0，让组合体自由运动。而图 3.10 显示，组合体在此种脉冲信号下，先后经历了 1,1,1、1,0,1 和 0,0,0 三种运动模式。最开始，由于脉冲力矩较大，为了保持组合体固连状态所需的静摩擦力和静扭矩均远大于系统所能提供的最大静摩擦力和静扭矩，因此系统切换至相对运动状态。随着力矩撤去，目标与主动航天器之间的相对运动在摩擦力的耗散作用下逐步减弱。其中，相对滑动率先停止，系统进入 1,0,1 模式继续自由转动之后最终归于完全固连，系统回归 0,0,0 模式。而在整个过程中，组合体航天器系统的刚度逐步增强，随着系统能量耗散，其加速度逐步降低。而当系统最终回归固连状态 0,0,0 模式之后，组合体则保持一个恒定的角速度继续匀速转动。图 3.11 展示了上述过程中组合体航天器的几何构型变化情况。从图中可以看出，组合体航天器的几何构型由于目标与主动航天器之间的相对滑动而发生了明显的变化。此种变化会导致组合体航天器的转动惯量随时间剧烈变化，从而不利于控制器的设计和集成。同时，也可以看出此种几何构型的变化可能导致目标与抓捕机构的脱离，导致抓捕失败。因此，本书所研究的主要目标就可以描述为：如何在有效控制组合体航天器的姿态位置的同时，有

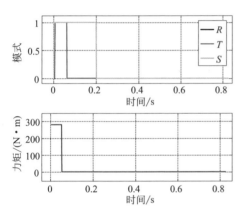

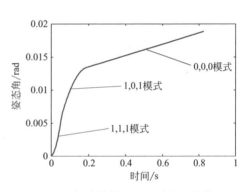

图 3.9　组合体航天器脉冲响应信号与运动　　　　图 3.10　组合体航天器脉冲响应曲线
　　　　模式信号

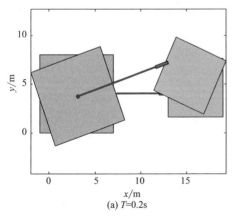

(a) T=0.2s

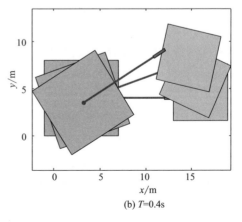

(b) T=0.4s

图 3.11

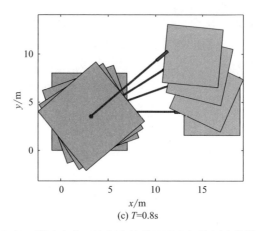

图 3.11   脉冲响应下的组合体航天器几何构型变化情况

效抑制目标与抓捕机构间的相对运动，从而保持组合体的几何构型。具体的控制器设计和仿真测试结果将在后续章节进行论述。

3.4.3   拓展自由度模型与牛顿力学模型的比对

将目标作为一个个体进行隔离并代入经典牛顿力学模型，则其在惯性坐标系下的运动可以写成如下形式：

$$
\begin{cases}
\delta'_{1-2} = m\boldsymbol{a} \\
I_y \beta' = \delta'_3 + \boldsymbol{T}_f\,(2) \\
\boldsymbol{T}_f = \boldsymbol{r}_{ct} \times \begin{bmatrix} \delta_1 & 0 & \delta_2 \end{bmatrix}^{\mathrm{T}} \\
\boldsymbol{r}_{ct} = \begin{bmatrix} \boldsymbol{r}_{ct}\,(1) & d_{proj} & \boldsymbol{r}_{ct}\,(3) \end{bmatrix}
\end{cases}
\tag{3.22}
$$

通过分析可以看出，式（3.22）中唯一的力学输入为目标与抓捕机构之间的摩擦力 δ。而由 3.2 节可知，δ 需要经过式（3.13）的投影之后才可集成进入拓展自由度系统。因此，可以将拓展自由度模型与式（3.22）的计算结果进行比对，从而确定拓展自由度模型在相同的摩擦力输入情况下是否可以与经典牛顿力学模型得到完全一致的计算结果。

牛顿力学模型与拓展自由度模型的比对仿真结果如图 3.12 和图 3.13 所示。其中，图 3.12 展示了牛顿力学模型与拓展自由度模型所得到的目标质心坐标在惯性坐标系中的变化情况。从仿真结果可以看出，两者具有很高的吻合度。图 3.13 则展示了基于牛顿力学模型解算得到的拓展自由度变化情况与拓展自由度模型所获得的三个拓展自由度的变化情况。从图中可以看出，两种动力学模型同样具备很高的吻合度。因此，拓展自由度模型的正确性和精确性都得到了良好的验证。

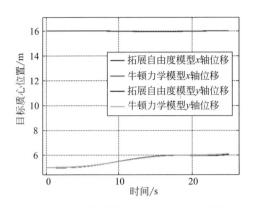
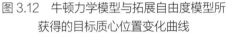

图 3.12　牛顿力学模型与拓展自由度模型所获得的目标质心位置变化曲线

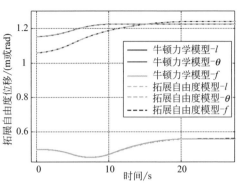

图 3.13　牛顿力学模型与拓展自由度模型所获得的三个拓展自由度变化曲线

3.4.4　非直线接触边缘工况与不同摩擦力模型的比对

经过以上三个小节的仿真和论述，我们已经在平面 2D 直线接触边缘的工况下，从多个方面和角度全面验证了拓展自由度动力学模型的可靠性和正确性。本小节将聚焦一般接触边缘的情况，验证拓展自由度模型在一般情况下的正确性。与此同时，还将三种摩擦力模型分别集成到仿真系统之中，探讨不同摩擦力模型对拓展自由度模型仿真结果的影响情况。

可以看出，非直线接触边缘与直线接触边缘的情况有明显的不同。因此，为了对此种复杂工况进行仿真验证，重新定义了一个任务场景。为了仿真的简便，将新的任务场景聚焦于执行机构与目标的相对运动。因此，假设此任务场景中执行机构在主动控制力的作用下在惯性空间保持固定不动，而目标与执行机构之间存在一个初始的相对运动和扭转。此种场景可以等效为在实际任务过程中机械臂抓捕空间非合作目标后的情况：空间非合作目标在接触前处于自旋状态，其中沿着执行机构本体系 x 轴和 z 轴方向的自旋由于碰撞而瞬间消失，而沿着 y 轴方向的自旋在抓捕后将继续存在一段时间，由执行机构和目标之间的摩擦力对其进行减速，最终达到固连状态。该状态下的仿真场景动力学参数如表 3.3 所示。

表 3.3　非直线接触边缘仿真验证动力学参数

动力学参数	参数值
初始 $l, \dot{l}$	1m，0.02m/s
初始 $\theta, \dot{\theta}$	60°，0.01rad/s
初始 $f, \dot{f}$	2m，0.03m/s

续表

动力学参数	参数值
执行机构质量和长度	10kg，3m
非合作目标等效边长	6m
执行机构转动惯量	Diag（10，17，22）kg · m²
目标转动惯量	Diag（120，217，222）kg · m²
目标质量	30kg

基于以上的任务场景和动力学参数定义，我们将三种摩擦力模型分别集成到拓展自由度系统中，并得到了如图 3.14～图 3.19 所示的仿真结果。其中，图 3.14和图 3.15 分别给出了三种摩擦力模型在当前仿真场景下所产生的摩擦力和力矩的信号曲线。可以看出，传统库仑摩擦力模型和连续库仑摩擦力模型的曲线高度重合，仅在由滑动摩擦转为静摩擦的时刻存在区别。而 Bristle 摩擦力模型所产生的曲线则在 0 的周围发生了周期振动现象。这与式（3.11）中所述的局部弹簧描述方法相一致。由此可以看出，在由动到静的运动仿真计算下，Bristle 摩擦力模型并不会最终使目标停下，而是会让目标在局部来回周期振动。与之相对应的，图 3.16 和图 3.17 分别给出了三个拓展自由度在此种任务场景下的广义速度和位移曲线。可以看出，在仿真的初始阶段，执行机构在主动控制力的作用下保持静止，因此目标与执行机构间的相对速度略微加速；随后广义速度稳步减速，最终收敛到一个极低的水平，即进入固连模式。而三个拓展自由度的广义位移也随着时间增加而增加，最终由于系统归于固连而变为一个恒定的末端偏移量。

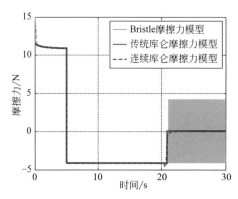

图 3.14　三种摩擦力模型在整个过程中产生的摩擦力信号曲线

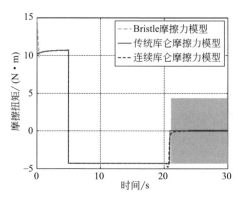

图 3.15　三种摩擦力模型在整个过程中产生的摩擦力矩信号曲线

从图 3.17 可以进一步看出，三种摩擦力模型所得到的相对位移量存在偏差，其中，传统库仑摩擦力模型与连续库仑摩擦力模型所得到的位移量高度一致，而 Bristle 摩擦力模型所得到的位移量略大于另外两种。这可能主要是由于 Bristle 摩擦力模型在滑动状态转固连状态时采用的是标准弹簧模型，因此摩擦力的局部减速是非线性的，这与真实的摩擦力显然不同，因此在数值积分

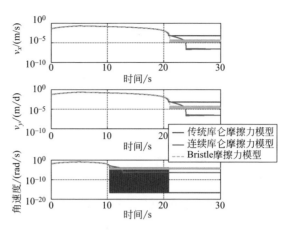

图 3.16　非直线接触边缘情况下三种摩擦力模型所产生的三个自由度的广义速度曲线

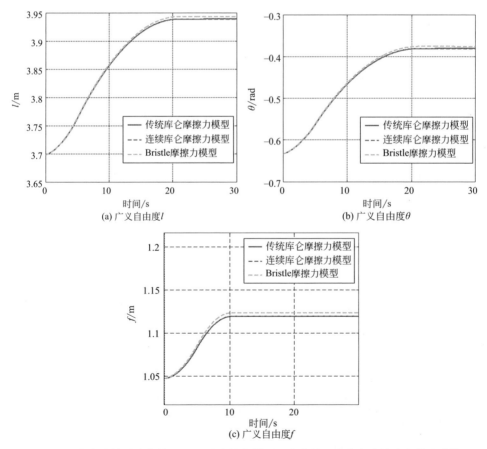

(a) 广义自由度 l

(b) 广义自由度 θ

(c) 广义自由度 f

图 3.17　非直线接触边缘情况下三种摩擦力模型所产生的三个自由度的广义位移曲线

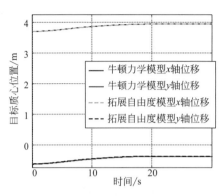

图3.18　非直线接触边缘情况下拓展自由度模型与牛顿力学模型解算结果的比较

之后也造成了更大的位移偏差。但总体来看，三种摩擦力模型在拓展自由度动力学系统下得到了基本一致的仿真结果，且系统的运动响应符合预期。图 3.18 给出了目标质心位置在拓展自由度模型和牛顿力学模型下的变化曲线比对，可以看出，两组曲线高度重合，从而验证了非直线接触边缘情况下拓展自由度模型的正确性。

最后，图 3.19 给出了该任务场景下全过程的组合体几何构型变化情况。从仿真结果可以看出，由于本小节所考虑的任务场景可以近似认为是一个存在初始滑动的系统在摩擦力的作用下减速，并最后转为固连的过程，因此，从图 3.19 中也可以明显看出目标的三自由度运动在逐步减弱，最终停止，从而直观地验证了仿真算法的正确性和有效性。

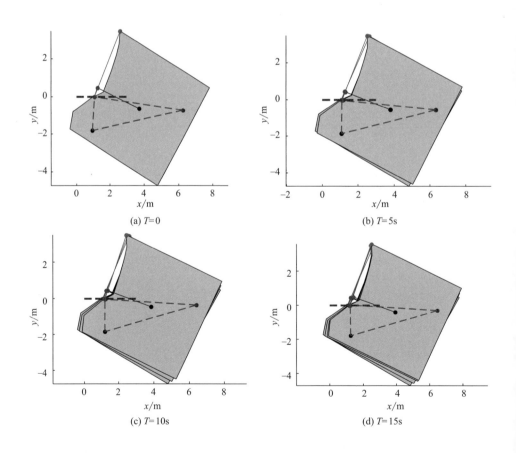

(a) $T=0$

(b) $T=5s$

(c) $T=10s$

(d) $T=15s$

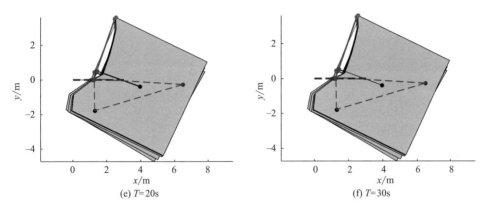

(e) $T=20\text{s}$　　　　　　　(f) $T=30\text{s}$

图 3.19　非直线接触边缘情况下目标与执行机构之间的几何构型变化情况

3.5　本章小结

本章主要介绍了基于拓展自由度的空间机械臂组合体动力学建模方法。该方法的核心思路是通过在原有多体动力学模型的基础上增加自由度的方法，对目标与执行机构之间的相对滑动进行描述。在确定了基于拓展自由度的建模思路之后，将多种摩擦接触动力学模型集成到系统之中，并基于其中的传统库仑摩擦力模型建立了离散化后的动力学模型在不同运动模式下的切换算法。在此之后，还针对非直线接触边缘目标的情况，将拓展自由度的描述进行了进一步改进，并引入了在一般几何形状目标下的力矩修正算法，从而保证了动力学模型在不同任务环境中的普适性。最后，采用直线接触边缘和非直线接触边缘两组仿真算例对本章所建立的动力学模型进行了系统的验证。基于仿真结果，我们可以得到以下几个结论：

① 基于拓展自由度的建模思路是传统多体动力学中描述系统挠性、关节间隙和关节挠性的建模方法的延伸。与以往方法的不同之处在于，本章所建立的建模方法充分考虑了新增自由度的可测量性，为后续控制器设计打下了基础。

② 基于拓展自由度的空间机械臂组合体动力学模型可以与不同接触摩擦力模型有机结合，并正确描述组合体系统在空间中的运动，除了在固连状态下可以兼容传统多刚体动力学模型的所有功能之外，还实现了对目标与执行机构之间相对滑动的正确描述。

③ 针对非直线接触边缘的拓展自由度描述方法可以正确描述一般几何形状

目标相对执行机构的运动，并准确给出组合体的动力学响应。在与牛顿力学模型的比对中可以看出，拓展自由度模型具备较高的精度，可以满足对实际任务的动力学分析和仿真任务的需求。

　　本章所得到的动力学建模方法是本书的核心成果。基于新的动力学系统，后续章节将针对相对运动的测量解算、组合体控制器设计和扰动误差拟合等技术进行具体论述，从而实现对本章所获得的复杂动力学系统的有效控制。

第 **4** 章
基于拓展自由度的多体系统
运动测量与参数识别技术

在第 3 章的讨论中，已经基于拓展自由度的方式建立了执行机构与目标之间的相对运动模型，并通过理论分析和数值仿真的方法证明了该动力学模型的正确性和可靠性，为后续的控制系统设计打下了坚实的基础。

但是，为了实现对目标的操控需求，还需要对目标与执行机构之间的三自由度相对运动进行有效的识别和精确的测量，同时，在复杂相对运动环境下对非合作目标的动力学参数进行识别。本章将从以上两个角度出发，分四个方面进行具体论述：4.1 节从传感器选择和拓展自由度运动参数解算两个角度出发，给出目标与执行机构之间相对滑动的测量与解算方法；4.2 节针对复杂相对运动环境，对基于拓展自由度的空间机械臂组合体动力学模型进行分析，并证明该动力学系统可以写成关于未知参数的紧凑形式；4.3 节基于 4.2 节的讨论，给出基于初值猜测与滤波修正的非合作目标动力学参数识别估计方法；4.4 节则通过数值仿真的手段对本章所提出的各种方法进行验证和分析。

4.1　相对运动测量与解算方法

在第 3 章的讨论中，已经明确了直线接触边缘其实是一般接触边缘的特殊情况，并同时定义了测量距离 l_{measured} 与真实距离 l 的联系与区别。本节将把传感器的测量模型引入任务场景，从而给出目标与执行机构间相对运动具体的测量方法和识别方法。

（1）直线接触边缘情况

首先，从较为简单的直线接触边缘情况开始讨论，其具体任务场景如图 4.1 所示。从图中可以看出，本节采用一个单目视觉相机实时拍摄目标位置，同时在机械臂末端执行机构底部安装测距传感器来测量底端到当前接触点的距离。为了能够实现正确的相对运动解算，首先假设单目视觉相机可以通过光流法或特征点匹配等方法实时识别并跟踪目标上的两个特征点。由于本书聚焦动力学与控制领域，就不再赘述相关原理。同时，假设图像处理算法可以实时提供两个特征点 C_1 和 C_2 在坐标系 $O_e\text{-}X_eY_eZ_e$ 中的位置坐标，分别记为 $\boldsymbol{R}_{C_1}$ 和 $\boldsymbol{R}_{C_2}$。从图 4.1 可以看出，由于目标与执行机构之间存在三自由度相对运动，因此，需要通过三点定位的方法实时确定初始接触点的位置坐标，才能够解算三个拓展自由度的广义位置与速度。三点定位具体方法为：在初始接触时刻，可以在图像第一帧中识别出初始接触点 p_1 的位置，记为 $\boldsymbol{R}_{p_1}$；再通过式（4.1）计算出初始接触点与两个特征点之间的相对位置。

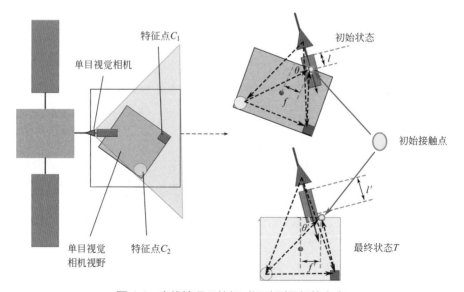

图 4.1　直线情况下的相对运动测量解算方案

$$
\begin{cases}
\boldsymbol{p}_{C_1\_C_2} = \boldsymbol{R}_{C_2} - \boldsymbol{R}_{C_1} \\
\boldsymbol{p}_{p_1\_C_1} = \boldsymbol{R}_{p_1} - \boldsymbol{R}_{C_1}
\end{cases}
\tag{4.1}
$$

为了显示时间对上述坐标的影响，我们将接触时刻定义为 T_0，将上述两个相对位置向量写成 $\boldsymbol{p}_{C_1\_C_2}{}^{(T_0)}$、$\boldsymbol{p}_{p_1\_C_1}{}^{(T_0)}$，三个点的坐标写作 $\boldsymbol{R}_{C_1}{}^{(T_0)}$、$\boldsymbol{R}_{C_2}{}^{(T_0)}$ 和 $\boldsymbol{R}_{p_1}{}^{(T_0)}$。这里需要指出，由于第 3 章中已经指出，目标与执行机构之间的相对运动仅仅会在 $O_e\text{-}X_eY_eZ_e$ 的 $x\text{-}z$ 平面内出现，因此，上述相对位置向量只包含 x 和 z 方向的坐标，y 方向始终为 0，在计算中不做考虑，这样可以让求解的矩阵维度降低，减轻计算的负担。在 T 时刻，同样采用式（4.1）计算 $\boldsymbol{p}_{C_1\_C_2}{}^{(T)}$ 和 $\boldsymbol{p}_{p_1\_C_1}{}^{(T)}$，并计算两个特征点之间的单位向量 $\boldsymbol{u} = \boldsymbol{p}_{C_1\_C_2}{}^{(T)} / \left\| \boldsymbol{p}_{C_1\_C_2}{}^{(T)} \right\|$。基于此，就可以利用几何关系计算 $\boldsymbol{p}_{C_1\_C_2}{}^{(T_0)}$ 和 $\boldsymbol{p}_{C_1\_C_2}{}^{(T)}$ 之间的转动矩阵：

$$
\begin{cases}
\alpha_u = ag\left(\boldsymbol{p}_{C_1\_C_2}{}^{(T_0)}, \boldsymbol{p}_{p_1\_C_1} \right) \\
\mathbf{M}_{T\_T_0} = \begin{bmatrix} \cos\alpha_u & \sin\alpha_u \\ -\sin\alpha_u & \cos\alpha_u \end{bmatrix}
\end{cases}
\tag{4.2}
$$

式中，算子 $ag\left(\boldsymbol{p}_{C_1\_C_2}{}^{(T_0)}, \boldsymbol{p}_{p_1\_C_1} \right)$ 表示计算向量 $\boldsymbol{p}_{C_1\_C_2}{}^{(T_0)}$ 与 $\boldsymbol{p}_{p_1\_C_1}$ 之间的夹角。由于 p_1、C_1 和 C_2 三个点都是固连在目标上的点，因此它们之间的相对位置关系在目标本体系中保持不变。基于以上结论，就可以利用刚体动力学的原理写出 T 时刻初始接触点在 $O_e\text{-}X_eY_eZ_e$ 中的位置坐标：

$$
\boldsymbol{p}_{p_1\_C_1}{}^{(T)} = \left\| \boldsymbol{p}_{p_1\_C_1}{}^{(T_0)} \right\| \mathbf{M}_{T\_T_0} \boldsymbol{u}
\tag{4.3}
$$

$$
\boldsymbol{R}_{p_1}{}^{(T)} = \boldsymbol{R}_{C_1}{}^{(T)} + \boldsymbol{p}_{p_1\_C_1}{}^{(T)}
\tag{4.4}
$$

需要指出，在式（4.1）中，我们选择了 C_1 与 p_1 之间的相对位置来进行跟踪和解算。由几何关系的对称性可知，如果采用 C_2 与 p_1 之间的相对位置向量 $\boldsymbol{p}_{p_1\_C_2} = \boldsymbol{R}_{p_1} - \boldsymbol{R}_{C_2}$ 进行解算，将得到一样的结果且计算过程完全一致。因此，在实际工程中，可以考虑并行进行两组解算，以交叉验证计算的正确性。在获得 $\boldsymbol{p}_{p_1\_C_1}{}^{(T)}$ 坐标之后，考虑到直线接触边缘的特殊性，T 时刻测距传感器测量得到的距离即为真实的拓展自由度 l 的值：

$$
l_{\text{measured}} = l
\tag{4.5}
$$

而当前时刻接触点 p_2 的位置坐标就可以直接写成 $\boldsymbol{R}_{p_2}{}^{(T)} = \begin{bmatrix} l & 0 \end{bmatrix}^{\mathrm{T}}$。当接触边缘

为直线时，p_2 与虚拟接触点 p_3 重合，因此 T 时刻拓展自由度 f 的值即为 p_2 与 p_1 之间的距离；记 $\boldsymbol{p}_{p_1\_p_2}$ 为 p_1 与 p_2 之间的相对位置向量，则拓展自由度 θ 可以直接通过计算 $\boldsymbol{R}_{p_2}{}^{(T)}$ 与 $\boldsymbol{p}_{p_1\_p_2}$ 之间的夹角获得：

$$
\begin{aligned}
f &= \left\| \boldsymbol{R}_{p_2}{}^{(T)} - \boldsymbol{R}_{p_1}{}^{(T)} \right\| \\
\theta &= ag\left(\boldsymbol{p}_{p_1\_p_2}{}^{(T)}, \boldsymbol{R}_{p_2}{}^{(T)} \right)
\end{aligned}
\tag{4.6}
$$

综上，就得到了在直线接触边缘情况下的三个拓展自由度的计算方法。可以看出，在直线接触边缘的情况下，测距传感器可以直接测得其中一个拓展自由度，而另外两个拓展自由度则需要在解算初始接触点 p_1 在 T 时刻的位置之后才能得出。但是总体计算过程较为简便，有良好的工程应用前景。

（2）曲线接触边缘情况

若目标与执行机构的接触边缘为曲线，则相对运动测量与解算的任务场景变为如图 4.2 所示的情况。此种工况相比于直线接触边缘情况更加复杂，但是核心的解算思路保持一致，仍然需要单目视觉相机提取并跟踪目标本体上的两个特征点 C_1 和 C_2 的位置坐标，并基于此解算初始接触点 p_1 在 T 时刻的位置，其方

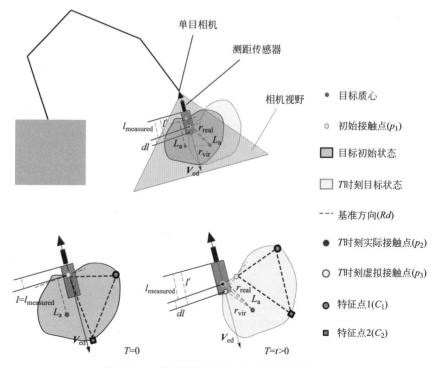

图 4.2　一般情况下的相对运动测量解算方案

法与式（4.1）～式（4.4）完全一致。在获得了 p_1 的实时位置坐标之后，考虑到 p_2 与 p_3 不再重合，则测距传感器测量所得值 $l_{\text{measured}} \neq l$，在此种工况下，任何一个拓展自由度都不能通过传感器测量直接得到。因此，为了解算自由度的运动信息，需要额外引入一个新的参数，即初始接触点位置的目标边缘切线方向 Rd，其斜率记为基准方向 k_{Rd}。当初始接触点在 T 时刻位置坐标确定后，k_{Rd} 的值一般可以通过图像处理边缘提取的方法得到。利用这个值，则可以直接求解 l 在 T 时刻的值：

$$l = \boldsymbol{R}_{p_1}(1) - \frac{\boldsymbol{R}_{p_1}(2)}{k_{Rd}} \tag{4.7}$$

从式（4.7）可以看出，该方程其实是计算 T 时刻、过初始接触点、斜率为 k_{Rd} 的直线与 $O_e\text{-}X_eY_eZ_e$ 坐标系 x 轴的交点坐标。因此，虚拟接触点 p_3 的坐标可写成：

$$\boldsymbol{R}_{p_3} = \begin{bmatrix} l & 0 \end{bmatrix}^{\text{T}} \tag{4.8}$$

基于此，拓展自由度 θ 可以记为 $\boldsymbol{R}_{p_3}{}^{(T)}$ 与 $\boldsymbol{p}_{p_1\_p_3}$ 之间的夹角，利用几何关系可以将其求解为如下形式：

$$\theta = \arctan\left(\frac{\boldsymbol{R}_{p_1}(2)}{\boldsymbol{R}_{p_1}(1) - \boldsymbol{R}_{p_3}(1)} \right) \tag{4.9}$$

最后一个拓展自由度 f 仍然定义为 p_3 与 p_1 之间的距离，可以直接求得：

$$f = \left\| \boldsymbol{R}_{p_3}{}^{(T)} - \boldsymbol{R}_{p_1}{}^{(T)} \right\| \tag{4.10}$$

在这里需要注意的是，针对非直线接触边缘工况的三个拓展自由度运动解算，并未涉及实际接触点 p_2 的坐标。而 p_2 的坐标在此种工况下也是很重要的，因为我们需要它来做力矩修正。其具体过程已经在第 3 章中进行了阐释，这里就不再赘述。

经过前面的讨论可以得知，在目标的接触边缘为曲线的情况下，通过对拓展自由度的定义和运动学参数解算算法进行改进，本书所建立的拓展自由度模型既可以满足动力学建模和计算的功能，也可以保证所有运动学参数的可观测性。且对于一般几何外形的目标，测量方式仍然保持一致，采取单目视觉和测距传感器的方式就可以满足所有任务需求。在本节中，为了实现将测量模型集成到动力学系统中并进行联合仿真的目标，构建了如图 4.3 所示的算法流程。

从图 4.3 可以看出，基于前几个章节的讨论，已经可以建立非常接近真实任务环境的动力学数学模型，包括考虑到了各个动力学参数的可观测性、目标的复杂几何特征和传感器的测量模型等。以上工作为后续控制系统的设计和集成打下了坚实的基础，并提供了精确的仿真环境。但是，现阶段先进控制器的设计验证往往依赖于目标的动力学参数，包括目标质量、转动惯量、质心位置等，而对于非合作目标，以上参数往往是未知的。因此，下一节将着重讨论如何在目标与执行机构之间存在相对运动的情况下，对目标的质量、惯量等动力学参数进行估计。

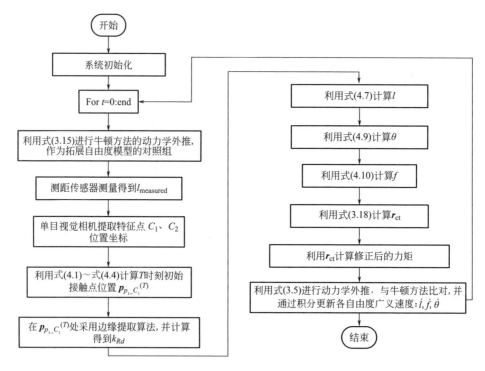

图 4.3   将测量模型集成到动力学系统之后的仿真算法流程图

4.2   复杂相对运动环境下对非合作目标动力学参数的估计方法

本节着重介绍在目标与执行机构之间存在相对滑动的情况下，对目标的动力学参数进行精确估计的方法。通过讨论可知，本书中所述的动力学参数，包括目标的质量、转动惯量和质心位置。一般情况下，目标质量为一维标量；转动惯量为 3×3 对称矩阵，若近似认为惯量矩阵对角线的值远大于非对角线的值，则未知数为 3 个；目标质心位置为三维向量，而考虑到目标相对于执行机构的运动被约束在 $O_e\text{-}X_eY_eZ_e$ 坐标系的 $x\text{-}z$ 平面内，因此大部分时候我们主要是估计目标质心位置 x 和 z 的值，也就是两个未知数。下面的几个小节将从不同角度提出对上述的部分或全部动力学参数进行估计的方法。

4.2.1　基于几何特征匹配的目标质心位置提取方法

首先，基于 4.1 节所讨论的目标相对运动的测量与解算方法，可以提出一种利用特征匹配的快速估计目标质心在 x-z 平面内二维位置坐标的算法[38]。4.1 节已经给出了三个拓展自由度的详细测量与解算方法，并将初始接触点位置、两个特征点位置和目标质心点位置分别定义为 $\boldsymbol{R}_{p_1}$、$\boldsymbol{R}_{C_1}$、$\boldsymbol{R}_{C_2}$ 和 $\boldsymbol{P}$。值得注意的是，由于目标为非合作目标，其最大、最小惯量轴未知，因此对于目标本体固连坐标系 O_b-$X_bY_bZ_b$ 的三个轴的指向定义没有明确规则可循，能够保证坐标系与目标本体固连即可。为此，从方便的角度出发，不妨在 T_0 时刻假设 O_b-$X_bY_bZ_b$ 坐标系的各个轴与机械臂末端执行机构坐标系 O_e-$X_eY_eZ_e$ 的三轴指向重合，即目标相对执行机构的初始姿态角 $\varphi^{(T_0)}=0$。由此，就可以在初始时刻标定 $\boldsymbol{R}_{p_1}$、$\boldsymbol{R}_{C_1}$、$\boldsymbol{R}_{C_2}$ 三个特征点的位置的同时，给出目标质心与这三个特征点的关系：

$$V_{\text{COM}\_i}{}^{(T_0)} = \boldsymbol{i}^{(T_0)} - \boldsymbol{P}^{(T_0)}, \ \boldsymbol{i} = \boldsymbol{R}_{p_1}, \boldsymbol{R}_{C_1}, \boldsymbol{R}_{C_2} \tag{4.11}$$

式中，以 $\boldsymbol{i}^{(T_0)}$ 指代了三个特征点的位置坐标，使得公式更加简洁紧凑。当时间从 T_0 变化到 T，则由于目标的三自由度相对运动，有 $\varphi^{(T)}\neq 0$。但是，通过刚体动力学的基本知识，可以得到 $\varphi^{(T_0)}$ 与 $\varphi^{(T)}$ 两者之间的联系：

$$\varphi^{(T)} = ag\left(p_{C_1\_C_2}{}^{(T_0)}, p_{C_1\_C_2}{}^{(T)}\right) \tag{4.12}$$

考虑到 $\boldsymbol{R}_{p_1}$、$\boldsymbol{R}_{C_1}$、$\boldsymbol{R}_{C_2}$ 三个特征点都固连在目标本体之上，它们在目标本体系下的坐标保持不变，而由 T_0 时刻 $\varphi^{(T_0)}=0$ 可知，以上三个点在 T_0 时刻的 O_b-$X_bY_bZ_b$ 内的坐标与 O_e-$X_eY_eZ_e$ 内的坐标是等价的。因此，以上三个特征点在 T 时刻的坐标可以通过建立 O_b-$X_bY_bZ_b$ 与 O_e-$X_eY_eZ_e$ 之间的坐标转换关系得到：

$$\boldsymbol{i}^{(T)} = \boldsymbol{P}^{(T)} + \Xi\left(\varphi^{(T)}\right)V_{\text{COM}\_i}{}^{(T_0)} \tag{4.13}$$

式中，矩阵 $\Xi\left(\varphi^{(T)}\right)$ 为 O_b-$X_bY_bZ_b$ 坐标系与 O_e-$X_eY_eZ_e$ 坐标系之间的坐标转换矩阵。

根据前面的讨论已知，$\boldsymbol{R}_{p_1}$、$\boldsymbol{R}_{C_1}$、$\boldsymbol{R}_{C_2}$ 在任何时刻的位置都可以通过图像识别算法或初始接触点解算方法求得，因此，可以通过对以上三个特征点在 T_0 和 T 时刻位置坐标进行做差，将做差得到的结果作为新的变量，从而增加系统的可观测性：

$$\boldsymbol{i}^{(T)} - \boldsymbol{i}^{(T_0)} = \mathrm{d}\boldsymbol{P} + \left(\Xi\left(\varphi^{(T)}\right) - \mathbf{1}_2\right)V_{\text{COM}\_i}{}^{(T_0)} \tag{4.14}$$

式中，$\mathbf{1}_2$ 为 2×2 单位矩阵。

从式（4.14）可以看出，对于三个特征点，式中的未知量均为 $\mathrm{d}\boldsymbol{P}$ 和 $V_{\text{COM}\_i}{}^{(T_0)}$。

因此，可以分别对 $\boldsymbol{R}_{p_1}$、$\boldsymbol{R}_{C_1}$、$\boldsymbol{R}_{C_2}$ 应用式（4.14），将计算所得到的结果写成矩阵并化简为关于未知向量的紧凑形式：

$$
\boldsymbol{\mu}^{(T)} = \begin{bmatrix} \boldsymbol{R}_{p_1}{}^{(T)} - \boldsymbol{R}_{p_1}{}^{(T_0)} \\ \boldsymbol{R}_{C_1}{}^{(T)} - \boldsymbol{R}_{C_1}{}^{(T_0)} \\ \boldsymbol{R}_{C_2}{}^{(T)} - \boldsymbol{R}_{C_2}{}^{(T_0)} \end{bmatrix} = \begin{bmatrix} \boldsymbol{1}_2 \\ \boldsymbol{1}_2 \\ \boldsymbol{1}_2 \end{bmatrix} \operatorname{diag}_3\left(\left(\Xi\left(\varphi^{(T)}\right) - \boldsymbol{1}_2\right)\right) \begin{bmatrix} \mathrm{d}\boldsymbol{P} \\ \boldsymbol{V}_{\mathrm{COM\_}p_1}{}^{(T_0)} \\ \boldsymbol{V}_{\mathrm{COM\_}C_1}{}^{(T_0)} \\ \boldsymbol{V}_{\mathrm{COM\_}C_2}{}^{(T_0)} \end{bmatrix} = \boldsymbol{v}\begin{bmatrix} \mathrm{d}\boldsymbol{P} \\ \boldsymbol{V}_{\mathrm{COM\_}p_1}{}^{(T_0)} \\ \boldsymbol{V}_{\mathrm{COM\_}C_1}{}^{(T_0)} \\ \boldsymbol{V}_{\mathrm{COM\_}C_2}{}^{(T_0)} \end{bmatrix}
$$

$$(4.15)$$

通过分析可知，式（4.15）中矩阵 $\boldsymbol{\mu}^{(T)}$ 和 $\boldsymbol{v}$ 完全已知，而将所有未知量集成为向量形式，所以从形式看式（4.15）似乎可以通过最小二乘求解。但是，由于 $\boldsymbol{v}$ 为一个 6×8 的矩阵，因此该矩阵的逆矩阵存在多解，无法准确求出未知参数向量。为了解决这一问题，需要在两个时刻采用式（4.15），从而利用时间累积的原理来增加系统的可观测性。采用 T 和 T_1 两个时刻的三个特征点的位置参数，可以获得一个维度更大的矩阵：

$$
\begin{bmatrix} \boldsymbol{\mu}^{(T)} \\ \boldsymbol{\mu}^{(T_1)} \end{bmatrix} = \begin{bmatrix} \begin{bmatrix} \boldsymbol{1}_2 \\ \boldsymbol{1}_2 \\ \boldsymbol{1}_2 \end{bmatrix} & \boldsymbol{0} & \operatorname{diag}_3\left(\left(\Xi\left(\varphi^{(T)}\right) - 1\right)\right) \\ \boldsymbol{0} & \begin{bmatrix} \boldsymbol{1}_2 \\ \boldsymbol{1}_2 \\ \boldsymbol{1}_2 \end{bmatrix} & \operatorname{diag}_3\left(\left(\Xi\left(\varphi^{(T_1)}\right) - 1\right)\right) \end{bmatrix} \begin{bmatrix} \mathrm{d}\boldsymbol{P} \\ \mathrm{d}\boldsymbol{P}^{T_1} \\ \boldsymbol{V}_{\mathrm{COM\_}p_1}{}^{(T_0)} \\ \boldsymbol{V}_{\mathrm{COM\_}C_1}{}^{(T_0)} \\ \boldsymbol{V}_{\mathrm{COM\_}C_2}{}^{(T_0)} \end{bmatrix} = \boldsymbol{v}'\begin{bmatrix} \mathrm{d}\boldsymbol{P} \\ \mathrm{d}\boldsymbol{P}^{T_1} \\ \boldsymbol{V}_{\mathrm{COM\_}p_1}{}^{(T_0)} \\ \boldsymbol{V}_{\mathrm{COM\_}C_1}{}^{(T_0)} \\ \boldsymbol{V}_{\mathrm{COM\_}C_2}{}^{(T_0)} \end{bmatrix}
$$

$$(4.16)$$

从式（4.16）可以看出，在此种情况下，$\boldsymbol{v}'$ 变为一个 12×10 的矩阵。而未知向量在任何时刻都是固定的，因此可以直接写成如上紧凑形式。由于 $\boldsymbol{v}'$ 矩阵为列满秩矩阵，因此其伪逆矩阵唯一。基于此，就可以计算出未知向量的具体值：

$$
\begin{bmatrix} \mathrm{d}\boldsymbol{P} \\ \mathrm{d}\boldsymbol{P}^{T_1} \\ \boldsymbol{V}_{\mathrm{COM\_}p_1}{}^{(T_0)} \\ \boldsymbol{V}_{\mathrm{COM\_}C_1}{}^{(T_0)} \\ \boldsymbol{V}_{\mathrm{COM\_}C_2}{}^{(T_0)} \end{bmatrix} = \boldsymbol{v}'^{+}\begin{bmatrix} \boldsymbol{\mu}^{(T)} \\ \boldsymbol{\mu}^{(T_1)} \end{bmatrix}
$$

$$(4.17)$$

在获得 $\boldsymbol{V}_{\mathrm{COM\_}p_1}{}^{(T_0)}$、$\boldsymbol{V}_{\mathrm{COM\_}C_1}{}^{(T_0)}$ 和 $\boldsymbol{V}_{\mathrm{COM\_}C_2}{}^{(T_0)}$ 之后，目标在 $O_e\text{-}X_eY_eZ_e$ 坐标系 $x\text{-}z$ 平面内的二维质心位置就可以通过式（4.11）获得。至此，我们就在完全没有引入组合体动力学特性的情况下，仅依靠几何关系获得了目标的二维质心位置。在假设目标的运动被约束在 $O_e\text{-}X_eY_eZ_e$ 坐标系 $x\text{-}z$ 平面内的情况下，该方法所得到的质心位置坐标已经可以为控制器设计提供相当可靠的技术支持。但是，对目标的质量和转动惯量等参数，仅仅采用几何分析的方法将不再适用。因此，下面将从动力学的角度出发，论述如何在目标与执行机构之间存在相对滑动的情况下，估计目标的转动惯量和质量参数。

4.2.2　基于拓展自由度的空间机械臂组合体动力学模型分析

为了在目标与执行机构之间存在相对滑动的情况下对目标的动力学参数进行估计，首先需要对基于拓展自由度的机械臂组合体动力学模型进行更加细节化的分析。首先，基于拓展自由度的组合体动力学模型可以写成如下形式：

$$\begin{bmatrix} M' & M_c \\ M_c^T & M_{ex} \end{bmatrix} \begin{bmatrix} \ddot{q} \\ \ddot{q}_{new} \end{bmatrix} + \begin{bmatrix} D' & D_c \\ D_c^T & D_{ex} \end{bmatrix} \begin{bmatrix} \dot{q} \\ \dot{q}_{new} \end{bmatrix} + \begin{bmatrix} C' \\ C_{ex} \end{bmatrix} = \begin{bmatrix} F \\ \delta \end{bmatrix} + n_{ext} \tag{4.18}$$

式中，q 和 q_{new} 分别代表主动航天器与目标的运动自由度。

为了书写简便，可以通过引入总自由度向量将 q 和 q_{new} 进行整合：

$$q_{ex} = \begin{bmatrix} q \\ q_{new} \end{bmatrix} = \begin{bmatrix} q \\ l \\ f \\ \theta \end{bmatrix} = \begin{bmatrix} r_0 \\ \theta \\ l \\ f \\ \theta \end{bmatrix} \tag{4.19}$$

基于此，式（4.18）就可以进一步简化为从两行形式写成一行的形式：

$$M_t \ddot{q}_{ex} + D_t \dot{q}_{ex} + C_t(q_{ex}, \dot{q}_{ex}) = F \tag{4.20}$$

其中：

$$\begin{cases} M_t = \begin{bmatrix} M' & M_c \\ M_c^T & M_{ex} \end{bmatrix} \\ D_t = \begin{bmatrix} D' & D_c \\ D_c^T & D_{ex} \end{bmatrix} \\ C_t = \begin{bmatrix} C' \\ C_{ex} \end{bmatrix} \end{cases} \tag{4.21}$$

后续章节将针对 M_t、D_t、C_t 三个矩阵与目标的质量、转动惯量和质心位置这三组未知量的关系来进行具体分析，从而找出求解这三组未知量的方法。

首先，式（4.21）是由拉格朗日方程化简得来。因此，为了探究以上三个矩阵的内部结构，首先写出空间自由漂浮多体系统的拉格朗日量的表达式：

$$L = E = \sum_i E_i = \sum_i \left(\frac{1}{2} m_i v_i^T v_i + \frac{1}{2} \omega_i^T J_i \omega_i \right) \tag{4.22}$$

从式（4.22）可以看出，本节所考虑的空间机械臂组合体的拉格朗日量是目标与主动航天器的动能的简单叠加，因此可以将式（4.22）化简后写成如下形式：

$$\begin{cases} q_j = \theta(j) \\ \theta = \begin{bmatrix} \Theta & \varphi \end{bmatrix}^{\mathrm{T}} = \begin{bmatrix} \psi_1 & \psi_2 & \cdots & \psi_n \end{bmatrix}^{\mathrm{T}} \end{cases} \tag{4.23}$$

$$\begin{aligned} E_{\text{new}} &= E_{\text{ac}} + E_{\text{t}} = E_{\text{ac}} + 0.5 m_{\text{t}} \dot{\boldsymbol{P}}_{\text{t}}^{\mathrm{T}} \dot{\boldsymbol{P}}_{\text{t}} + 0.5 \boldsymbol{\omega}_{\text{t}}^{\mathrm{T}} \boldsymbol{J}_{\text{t}} \boldsymbol{\omega}_{\text{t}} \\ &= \sum_i \left(0.5 m_i \boldsymbol{f}_i (\boldsymbol{q}, \dot{\boldsymbol{q}}) + 0.5 \boldsymbol{J}_i \sum_j^i \left(\boldsymbol{\omega}_j^{\mathrm{T}} \boldsymbol{\omega}_j \right) \right) + 0.5 m_{\text{t}} \left\| \dot{\boldsymbol{P}}_{\text{t}} \right\|^2 + 0.5 \boldsymbol{J}_{\text{t}} \left\| \boldsymbol{\omega}_{\text{t}} \right\|^2 \end{aligned} \tag{4.24}$$

式（4.23）和式（4.24）中引入了若干新的参数，以便后续的分析和讨论。首先，向量 Θ 表示基座卫星的三轴姿态角，而向量 φ 则表示机械臂所有关节的转角。同时，向量 θ 表示动力学系统中所有转动自由度，在传统的基于角动量定理的空间多体系统控制领域，由于基座卫星的轨控发动机全程不能开机，因此，θ 即为系统的全部控制输入。需要注意，向量 θ 与本书所定义的第二个拓展自由度 θ 存在本质区别。$\boldsymbol{J}_{\text{t}}$ 和 m_{t} 分别表示非合作目标的转动惯量和质量参数，$\boldsymbol{f}_i$ 代表第 i 个机械臂关节质心的位置坐标，$\boldsymbol{P}_{\text{t}}$ 代表目标质心坐标。可以看出，对于非合作目标，$\boldsymbol{J}_{\text{t}}$、$m_{\text{t}}$ 和 $\boldsymbol{P}_{\text{t}}$ 均未知。将向量 $\boldsymbol{P}_{\text{t}}$ 的表达式代入式（4.24），则可以得到目标的动能 E_{t} 的详细表达式：

$$0.5 m_{\text{t}} \dot{\boldsymbol{P}}_{\text{t}}^2 = 0.5 m_{\text{t}} \left(\Lambda_1^2 \dot{\boldsymbol{q}}^{\mathrm{T}} \dot{\boldsymbol{q}} + 2 (\Lambda_1 \dot{\boldsymbol{q}})^{\mathrm{T}} \boldsymbol{Q}'(\Theta) \dot{\boldsymbol{q}}_{\text{new}} + \boldsymbol{Q}'(\Theta) \dot{\boldsymbol{q}}_{\text{new}}^{\mathrm{T}} \dot{\boldsymbol{q}}_{\text{new}} \right) \tag{4.25}$$

其中：

$$\begin{cases} \Lambda_1 = \dfrac{\partial \boldsymbol{f}(\boldsymbol{q})}{\partial \boldsymbol{q}} + \dfrac{\partial \boldsymbol{Q}(\Theta) \boldsymbol{V}}{\partial \boldsymbol{q}} \\ \boldsymbol{Q}'(\Theta) = \boldsymbol{Q}(\Theta) \left(\dfrac{\partial \boldsymbol{V}}{\partial l} \dot{l} + \dfrac{\partial \boldsymbol{V}}{\partial f} \dot{f} + \dfrac{\partial \boldsymbol{V}}{\partial \theta} \dot{\theta} \right) \end{cases} \tag{4.26}$$

从式（4.26）可以看出，仅有两项与目标的运动相关：$\dfrac{\partial \boldsymbol{Q} \boldsymbol{V}}{\partial \boldsymbol{q}}$ 和 $\dfrac{\partial \boldsymbol{V}}{\partial l} \dot{l} + \dfrac{\partial \boldsymbol{V}}{\partial f} \dot{f} + \dfrac{\partial \boldsymbol{V}}{\partial \theta} \dot{\theta}$。为了从中提取出三个未知动力学参数的信息，可以从式（4.25）中隔离出与目标运动相关的两项，得到：

$$\begin{aligned} \boldsymbol{Q} \boldsymbol{V} &= \begin{bmatrix} \boldsymbol{Q}(:,1) & \boldsymbol{Q}(:,3) \end{bmatrix} \begin{bmatrix} f \sin\theta + L_{\text{a}} \sin(\theta - 0.5\pi) \\ f \cos\theta + L_{\text{a}} \cos(\theta - 0.5\pi) + l \end{bmatrix} \\ &= \Pi \begin{bmatrix} f \\ L_{\text{a}} \end{bmatrix} + \boldsymbol{Q}(:,3) l \end{aligned} \tag{4.27}$$

$$\Pi = \begin{bmatrix} \boldsymbol{Q}(:,1)\sin\theta + \boldsymbol{Q}(:,3)\cos\theta \\ \boldsymbol{Q}(:,1)\sin(\theta - 0.5\pi) + \boldsymbol{Q}(:,3)\cos(\theta - 0.5\pi) \end{bmatrix}^{\mathrm{T}} \quad (4.28)$$

$$\begin{cases} \dfrac{\partial \boldsymbol{V}}{\partial l}\dot{l} = \begin{bmatrix} 0 & 0 & \dot{l} \end{bmatrix}^{\mathrm{T}} \\ \dfrac{\partial \boldsymbol{V}}{\partial f}\dot{f} = \begin{bmatrix} \dot{f}\sin\theta & 0 & \dot{f}\cos\theta \end{bmatrix}^{\mathrm{T}} \\ \dfrac{\partial \boldsymbol{V}}{\partial \theta}\dot{\theta} = \begin{bmatrix} f\cos\theta + L_{\mathrm{a}}\cos(\theta - 0.5\pi) & 0 & -f\sin\theta - L_{\mathrm{a}}\sin(\theta - 0.5\pi) \end{bmatrix}\dot{\theta} \end{cases} \quad (4.29)$$

上面几个公式包含有目标质心位置 f 和 L_{a} 的项全都在 sin 或 cos 函数外，方程属于线性形式。因此，可以将式（4.29）写成仅关于未知参数的显性形式：

$$\begin{cases} \left(\dfrac{\partial \boldsymbol{V}}{\partial l}\dot{l} + \dfrac{\partial \boldsymbol{V}}{\partial f}\dot{f} + \dfrac{\partial \boldsymbol{V}}{\partial \theta}\dot{\theta} \right) = \boldsymbol{\Xi}_1 + \boldsymbol{\Xi}_2 \begin{bmatrix} f \\ L_{\mathrm{a}} \end{bmatrix} \\ \boldsymbol{Q}\boldsymbol{V} = \boldsymbol{\Pi} \begin{bmatrix} f \\ L_{\mathrm{a}} \end{bmatrix} + \boldsymbol{Q}(:,3)l \end{cases} \quad (4.30)$$

$$\begin{cases} \boldsymbol{\Xi}_1 = \begin{bmatrix} 0 & 0 & \dot{l} \end{bmatrix}^{\mathrm{T}} + \begin{bmatrix} \dot{f}\sin\theta & 0 & \dot{f}\cos\theta \end{bmatrix}^{\mathrm{T}} \\ \boldsymbol{\Xi}_2 = \begin{bmatrix} \dot{\theta}\cos\theta & \dot{\theta}\cos(\theta - 0.5\pi) \\ 0 & 0 \\ -\dot{\theta}\sin\theta & -\dot{\theta}\sin(\theta - 0.5\pi) \end{bmatrix} \end{cases} \quad (4.31)$$

由此就证明了，目标在惯性空间下的动能表达式可以写成仅关于未知参数的显性形式。而矩阵 $\boldsymbol{Q}$、$\boldsymbol{\Pi}$、$\boldsymbol{\Xi}_1$、$\boldsymbol{\Xi}_2$ 中的所有值都是可以计算或测量的。因此，就可以构建最小二乘法估计未知参数的值。下面将对矩阵 $\boldsymbol{M}_{\mathrm{t}}$、$\boldsymbol{D}_{\mathrm{t}}$、$\boldsymbol{C}_{\mathrm{t}}$ 分别进行讨论，从而证明整个动力学方程式（4.20）都可以写成类似式（4.30）的形式。

4.2.2.1 对矩阵 $\boldsymbol{M}_{\mathrm{t}}$ 的分析

根据式（4.24），可以将矩阵 $\boldsymbol{M}_{\mathrm{t}}$ 写成如下形式：

$$\boldsymbol{M}_{\mathrm{t}}(i,j) = \dfrac{\partial \left(\dfrac{\partial E_{\mathrm{new}}}{\partial \dot{\boldsymbol{q}}_i} \right)}{\partial \dot{\boldsymbol{q}}_j} \quad (4.32)$$

可以看出，$\boldsymbol{M}_{\mathrm{t}}$ 是一个 $n \times n$ 的矩阵，n 为系统的总自由度个数。通过分析可知，基座卫星的三自由度平动信息仅会在动力学系统的前三行出现。为此，首先将该矩阵的前三行进行隔离，并写出以下表达式：

$$
\begin{cases}
\boldsymbol{M}_{\mathrm{t}}(1,j) = \dfrac{\partial\left(\dfrac{\partial E_{\mathrm{new}}}{\partial \dot{x}}\right)}{\partial \dot{\boldsymbol{q}}_{\mathrm{ex}j}} \\[24pt]
\boldsymbol{M}_{\mathrm{t}}(2,j) = \dfrac{\partial\left(\dfrac{\partial E_{\mathrm{new}}}{\partial \dot{y}}\right)}{\partial \dot{\boldsymbol{q}}_{\mathrm{ex}j}} \\[24pt]
\boldsymbol{M}_{\mathrm{t}}(3,j) = \dfrac{\partial\left(\dfrac{\partial E_{\mathrm{new}}}{\partial \dot{z}}\right)}{\partial \dot{\boldsymbol{q}}_{\mathrm{ex}j}}
\end{cases}
\tag{4.33}
$$

进一步地，基于式（4.19）的定义，可以将式（4.33）按列展开成如下形式：

$$
\boldsymbol{M}_{\mathrm{t}}(1:3 \;\;:) =
\begin{bmatrix}
\dfrac{\partial\left(\dfrac{\partial E_{\mathrm{new}}}{\partial \dot{x}}\right)}{\partial \dot{x}} & \dfrac{\partial\left(\dfrac{\partial E_{\mathrm{new}}}{\partial \dot{x}}\right)}{\partial \dot{y}} & \dfrac{\partial\left(\dfrac{\partial E_{\mathrm{new}}}{\partial \dot{x}}\right)}{\partial \dot{z}} & \dfrac{\partial\left(\dfrac{\partial E_{\mathrm{new}}}{\partial \dot{x}}\right)}{\partial \dot{\boldsymbol{\theta}}} & \dfrac{\partial\left(\dfrac{\partial E_{\mathrm{new}}}{\partial \dot{x}}\right)}{\partial \dot{\boldsymbol{q}}_{\mathrm{new}}} \\[28pt]
\dfrac{\partial\left(\dfrac{\partial E_{\mathrm{new}}}{\partial \dot{y}}\right)}{\partial \dot{x}} & \dfrac{\partial\left(\dfrac{\partial E_{\mathrm{new}}}{\partial \dot{y}}\right)}{\partial \dot{y}} & \dfrac{\partial\left(\dfrac{\partial E_{\mathrm{new}}}{\partial \dot{y}}\right)}{\partial \dot{z}} & \dfrac{\partial\left(\dfrac{\partial E_{\mathrm{new}}}{\partial \dot{y}}\right)}{\partial \dot{\boldsymbol{\theta}}} & \dfrac{\partial\left(\dfrac{\partial E_{\mathrm{new}}}{\partial \dot{y}}\right)}{\partial \dot{\boldsymbol{q}}_{\mathrm{new}}} \\[28pt]
\dfrac{\partial\left(\dfrac{\partial E_{\mathrm{new}}}{\partial \dot{z}}\right)}{\partial \dot{x}} & \dfrac{\partial\left(\dfrac{\partial E_{\mathrm{new}}}{\partial \dot{z}}\right)}{\partial \dot{y}} & \dfrac{\partial\left(\dfrac{\partial E_{\mathrm{new}}}{\partial \dot{z}}\right)}{\partial \dot{z}} & \dfrac{\partial\left(\dfrac{\partial E_{\mathrm{new}}}{\partial \dot{z}}\right)}{\partial \dot{\boldsymbol{\theta}}} & \dfrac{\partial\left(\dfrac{\partial E_{\mathrm{new}}}{\partial \dot{z}}\right)}{\partial \dot{\boldsymbol{q}}_{\mathrm{new}}}
\end{bmatrix}
\tag{4.34}
$$

通过对式（4.34）的分析可以看出，该矩阵的三行内容是完全等价的，只需要对其中任意一行进行分析，就可以知道另外两行的性质。为此，可以采用统一的下标表示组合体系统三个平动方向上的求导，以此来简化公式推导的过程。

$$
\boldsymbol{M}_{\mathrm{t}i} =
\begin{bmatrix}
\dfrac{\partial\left(E_{\mathrm{new}}(\dot{x}_i)\right)}{\partial \dot{\boldsymbol{P}}} & \dfrac{\partial\left(E_{\mathrm{new}}(\dot{x}_i)\right)}{\partial \dot{\boldsymbol{\theta}}} & \dfrac{\partial\left(E_{\mathrm{new}}(\dot{x}_i)\right)}{\partial \dot{\boldsymbol{q}}_{\mathrm{new}}}
\end{bmatrix}, \quad i = 1,2,3
\tag{4.35}
$$

式中，$\boldsymbol{P}=[x_1 \quad x_2 \quad x_3]$；下标 $i=1$，2，3 分别指代式（4.34）中的 x、y 和 z 方向，以形成紧凑的数学表述形式。

基于以上变换，可以将组合体航天器的动能计算公式（4.35）代入这个统一化后的 $\boldsymbol{M}$ 矩阵表达式进行求解，并得到以下形式：

$$
E_{\mathrm{new}}(\dot{x}_i) = \frac{\partial E_{\mathrm{new}}}{\partial \dot{x}_i} = \frac{\partial \sum_j\left(0.5 m_j \left\|\boldsymbol{f}_j(\boldsymbol{q},\dot{\boldsymbol{q}})\right\|^2\right)}{\partial \dot{x}_i} + \frac{\partial \sum_i\left(\dfrac{1}{2}\boldsymbol{J}_i\boldsymbol{\omega}_i^2\right)}{\partial \dot{x}_i} + \frac{\partial 0.5 m_{\mathrm{t}}\left\|\dot{\boldsymbol{P}}_{\mathrm{t}}\right\|^2}{\partial \dot{x}_i}
\tag{4.36}
$$

$$
= \boldsymbol{A}_i + \frac{\partial 0.5 m_{\mathrm{t}}\left\|\dot{\boldsymbol{P}}_{\mathrm{t}}\right\|^2}{\partial \dot{x}_i}, \quad i = 1,2,3
$$

其中：

$$\begin{cases} A_i = \dfrac{\partial \sum\limits_{j}\left(0.5 m_j \left\| \dot{\boldsymbol{f}}_j\left(\boldsymbol{q},\dot{\boldsymbol{q}}\right)\right\|^2\right)}{\partial \dot{x}_i} \\[4mm] \dfrac{\partial \sum\limits_{i}\left(\dfrac{1}{2}\boldsymbol{J}_i\omega_i^2\right)}{\partial \dot{x}_i} = 0 \end{cases} \tag{4.37}$$

式（4.36）中，$\boldsymbol{f}_j\left(\boldsymbol{q},\dot{\boldsymbol{q}}\right)$ 代式（4.24）中的每一个组合体航天器关节质心的位置坐标 $\boldsymbol{P}_i$，在这里有 $i=j=1,2,\cdots,n+1$，其中 n 为空间机械臂关节数量，而增加一维用以表示被抓捕目标的存在。从式（4.37）中可以看出，目标的转动惯量 $\boldsymbol{J}_i$ 不会出现在式（4.36）中，因此，只需要对目标质量和质心位置进行讨论。与此同时，从式（4.25）可知，惯性坐标系 $O_1\text{-}X_1Y_1Z_1$ 与执行机构本体系 $O_e\text{-}X_eY_eZ_e$ 之间的坐标转换矩阵 $\boldsymbol{Q}(\boldsymbol{\theta})$ 不是 $\boldsymbol{P}=[x_1 \quad x_2 \quad x_3]$ 的函数。因此，将式（4.36）代入式（4.35），并基于以上几点进行整理后，可得到以下形式：

$$\boldsymbol{M}_{ti} = \boldsymbol{A}_{\dot{\boldsymbol{q}}_{\text{ex}}}\left(i\right) + \frac{\partial\left(m_t \dot{\boldsymbol{P}}_t^{\mathrm{T}}\boldsymbol{G}_i\left(i\right)\right)}{\partial \dot{\boldsymbol{q}}_{\text{ex}(i)}}, \ i=1,2,3 \tag{4.38}$$

其中：

$$\boldsymbol{G} = \partial \boldsymbol{f}\left(\boldsymbol{q}\right)/\partial \boldsymbol{q} \tag{4.39}$$

式中，$\boldsymbol{A}_{\dot{\boldsymbol{q}}_{\text{ex}}}\left(i\right)$ 为矩阵 $\boldsymbol{A}_i$ 关于向量 $\dot{\boldsymbol{q}}_{\text{ex}}\left(i\right)$ 的导数矩阵。最后，将式（4.30）代入式（4.38）并整理后，可以得到：

$$\begin{aligned} \frac{\partial\left(m_t \dot{\boldsymbol{P}}_t \boldsymbol{G}_i\left(k\right)\right)}{\partial \dot{\boldsymbol{q}}_{\text{ex}}} ={} & m_t \boldsymbol{G}_{\dot{\boldsymbol{q}}_{\text{ex}(i)}}\left(k\right)\left(\left(\boldsymbol{F}_2 + \boldsymbol{F}_1\right) + \boldsymbol{F}_3\begin{bmatrix} f \\ L_a \end{bmatrix}\right) \\ & + m_t \boldsymbol{G}_i\left(k\right)\left(\frac{\partial\left(\boldsymbol{F}_2 + \boldsymbol{F}_1\right)}{\partial \dot{\boldsymbol{q}}_{\text{ex}}} + \frac{\partial \boldsymbol{F}_3\left[f \quad L_a\right]^{\mathrm{T}}}{\partial \dot{\boldsymbol{q}}_{\text{ex}}}\right), \ i=1,2,3 \end{aligned} \tag{4.40}$$

其中：

$$\begin{cases} \boldsymbol{F}_1 = \boldsymbol{G}\dot{\boldsymbol{q}} + \left(\boldsymbol{Q}l\dot{\boldsymbol{P}}\right)_{\dot{\boldsymbol{q}}_{\text{ex}}} \\ \boldsymbol{F}_2 = \boldsymbol{Q}(\boldsymbol{\theta})\boldsymbol{\varXi}_1 \\ \boldsymbol{F}_3 = \left(\boldsymbol{\varPi}\dot{\boldsymbol{q}}\right)_{\dot{\boldsymbol{q}}_{\text{ex}}} + \boldsymbol{Q}(\boldsymbol{\theta})\boldsymbol{\varXi}_2 \end{cases} \tag{4.41}$$

式中，$\boldsymbol{G}_{\dot{\boldsymbol{q}}_{\text{ex}(i)}} = \partial\left(\boldsymbol{G}\right)/\left(\partial \dot{\boldsymbol{q}}_{\text{ex}}\left(i\right)\right)$ 为矩阵 $\boldsymbol{G}$ 关于值 $\dot{\boldsymbol{q}}_{\text{ex}}\left(i\right)$ 的导数，仍然为一个矩阵；$\boldsymbol{F}_1$ 和 $\boldsymbol{F}_2$ 为 3×1 向量，$\boldsymbol{F}_3$ 为 3×3 矩阵。可以看出，式（4.40）对应式（4.38）等号右侧第二项，因此，将上述公式整理后，矩阵 $\boldsymbol{M}$ 前三行的最终形式为：

$$M_{ti} = A_{\dot{q}_{ex}}(i) + m_t \zeta_1(i) + m_t f \zeta_2(i) + m_t L_a \zeta_3(i), \ i = 1, 2, 3 \qquad (4.42)$$

式中，i 代表行数，取值为 $1 \sim 3$。式（4.42）中各个参数为：

$$\begin{cases} \zeta_1 = G_{\dot{q}_{ex}} F_1 + G \dfrac{\partial F_1}{\partial \dot{q}_{ex}} \\[4mm] [\zeta_2, \zeta_3] = G_{\dot{q}_{ex}} (F_2 + F_3) + G \dfrac{\partial (F_2 + F_3)}{\partial \dot{q}_{ex}} \end{cases} \qquad (4.43)$$

至此，通过一系列数学处理已经证明了基于拓展自由度的空间机械臂组合体动力学模型可以写成关于目标的未知动力学参数的显性形式。式（4.42）和式（4.43）中，$A_{\dot{q}_{ex}}(i)$、ζ_1 和 $[\zeta_2, \zeta_3]$ 均已知，因此可以看出，M 矩阵的前三行其实可以写成关于未知参数 f、m_t 和 L_a 的最小二乘形式，这也为后续动力学参数识别算法的设计打下了基础。下面，还需要证明除了矩阵 M，式（4.20）中的矩阵 D 和 C 的前三行都可以写成如式（4.42）的形式。

4.2.2.2　对矩阵 D_t 和 C_t 的分析

在本小节中，需要对式（4.20）中的 D 和 C 矩阵分别进行如前一小节中所示的数学处理，从而证明整个动力学模型可以写成关于未知动力学参数的最小二乘形式。首先，与上一小节一样，将 D 矩阵的前三行隔离后，写成与式（4.34）、式（4.35）类似的形式：

$$D_t(1:3 \quad :) = \begin{bmatrix} \dfrac{\partial\left(\dfrac{\partial E_{new}}{\partial \dot{x}}\right)}{\partial x} & \dfrac{\partial\left(\dfrac{\partial E_{new}}{\partial \dot{x}}\right)}{\partial y} & \dfrac{\partial\left(\dfrac{\partial E_{new}}{\partial \dot{x}}\right)}{\partial z} & \dfrac{\partial\left(\dfrac{\partial E_{new}}{\partial \dot{x}}\right)}{\partial \theta} & \dfrac{\partial\left(\dfrac{\partial E_{new}}{\partial \dot{x}}\right)}{\partial q_{new}} \\[5mm] \dfrac{\partial\left(\dfrac{\partial E_{new}}{\partial \dot{y}}\right)}{\partial x} & \dfrac{\partial\left(\dfrac{\partial E_{new}}{\partial \dot{y}}\right)}{\partial y} & \dfrac{\partial\left(\dfrac{\partial E_{new}}{\partial \dot{y}}\right)}{\partial z} & \dfrac{\partial\left(\dfrac{\partial E_{new}}{\partial \dot{y}}\right)}{\partial \theta} & \dfrac{\partial\left(\dfrac{\partial E_{new}}{\partial \dot{y}}\right)}{\partial q_{new}} \\[5mm] \dfrac{\partial\left(\dfrac{\partial E_{new}}{\partial \dot{z}}\right)}{\partial x} & \dfrac{\partial\left(\dfrac{\partial E_{new}}{\partial \dot{z}}\right)}{\partial y} & \dfrac{\partial\left(\dfrac{\partial E_{new}}{\partial \dot{z}}\right)}{\partial z} & \dfrac{\partial\left(\dfrac{\partial E_{new}}{\partial \dot{z}}\right)}{\partial \theta} & \dfrac{\partial\left(\dfrac{\partial E_{new}}{\partial \dot{z}}\right)}{\partial q_{new}} \end{bmatrix} \qquad (4.44)$$

$$D_{ti} = \begin{bmatrix} \dfrac{\partial(E_{new}(\dot{x}_i))}{\partial P} & \dfrac{\partial(E_{new}(\dot{x}_i))}{\partial \theta} & \dfrac{\partial(E_{new}(\dot{x}_i))}{\partial q_{new}} \end{bmatrix}, \ i = 1, 2, 3 \qquad (4.45)$$

首先，与前一小节一样，定义 $P = [x_1 \quad x_2 \quad x_3]$。基于此，空间机械臂各个关节质心的惯性位置 $f(q)$ 可以写成：

$$\begin{cases} f(q) = P + f'(\theta) \\[3mm] \dfrac{\partial f(q)}{\partial x_i} = 1 + \dfrac{\partial f'(\theta)}{\partial x_i} = G(\theta) \end{cases} \qquad (4.46)$$

由式（4.25）和式（4.46）可以得知：

$$\boldsymbol{D}_{ij} = 0, \quad i = 1,2,3; \ j = 1,2,3 \tag{4.47}$$

这样就求得了式（4.44）中第一部分的值。对于剩余的部分，则需要采用与上一小节一样的处理方法：

$$\boldsymbol{D}_{ti} = \boldsymbol{A}_{\boldsymbol{q}_{\mathrm{ex}}}(i) + \frac{\partial\left(m_{\mathrm{t}}\dot{\boldsymbol{P}}_{\mathrm{t}}^{\mathrm{T}}\boldsymbol{G}_{i}(i)\right)}{\partial \boldsymbol{q}_{\mathrm{ex}(i)}}, \quad i = 1,2,3 \tag{4.48}$$

可以看出，式（4.48）与式（4.38）相似。因此，同样隔离式（4.48）等号右边第二项，并针对未知参数进行整理后可得：

$$
\begin{aligned}
\frac{\partial\left(m_{\mathrm{t}}\dot{\boldsymbol{P}}_{\mathrm{t}}\boldsymbol{G}_{i}(k)\right)}{\partial \dot{\boldsymbol{q}}_{\mathrm{ex}}} &= m_{\mathrm{t}}\boldsymbol{G}_{\boldsymbol{q}_{\mathrm{ex}(i)}}(k)\left(\left(\boldsymbol{F}_{2}+\boldsymbol{F}_{1}\right)+\boldsymbol{F}_{3}\begin{bmatrix} f \\ L_{\mathrm{a}} \end{bmatrix}\right) \\
&\quad + m_{\mathrm{t}}\boldsymbol{G}_{i}(k)\left(\frac{\partial\left(\boldsymbol{F}_{2}+\boldsymbol{F}_{1}\right)}{\partial \boldsymbol{q}_{\mathrm{ex}}}+\frac{\partial\left(\boldsymbol{F}_{2}+\boldsymbol{F}_{3}\right)\left[f \quad L_{\mathrm{a}}\right]^{\mathrm{T}}}{\partial \boldsymbol{q}_{\mathrm{ex}}}\right), \quad i = 1,2,3
\end{aligned} \tag{4.49}
$$

从式（4.49）中可以看出，式（4.49）与式（4.40）在形式上非常接近，仅仅在等号右边第二项中的一部分 $\dfrac{\partial\left(\boldsymbol{F}_{2}+\boldsymbol{F}_{3}\right)\left[f \quad L_{\mathrm{a}}\right]^{\mathrm{T}}}{\partial \boldsymbol{q}_{\mathrm{ex}}}$ 有所不同。事实上，由于几何参数 f 会出现在 $\boldsymbol{F}_{2}$ 和 $\boldsymbol{F}_{3}$ 之中，因此该项的形式与分母上的值 $\boldsymbol{q}_{\mathrm{ex}}$ 相关：

$$
\frac{\partial\left(\boldsymbol{F}_{2}+\boldsymbol{F}_{3}\right)\left[f \quad L_{\mathrm{a}}\right]^{\mathrm{T}}}{\partial \boldsymbol{q}_{\mathrm{ex}}} = \begin{cases} \dfrac{\partial\left(\boldsymbol{F}_{2}+\boldsymbol{F}_{3}\right)}{\partial \boldsymbol{q}_{\mathrm{ex}}(i)}\begin{bmatrix} f \\ L_{\mathrm{a}} \end{bmatrix}, & \boldsymbol{q}_{\mathrm{ex}}(i) \neq f \\[3mm] \dfrac{\partial\left(\boldsymbol{F}_{2}+\boldsymbol{F}_{3}\right)}{\partial f}\begin{bmatrix} f \\ L_{\mathrm{a}} \end{bmatrix}+\left(\boldsymbol{F}_{2}+\boldsymbol{F}_{3}\right)\begin{bmatrix} 1 \\ 0 \end{bmatrix}, & \boldsymbol{q}_{\mathrm{ex}}(i) = f \end{cases} \tag{4.50}
$$

同时，从式（4.50）可以看出，不论如何，经过求导后的矩阵 $\boldsymbol{D}$ 内的项仍然可以写成关于 f 和 L_{a} 的显性形式，因此，对于 $\boldsymbol{q}_{\mathrm{ex}}$ 或 $\dot{\boldsymbol{q}}_{\mathrm{ex}}$ 的求导，对矩阵的整体分析并没有实质性的影响。将上述结果进行整理后，矩阵 $\boldsymbol{D}$ 最终可以写成如下形式：

$$
\boldsymbol{D}_{t}(1{:}3 \quad :) = \begin{bmatrix} \dfrac{\partial\left(\dfrac{\partial E_{\mathrm{new}}}{\partial \dot{x}}\right)}{\partial \boldsymbol{q}_{\mathrm{ex}}} \\[5mm] \dfrac{\partial\left(\dfrac{\partial E_{\mathrm{new}}}{\partial \dot{y}}\right)}{\partial \boldsymbol{q}_{\mathrm{ex}}} \end{bmatrix} = \begin{bmatrix} \boldsymbol{A}_{\boldsymbol{q}_{\mathrm{ex}}}(\boldsymbol{q},\dot{\boldsymbol{q}}) \\ \boldsymbol{B}_{\boldsymbol{q}_{\mathrm{ex}}}(\boldsymbol{q},\dot{\boldsymbol{q}}) \end{bmatrix} + m_{\mathrm{t}}\boldsymbol{\kappa}_{1} + m_{\mathrm{t}}f\boldsymbol{\kappa}_{2} + m_{\mathrm{t}}L_{\mathrm{a}}\boldsymbol{\kappa}_{3} \tag{4.51}
$$

其中，各个参数可以写成：

$$
\begin{cases}
\boldsymbol{\kappa}_1 = \begin{bmatrix} \boldsymbol{G}_{q_{\mathrm{ex}}}(1,:) \\ \boldsymbol{G}_{q_{\mathrm{ex}}}(2,:) \end{bmatrix} \boldsymbol{F}_1 \quad \begin{bmatrix} \boldsymbol{G}(1,:) \\ \boldsymbol{G}(2,:) \end{bmatrix} \frac{\partial \boldsymbol{F}_1}{\partial \boldsymbol{q}_{\mathrm{ex}}} + \left(\boldsymbol{F}_2 + \boldsymbol{F}_3 \right) \begin{bmatrix} 1 \\ 0 \end{bmatrix} \\[3mm]
\boldsymbol{\kappa}_2 = \begin{bmatrix} \boldsymbol{G}_{q_{\mathrm{ex}}}(1,:) \\ \boldsymbol{G}_{q_{\mathrm{ex}}}(2,:) \end{bmatrix} \left(\boldsymbol{F}_2(1,:) + \boldsymbol{F}_3(1,:) \right) + \begin{bmatrix} \boldsymbol{G}(1,:) \\ \boldsymbol{G}(2,:) \end{bmatrix} \frac{\partial \left(\boldsymbol{F}_2 + \boldsymbol{F}_3 \right)}{\partial \boldsymbol{q}_{\mathrm{ex}}} (1,:) \\[3mm]
\boldsymbol{\kappa}_3 = \begin{bmatrix} \boldsymbol{G}_{q_{\mathrm{ex}}}(1,:) \\ \boldsymbol{G}_{q_{\mathrm{ex}}}(2,:) \end{bmatrix} \left(\boldsymbol{F}_2(2,:) + \boldsymbol{F}_3(2,:) \right) + \begin{bmatrix} \boldsymbol{G}(1,:) \\ \boldsymbol{G}(2,:) \end{bmatrix} \frac{\partial \left(\boldsymbol{F}_2 + \boldsymbol{F}_3 \right)}{\partial \boldsymbol{q}_{\mathrm{ex}}} (2,:)
\end{cases} \tag{4.52}
$$

将式（4.51）和式（4.42）进行比对后，可以看出两者具有完全一致的数学形式。最后，用同样的方法对矩阵 $\boldsymbol{C}$ 的前三行进行了分析：

$$
\boldsymbol{C}_{ti} = -\frac{\partial L}{\partial \boldsymbol{P}_i} = \frac{-\partial \left(\sum_i \left(0.5 m_i \left\| \dot{\boldsymbol{f}}_i(\boldsymbol{q},\dot{\boldsymbol{q}}) \right\|^2 + 0.5 J_i \sum_{j=1}^i \left\| \boldsymbol{\omega}_j \right\|^2 \right) + 0.5 m_t \dot{\boldsymbol{P}}_t^{\mathrm{T}} \dot{\boldsymbol{P}}_t + 0.5 J_t \boldsymbol{\omega}_t^{\mathrm{T}} \boldsymbol{\omega}_t \right)}{\partial \boldsymbol{P}_i}, \quad i = 1,2,3
$$

$$\tag{4.53}$$

为了分析式（4.53）中的各个参数与 $\boldsymbol{P}_i$ 的关系，需要采用与式（4.46）类似的方法，经过数学处理后，可以得知：

$$
\dot{\boldsymbol{f}}(x_i) = \frac{\partial \boldsymbol{f}(\boldsymbol{q})}{\partial x_i} \dot{x}_i = \left(1 + \frac{\partial \boldsymbol{f}'(\theta)}{\partial \boldsymbol{q}} \right) \dot{x}_i \tag{4.54}
$$

由于 $\boldsymbol{P} = [x_1 \quad x_2 \quad x_3]$，可以看出，$\dot{\boldsymbol{f}}(x_i)$ 不是 $\boldsymbol{P}$ 的函数，因此有如下关系：

$$
\begin{cases}
\dfrac{\partial \dot{\boldsymbol{f}}_i(\boldsymbol{q},\dot{\boldsymbol{q}})}{\partial \boldsymbol{P}} = 0 \\[3mm]
\dfrac{\partial \dot{\boldsymbol{P}}_t(\boldsymbol{q},\dot{\boldsymbol{q}})}{\partial \boldsymbol{P}} = 0, \quad \forall i, j \\[3mm]
\dfrac{\partial \boldsymbol{\omega}_j(\boldsymbol{q},\dot{\boldsymbol{q}})}{\partial \boldsymbol{P}} = 0
\end{cases} \tag{4.55}
$$

将式（4.55）中的结论代入式（4.53），可以发现：

$$
\boldsymbol{C}_{ti} = 0, \quad i = 1, 2, 3 \tag{4.56}
$$

至此，就可以将矩阵 $\boldsymbol{M}$、$\boldsymbol{D}$ 和 $\boldsymbol{C}$ 经过数学处理后的形式进行整合，代入式（4.20），并得到空间机械臂动力学模型的前三行关于未知参数的显性形式：

$$
\boldsymbol{M}_{ti} \ddot{\boldsymbol{q}}_{\mathrm{ex}} + \boldsymbol{D}_{ti} \dot{\boldsymbol{q}}_{\mathrm{ex}} + \boldsymbol{C}_{ti} = \boldsymbol{X}_1(i) + m_t \boldsymbol{X}_2(i) + m_t f \boldsymbol{X}_3(i) + m_t L_a \boldsymbol{X}_4(i) = \boldsymbol{F}_i, \quad i = 1,2,3 \tag{4.57}
$$

其中：

$$\begin{cases} X_1 = A_{\ddot{q}_{ex}} \ddot{q}_{ex} + A_{q_{ex}} \dot{q}_{ex} \\ X_2 = \zeta_1 \ddot{q}_{ex} + \kappa_1 \dot{q}_{ex} \\ X_3 = \zeta_2 \ddot{q}_{ex} + \kappa_2 \dot{q}_{ex} \\ X_4 = \zeta_3 \ddot{q}_{ex} + \kappa_3 \dot{q}_{ex} \end{cases} \tag{4.58}$$

通过分析可知，目标的转动惯量 J_t 完全不会出现在式（4.57）之中。为此，可以先基于式（4.57）估计出剩余的未知参数，再将识别结果代入动力学模型的其他行列中，即可以轻松实现对 J_t 的识别。下一节将具体论述如何构建最小二乘模型，从而实现对未知参数 m_t、f 和 L_a 的在线识别。

4.3　基于初值猜测的非合作目标动力学参数识别方法

上一节已经对基于拓展自由度的空间机械臂组合体动力学模型的数学形式进行了深入的讨论，并证明了两个重要的结论：①目标的转动惯量 J_t 不会出现在动力学模型的前三行之中；②组合体转动惯量的前三行可以写成如式（4.57）所示的，关于剩余三个位置参数的显性形式。

首先，为了识别 m_t、f 和 L_a，对式（4.57）进行进一步的简化，并得到如下的类最小二乘形式：

$$\begin{bmatrix} X_2 & X_3 & X_4 \end{bmatrix} \begin{bmatrix} m_t \\ m_t f \\ m_t L_a \end{bmatrix} = \begin{bmatrix} F_1 \\ F_2 \\ F_3 \end{bmatrix} - X_1 \tag{4.59}$$

对式（4.59）进行分析可以看出，虽然式（4.59）非常接近一个最小二乘形式，但是三个未知参数是互相耦合的，且由于未知参数 f 随时间变化，不能够将向量 $[m_t \quad m_t f \quad m_t L_a]^T$ 视为一个广义动力学参数进行直接解算，否则将造成极大的误差。由此可以得知，我们并不能通过对矩阵 $[X_2 \quad X_3 \quad X_4]$ 求伪逆的方法对上述三个参数进行直接求解，而是需要寻求其他的方法。通过分析可知，上述参数 f 和 L_a 分别代表目标质心在 $O_e\text{-}X_eY_eZ_e$ 坐标系 $x\text{-}z$ 平面内的二维位置坐标，而在文献［39］～［41］中，作者们已经证明，在机械臂系统未进行抓捕之前，采用双目视觉、激光雷达等多种传感器与先进三维感知算法相结合，可以以非接触的方式对目标的质心位置进行粗略估计，其具体任务场景如图4.4所示。

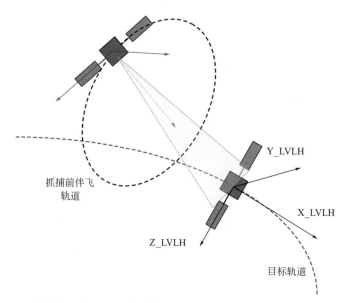

图 4.4   抓捕前绕飞伴飞阶段主动航天器对目标航天器的非接触测量任务场景

由于上述相关算法已经在多篇文献中得到了详细论述，且本书主要聚焦于抓捕后的空间机械臂组合体动力学与控制领域研究，因此这里就不再对具体的目标质心位置估计算法多加赘述。假设通过图 4.4 所示任务场景的抓捕前非接触测量与识别，已经提前估计出了目标的质心的大致位置。当目标被空间机械臂捕获后，将上述目标质心位置的估计值作为初始猜测值，并基于此构建合适的滤波算法，从而对初始估计解的猜测误差进行补偿修正，进而实现对非合作目标动力学参数的精确识别[42]。

基于以上讨论，首先将目标质心位置的初始猜测值定义为 $\hat{f}$ 和 $\hat{L}_a$，并定义该两轴上的初始估计误差为 δf 和 δL。因此有：

$$\begin{cases} \hat{f} = f + \delta f \\ \hat{L}_a = L_a + \delta L \end{cases} \tag{4.60}$$

将式（4.60）代入式（4.59），则有如下关系：

$$\begin{bmatrix} X_2(t_0) & X_3(t_0) & X_4(t_0) \end{bmatrix} \begin{bmatrix} m_t \\ m_t(\hat{f}) \\ m_t(\hat{L}_a) \end{bmatrix} = \begin{bmatrix} F_1(t_0) \\ F_2(t_0) \\ F_3(t_0) \end{bmatrix} - X_1(t_0) \tag{4.61}$$

可以看出，式（4.61）是一个三行矩阵方程，而在已知 $\hat{f}$ 和 $\hat{L}_a$ 之后，就可以在每一行都计算出一个 m_t 的值。为了方便，将该方程的前两行隔离后，分别计算 m_t 的估计值，并记为如下的形式：

$$\begin{cases} \hat{m}_t\big(1,(t_0)\big) = \dfrac{F_1(t_0) - X_1\big(1,(t_0)\big)}{X_2(1,t_0) + X_3\big(1,(t_0)\big)\hat{f} + X_4\big(1,(t_0)\big)\hat{L}_a} \\[4mm] \hat{m}_t\big(2,(t_0)\big) = \dfrac{F_2(t_0) - X_1\big(2,(t_0)\big)}{X_2(2,t_0) + X_3\big(2,(t_0)\big)\hat{f} + X_4\big(2,(t_0)\big)\hat{L}_a} \end{cases} \tag{4.62}$$

通过分析可知，如果 $\hat{f}$ 和 $\hat{L}_a$ 的值是精确的，那么应该有 $\hat{m}_t\big(1,(t_0)\big) = m_t\big(2,(t_0)\big)$。但是，由于初始猜测值的误差，以上两个值不相等。因此，可以通过以下的数学方法，将目标质量计算误差写成目标质心位置估计误差的函数：

$$\begin{aligned} \frac{1}{\hat{m}_t\big(1,(t_0)\big)} - \frac{1}{m_t\big(2,(t_0)\big)} =\ & \frac{X_2\big(1,t_0\big) + X_3\big(1,(t_0)\big)f + X_4\big(1,(t_0)\big)L_a}{F_1(t_0) - X_1\big(1,(t_0)\big)} \\ & - \frac{X_2\big(2,t_0\big) + X_3\big(2,(t_0)\big)f + X_4\big(2,(t_0)\big)L_a}{F_2(t_0) - X_1\big(2,(t_0)\big)} \\ & + \frac{X_3\big(1,(t_0)\big)\delta f + X_4\big(1,(t_0)\big)\delta L_a}{F_1(t_0) - X_1\big(1,(t_0)\big)} \\ & - \frac{X_3\big(2,(t_0)\big)\delta f + X_4\big(2,(t_0)\big)\delta L_a}{F_2(t_0) - X_1\big(2,(t_0)\big)} \end{aligned} \tag{4.63}$$

与此同时，可以将目标质量的精确值 m_t 和估计值 $\hat{m}_t\big(1,(t_0)\big)$、$\hat{m}_t\big(2,(t_0)\big)$ 之间的关系写成如下形式：

$$\begin{cases} \hat{m}_t\big(1,(t_0)\big) = m_t + \delta m_t\big(1,(t_0)\big) \\[2mm] \hat{m}_t\big(2,(t_0)\big) = m_t + \delta m_t\big(1,(t_0)\big) \\[2mm] m_t = \dfrac{X_2\big(1,t_0\big) + X_3\big(1,(t_0)\big)f + X_4\big(1,(t_0)\big)L_a}{F_1(t_0) - X_1\big(1,(t_0)\big)} \\[4mm] = \dfrac{X_2\big(2,t_0\big) + X_3\big(2,(t_0)\big)f + X_4\big(2,(t_0)\big)L_a}{F_2(t_0) - X_1\big(2,(t_0)\big)} \end{cases} \tag{4.64}$$

将式（4.64）代入式（4.63）并整理，可以获得如下公式：

$$\frac{1}{\hat{m}_t\big(1,(t_0)\big)} - \frac{1}{m_t\big(2,(t_0)\big)} = \begin{bmatrix} Z_1 & Z_2 \end{bmatrix}\begin{bmatrix} \delta f \\ \delta L_a \end{bmatrix} \tag{4.65}$$

其中：

$$\begin{cases} Z_1 = \dfrac{X_3\big(1,(t_0)\big)}{F_1(t_0) - X_1\big(1,(t_0)\big)} - \dfrac{X_3\big(2,(t_0)\big)}{F_2(t_0) - X_1\big(2,(t_0)\big)} \\[4mm] Z_2 = \dfrac{X_4\big(1,(t_0)\big)}{F_1(t_0) - X_1\big(1,(t_0)\big)} - \dfrac{X_4\big(2,(t_0)\big)}{F_2(t_0) - X_1\big(2,(t_0)\big)} \end{cases} \tag{4.66}$$

基于此，就构造出了一个最小二乘形式，将式（4.65）的等号左右两边分别随时间累加，并存在相应的矩阵之中，可以得到：

$$\Delta \hat{m} = \begin{bmatrix} Zt_1 & Zt_2 \end{bmatrix} \begin{bmatrix} \delta f \\ \delta L_a \end{bmatrix} \tag{4.67}$$

其中：

$$\Delta \hat{m} = \begin{bmatrix} \dfrac{1}{\hat{m}_t\big(1,(t_0)\big)} - \dfrac{1}{m_t\big(2,(t_0)\big)} \\ \dfrac{1}{\hat{m}_t\big(1,(t_1)\big)} - \dfrac{1}{m_t\big(2,(t_1)\big)} \\ \vdots \\ \dfrac{1}{\hat{m}_t\big(1,(t_n)\big)} - \dfrac{1}{m_t\big(2,(t_n)\big)} \end{bmatrix} \tag{4.68}$$

$$\begin{bmatrix} Zt_1 & Zt_2 \end{bmatrix} = \begin{bmatrix} \dfrac{X_3\big(1,(t_0)\big)}{F_1(t_0) - X_1\big(1,(t_0)\big)} - \dfrac{X_3\big(2,(t_0)\big)}{F_2(t_0) - X_1\big(2,(t_0)\big)} & \dfrac{X_4\big(1,(t_0)\big)}{F_1(t_0) - X_1\big(1,(t_0)\big)} - \dfrac{X_4\big(2,(t_0)\big)}{F_2(t_0) - X_1\big(2,(t_0)} \\ \dfrac{X_3\big(1,(t_1)\big)}{F_1(t_0) - X_1\big(1,(t_1)\big)} - \dfrac{X_3\big(2,(t_1)\big)}{F_2(t_0) - X_1\big(2,(t_1)\big)} & \dfrac{X_4\big(1,(t_1)\big)}{F_1(t_0) - X_1\big(1,(t_1)\big)} - \dfrac{X_4\big(2,(t_1)\big)}{F_2(t_0) - X_1\big(2,(t_1)} \\ \vdots & \vdots \\ \dfrac{X_3\big(1,(t_n)\big)}{F_1(t_0) - X_1\big(1,(t_n)\big)} - \dfrac{X_3\big(2,(t_n)\big)}{F_2(t_0) - X_1\big(2,(t_n)\big)} & \dfrac{X_4\big(1,(t_n)\big)}{F_1(t_0) - X_1\big(1,(t_n)\big)} - \dfrac{X_4\big(2,(t_n)\big)}{F_2(t_0) - X_1\big(2,(t_n)} \end{bmatrix} \tag{4.69}$$

由此，就可以计算目标初始质心位置估计误差 δf 和 δL 的值，并代入式（4.60）计算精确的目标质心二维投影坐标：

$$\begin{bmatrix} \delta f \\ \delta L_a \end{bmatrix} = \begin{bmatrix} Zt_1 & Zt_2 \end{bmatrix}^{-1} \Delta \hat{m} \tag{4.70}$$

获得了目标的质心位置后，可以进一步利用式（4.62）解算目标的质量，并利用关系式 $\hat{m}_t\big(1,(t_0)\big) \approx m_t\big(2,(t_0)\big)$ 来判断当前的动力学参数估计的精确程度。

需要注意的是，以上所有针对动力学模型的讨论都是假设目标质心是在机械臂执行机构坐标系 $O_e\text{-}X_eY_eZ_e$ 的 x-z 平面内，即 H=0。这一假设在控制器设计上对整个系统没有影响，但是在目标动力学参数识别的过程中，可以发现目前的算法只能够估计出目标质心的二维位置坐标，而第三个坐标默认为 0。为了修正这一问题，可以对先前所述的算法稍加拓展。首先，将目标质心位置写成如下形式：

$$\boldsymbol{P} = \boldsymbol{f}(\boldsymbol{q}) + \boldsymbol{Q}(\boldsymbol{q}) \begin{bmatrix} 0 \\ d_{\text{proj}} \\ l \end{bmatrix} + \boldsymbol{Q}(\boldsymbol{q}) \begin{bmatrix} f\sin\theta \\ 0 \\ f\cos\theta \end{bmatrix} + \boldsymbol{Q}(\boldsymbol{q}) \begin{bmatrix} L_{\text{a}}\sin(\theta - 0.5\pi) \\ 0 \\ L_{\text{a}}\cos(\theta - 0.5\pi) \end{bmatrix} \tag{4.71}$$

式中，d_{proj} 为质心到 $O_{\text{e}}\text{-}X_{\text{e}}Y_{\text{e}}Z_{\text{e}}$ 的 $x\text{-}z$ 平面的距离，即 H。基于式（4.71），采用类比的方法将式（4.27）改写为：

$$\boldsymbol{QV} = \boldsymbol{\varPi} \begin{bmatrix} f \\ L_{\text{a}} \\ d_{\text{proj}} \end{bmatrix} + \boldsymbol{Q}(:,3)l \tag{4.72}$$

可以看出，d_{proj} 与新增自由度完全解耦，因此该参数的出现仅仅会对式（4.72）产生影响，而其他推导过程仍然不变。进一步推导后，可以将式（4.40）改写为：

$$\frac{\partial\left(m_{\text{t}}\dot{\boldsymbol{P}}_{\text{t}}\boldsymbol{G}_i(k)\right)}{\partial\dot{\boldsymbol{q}}_{\text{ex}}} = m_{\text{t}}\boldsymbol{G}_{\dot{\boldsymbol{q}}_{\text{ex}(i)}}(k)\left((\boldsymbol{F}_2 + \boldsymbol{F}_1) + \boldsymbol{F}_3 \begin{bmatrix} f \\ L_{\text{a}} \\ d_{\text{proj}} \end{bmatrix}\right)$$
$$+ m_{\text{t}}\boldsymbol{G}_i(k)\left(\frac{\partial(\boldsymbol{F}_2 + \boldsymbol{F}_1)}{\partial\dot{\boldsymbol{q}}_{\text{ex}}} + \frac{\partial\boldsymbol{F}_3[f \quad L_{\text{a}}]^{\text{T}}}{\partial\dot{\boldsymbol{q}}_{\text{ex}}}\right), \ i = 1,2,3 \tag{4.73}$$

此处可以看出，矩阵 $\boldsymbol{F}_3$ 变为列数为 3 的矩阵，进而有：

$$\boldsymbol{M}_{ti} = \boldsymbol{A}_{\dot{\boldsymbol{q}}_{\text{ex}}}(i) + m_{\text{t}}\zeta_1(i) + m_{\text{t}}f\zeta_2(i) + m_{\text{t}}L_{\text{a}}\zeta_3(i) + m_{\text{t}}d_{\text{proj}}\zeta_4(i), \ i = 1,2,3 \tag{4.74}$$

结合对 $\boldsymbol{F}_3$ 矩阵维度的讨论，式（4.43）应改写为：

$$\begin{cases} \zeta_1 = \boldsymbol{G}_{\dot{\boldsymbol{q}}_{\text{ex}}}\boldsymbol{F}_1 + \boldsymbol{G}\dfrac{\partial\boldsymbol{F}_1}{\partial\dot{\boldsymbol{q}}_{\text{ex}}} \\ [\zeta_2,\zeta_3,\zeta_4] = \left[\boldsymbol{G}_{\dot{\boldsymbol{q}}_{\text{ex}}}(\boldsymbol{F}_2 + \boldsymbol{F}_3),0\right] + \boldsymbol{G}\dfrac{\partial(\boldsymbol{F}_2 + \boldsymbol{F}_3)}{\partial\dot{\boldsymbol{q}}_{\text{ex}}} \end{cases} \tag{4.75}$$

基于此，参照前面的方法，对动力学模型的矩阵 $\boldsymbol{M}$、$\boldsymbol{C}$ 和 $\boldsymbol{D}$ 分别进行如 4.2.2 小节中的处理后，可以将式（4.59）改写为：

$$\begin{bmatrix} \boldsymbol{X}_2 & \boldsymbol{X}_3 & \boldsymbol{X}_4 & \boldsymbol{X}_5 \end{bmatrix} \begin{bmatrix} m_{\text{t}} \\ m_{\text{t}}f \\ m_{\text{t}}L_{\text{a}} \\ m_{\text{t}}d_{\text{proj}} \end{bmatrix} = \begin{bmatrix} \boldsymbol{F}_1 \\ \boldsymbol{F}_2 \\ \boldsymbol{F}_3 \end{bmatrix} - \boldsymbol{X}_1 \tag{4.76}$$

由此可以看出，为了对三维空间的目标质心位置做出识别，则需要估计三个未知量：

$$\begin{cases} \hat{f} = f + \delta f \\ \hat{L}_a = L_a + \delta L \\ \hat{d}_{\text{proj}} = d_{\text{proj}} + \delta d_{\text{proj}} \end{cases} \tag{4.77}$$

将式（4.67）改写为：

$$\Delta \hat{m} = \begin{bmatrix} Zt_1 & Zt_2 & Zt_3 \end{bmatrix} \begin{bmatrix} \delta f \\ \delta L_a \\ \delta d_{\text{proj}} \end{bmatrix} \tag{4.78}$$

进而可以通过与式（4.70）类似的最小二乘方法实现对目标三轴方向上坐标的精确估计。可以看出，第三个目标质心坐标 d_{proj} 不会对整个目标动力学参数估计过程产生决定性的影响。

当目标的质心位置和目标质量 $[m_t \quad m_t f \quad m_t L_a \quad m_t d_{\text{proj}}]^T$ 都已经知晓之后，则可以将以上参数代入动力学模型式（4.18）的第四行之后的部分，并按照文献 [43] 的方法将其整理成关于目标转动惯量的形式：

$$\begin{cases} M_{ti}\ddot{q}_{\text{ex}} + D_{ti}\dot{q}_{\text{ex}} + C_{ti} = \Omega_n J' = F_i, \ i = 4, \cdots, 4 + n \\ J' = \Omega_n^+ F_i \end{cases} \tag{4.79}$$

由于此时目标的其他动力学参数均已知，仅剩下目标的转动惯量 J' 需要估计。因此，式（4.79）中的未知参数可以写成：

$$\begin{cases} \Omega_n = \dfrac{\partial}{\partial J_t}\left(M_{ti}\ddot{q}_{\text{ex}} + D_{ti}\dot{q}_{\text{ex}} + C_{ti} \right) \\ J' = \begin{bmatrix} J_{t\_11} & J_{t\_12} & J_{t\_13} & J_{t\_22} & J_{t\_23} & J_{t\_33} \end{bmatrix}^T \end{cases} \tag{4.80}$$

通过将式（4.80）与式（4.59）进行比对后可知，在对于目标转动惯量的估计方程中，未知参数在向量内不存在耦合效应。因此，当目标质量和质心位置通过式（4.70）计算获得之后，矩阵 Ω_n 完全可知，式（4.79）可以直接通过最小二乘法获得，从而得到空间非合作目标的所有动力学参数信息，为后续控制器的设计和集成打下基础。

4.4　仿真验证

在先前章节中，已经就目标与执行机构之间的相对运动的测量，以及非合作目标动力学参数的识别问题进行了具体的论述。本节将采用数值仿真的方式对上述方法的正确性进行验证。

4.4.1 目标与执行机构间相对运动的测量策略

首先，结合 4.1 节的内容，对目标与执行机构之间的相对运动测量策略的有效性进行了仿真验证。该仿真场景的基本动力学参数如表 4.1 所示。

表 4.1 仿真动力学参数

动力学参数	参数值
初始 $l, \dot{l}$	1m，0.02m/s
初始 $\theta, \dot{\theta}$	60°，0.01rad/s
初始 $f, \dot{f}$	2m，0.03m/s
执行机构所受控制力	[10，-10，20] N
目标质量	50kg

基于以上仿真定义，首先将式（4.17）所述的目标二维质心位置测量算法集成到仿真系统之中，并对目标质心位置的估计值和真实值进行了对比，仿真结果如图 4.5 所示。从图中可以看出，本章所提出的目标二维质心位置的测量方法可以有效地测量并跟随目标质心相对执行机构的二维滑动。为了验证该算法的有效性和正确性，将基于激光雷达（Lidar）的点云（Point Cloud）的目标质心位置提取方法与本章提出的方法进行了对比，如图 4.6 所示。从图中可以看出，基于 Lidar 的质心测量方法似乎有更高的精度，但是 Lidar 需要大量目标边缘点的坐标信息，计算量巨大，无法在实际航天任务中得到有效应用。而本章提出的方法仅需要两个特征点，且具备与 Lidar 相当的精度和收敛速度。

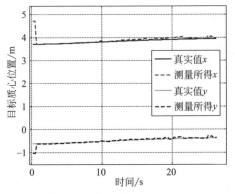

图 4.5 目标质心位置测量值与真实值的对比

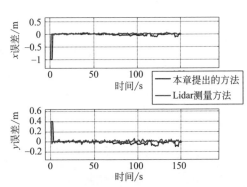

图 4.6 本章提出的方法与 Lidar 测量方法的效果对比

进一步对图 4.3 所示的目标相对执行机构的滑动测量算法进行仿真测试。从图中的信息可知，该算法分为两个部分：第一部分为将三个拓展自由度所描述的目标质心位置与牛顿力学模型所获得的目标真实质心位置进行对比，这一部分的仿真已经在上一节进行了展示；而第二部分则是如何通过合理的测量解算方法提取出目标的三个拓展自由度坐标，本小节主要聚焦于第二部分的仿真呈现。此部分的相关仿真结果在图 4.7 ～图 4.10 中进行了展示。

首先，图 4.7 展示了基于牛顿力学模型所求解出的目标三个拓展自由度与真实拓展自由度的解算误差情况。在该图中，暂未考虑传感器模型和测量信号误差等信息。从仿真结果可以看出，在理想状态下，基于牛顿力学的目标拓展自由度解算方法具备很高的精度，且解算误差随时间发散速度很慢，可以满足实际任务需求。图 4.8 展示了该工况下的拓展自由度随时间变化的情况，可以看出测量值（基于牛顿力学解算的结果）和真实值（基于拓展自由度动力学模型的外推结果）具备很好的吻合性，几乎无法从宏观上看出两者的区别。这也验证了本章所提出的相对运动解算方法在理论上的正确性。

基于此，在不同的噪声环境下对拓展自由度的解算算法的正确性和鲁棒性进行了测试，测量误差如图 4.9、图 4.10 所示。测量误差的来源主要包含两个方面：由相机提取的两个特征点的位置误差，以及初始接触点处切线方向提取的误差。为了模拟以上误差信号，在真实值基础上加上不同幅度的噪声信号，并基于此得到仿真结果。从图 4.10 中可以看出，随着误差信号幅度的增加，三个拓展自由度的测量值误差也随之增大，但是直到 20% 误差的情况下，整个系统仍然保持着较好的误差级别。三个拓展自由度的误差程度大

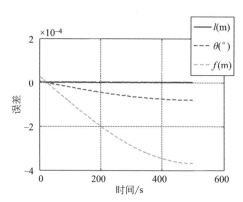

图 4.7　基于动力学的拓展自由度解算误差

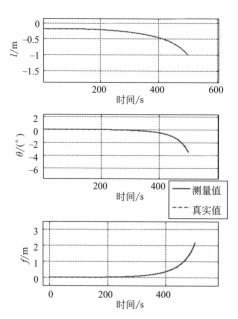

图 4.8　三个拓展自由度的测量值与真实值
的仿真比对

约稳定在 5%，基本满足实际任务需求。因此，整个相对运动参数测量解算系统的稳定性和正确性也得到了证明，为后续目标动力学参数的识别打下了坚实的基础。

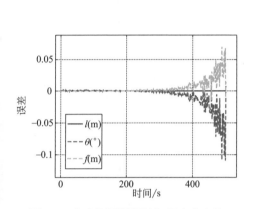

图 4.9　考虑测量模型的拓展自由度的测量误差

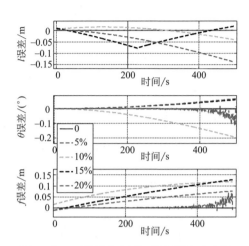

图 4.10　不同噪声环境下的拓展自由度的测量误差

4.4.2　复杂相对运动环境下非合作目标的动力学参数识别算法测试

第二部分的仿真主要聚焦于在目标与执行机构之间存在相对滑动的情况下快速识别估计目标的动力学参数。本部分的仿真结果将分为三个方面呈现：第一方面为空间自由旋转物体非接触质心位置的估计方法；第二方面为平面任务场景下目标动力学参数的识别方法；最后一方面则为三维任务场景下的目标动力学参数识别算法。下面将分别从上述三个方面展示仿真结果，并对仿真结果进行具体的论述。

4.4.2.1　空间自旋目标非接触质心估计可行性分析

首先，本书所提出的非合作目标动力学参数识别算法的一个核心前提是能够在抓捕目标前，通过非接触的方式大致估计出目标的质心位置。因此，在本小节的仿真中，首先针对一个空间自旋目标的转动特性，在不接触目标的情况下对目标的质心位置进行一个大致的估计。为了实现该仿真，假设在抓捕前，目标处于单刚体无动力自旋状态。此种运动状态已经在现有的文献中进行了大量研究，在假设目标转动惯量对称且惯量积为 0 的情况下，空间自旋物体的运动存在解析解，其结果在图 4.11、图 4.12 中进行了展示。从图中可以看出，在无动力自由转动的情况下，一个单刚体系统的角动量方向在惯性空间保持不变，而在刚体本体系内，角动量向量则会形成一个封闭的曲线，可以证明该曲线每一个点均在一个椭球面之上。

　　基于以上讨论，可以进一步得出单刚体上的两个特征点在惯性空间中划过的轨迹，如图 4.13 所示。从图中可以看出，自旋单刚体系统上的特征点的运动轨迹看似杂乱无章，但实际上固定在一个半径固定的球面之上。不同的特征点划过轨迹所生成的球面半径不同，但球心位置相同，即目标的质心位置。

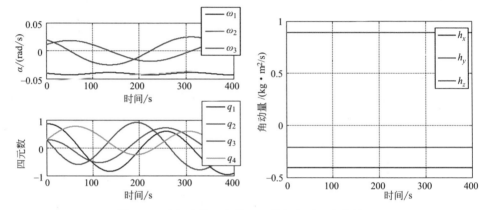

图 4.11　空间自旋目标的四元数与角动量变化情况

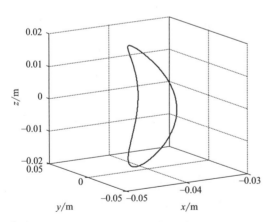

图 4.12　空间自旋目标角动量向量在目标本体系
下的变化情况

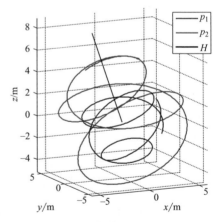

图 4.13　自旋单刚体目标上的两个特征
点在惯性空间划过的轨迹

　　基于以上的讨论，可以借助文献［40］和［41］的相关方法，对非接触的情况下目标质心的位置进行识别。图 4.14 给出了上述方法所提取出的目标三轴质心位置的估计结果。识别过程主要是假设相应的传感器能够通过模式识别（Pattern Recognition）等方法对目标上的某几个特征点进行识别、跟踪，并获得该点在惯性空间的运动轨迹，即图 4.13 中红色或蓝色两条曲线。基于上述信息，可以采用单点法或多点法等方式对目标的质心位置进行提取和估计。从仿真结果可以看出，单点法由于仅采用了一个特征点的运动信息，因此收敛速度较慢，误差也较大。而采用了两个特征点运动信息的多点法，则可以有效地在不接触目标的情况下对目标的质心位置进行快速准确的识别。因此，本章所提出的核心假设就得到了印证，为后续仿真打下了基础。

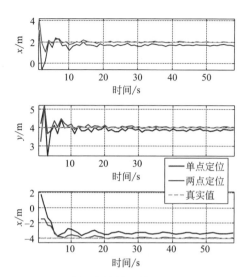

图 4.14　空间自旋单刚体目标非接触质心位置估计算法

4.4.2.2　平面任务场景下的非合作目标动力学参数识别算法测试

本小节对二维平面环境下的空间非合作目标组合体的运动以及目标动力学参数的识别估计算法进行仿真验证。在本仿真算例中，主要考虑一个三关节机械臂系统在抓捕非合作目标一瞬间之后的运动情况。假设在抓捕前，非合作目标处于自旋状态，在抓捕过程中，目标沿着执行机构坐标系 x 轴和 z 轴方向的平动和转动因为碰撞而被归零，而沿着 y 轴方向的运动仍然存在，因此，就构成了在执行机构坐标系 x-z 平面内的三自由度的相对滑动和扭转。本仿真场景的基本动力学参数如表 4.2 所示。

表 4.2　平面二维仿真场景动力学参数

动力学参数	参数值
机械臂基座质量和转动惯量	150kg，200kg·m²
目标质量和转动惯量	100kg，150kg·m²
拓展自由度 $l, \dot{l}$	1m，0.03m/s
拓展自由度 $\theta, \dot{\theta}$	100°，−0.02rad/s
拓展自由度 $f, \dot{f}$	0.9m，−0.03m/s
机械臂基座初始姿态角和角速度	0rad，0.01rad/s
机械臂关节长度和参数 L_a	10m，3m

续表

动力学参数	参数值
机械臂各关节初始角度	$-30°$，$50°$，$-60°$
最大摩擦力 δ_{static}	$15N$，$60N \cdot m$
f 和 L_a 的真实初始值	$\hat{f} = 1m$，$\hat{L}_a = 3.2m$
初始关节角速度	-0.4rad/s，0.3rad/s，0.3rad/s
$\hat{f}$ 和 $\hat{L}_a$ 初始猜测值	$1.4m$，$3.4m$

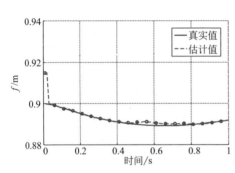

图 4.15　平面任务场景下参数 f 的估计值与
真实值

基于以上的动力学参数，对 4.2 节和 4.3 节中所述算法进行了仿真测试，并得到了如图 4.15～图 4.17 所示的仿真结果。从图 4.15、图 4.16 中可以看出，采用了基于初始猜测的滤波修正算法之后，可以在目标与执行机构之间存在相对滑动的情况下，对非合作目标的动力学参数进行快速的在线识别。而从图 4.17 中也可以看出，在算法准确地获得了目标的二维质心位置坐标之后，可以顺利估计出目标的质量参数。值得注意的是，由于式（4.62）中已经指出，动力学模型的前三行中任选两行，都可以达到估计目标质心位置的效果，而任选的两行方程都可以获得两个目标质心的估计值。因此，在实际操作中，可以通过多组数据交叉比对的方法，通过动力学模型前三行的排列组合来提高动力学参数估计方法的精度和可靠性。

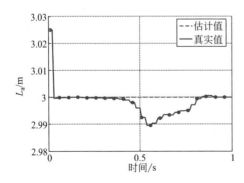

图 4.16　平面任务场景下参数 L_a 的估计值
与真实值

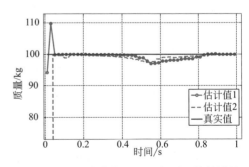

图 4.17　平面任务场景下目标质量的估计值
与真实值

在以上仿真的基础上，为了进一步探究本节所提出的目标动力学参数估计算法的鲁棒性，在不同的噪声环境下对上述算法的参数估计效果进行了评估。其基本思路与图 4.10 类似，通过在仿真系统中加入白噪声模拟复杂恶劣的任务环境，从而测试相应算法在不利条件下对目标参数的估计误差变化情况，与之对应的仿真结果展示在图 4.18 之中。通过先前的讨论可知，本仿真场景包含机械臂基座 3 个自由度、机械臂关节 3 个自由度和 3 个拓展自由度，即总共

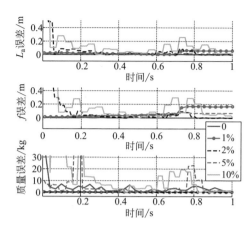

图 4.18　不同噪声环境下目标动力学参数估计算法的鲁棒性测试

9 个自由度。因此，在闭环反馈信号中对上述 9 个自由度的广义位移、速度和加速度测量值均加入了白噪声误差，总共 27 组信号，从而模拟较为恶劣的实际任务观测环境。在此组仿真中，采用的白噪声主要用于模拟传感器电路所固有的误差，从仿真结果可以看出，动力学参数的估计算法的误差值随着噪声级别的增加而增加；但是在 10% 以下的噪声等级范围之内，本章所提出的动力学参数估计算法仍然能够保证较为可靠稳定的估计效果，从而证明了本章所述方法的有效性和鲁棒性。

进一步地，将本章所提出的动力学参数估计算法与文献［43］中所提出的基于遗忘因子最小二乘（FFRLSM）的目标动力学参数估计方法以及基于微分校正的非线性最小二乘方法（NLMS），在上述任务场景下对目标的动力学参数的估计效果进行了比对，得到了如图 4.19 所示的仿真结果。

从图 4.19 中可以看出，遗忘因子最小二乘法可以对固定参数（目标质量和转动惯量）进行有效估计和识别，但是无法对时变参数（目标二维质心位置坐标）进行有效识别。而非线性最小二乘法则对学习率增益极其敏感，在本仿真中，非线性最小二乘可以对目标质心位置进行有效识别，却无法对目标质量和转动惯量进行高效识别。而本章所提出的基于初始猜测的滤波修正算法则可以对目标所有的动力学参数进行快速估计，因此，本章所提出的算法在上述特定仿真条件下的优越性也得到了体现。

从上述仿真结果可以看出，本章所提出的目标动力学参数的估计算法可以在很短的时间内实现对目标动力学参数的估计。对于目标的质心位置、质量和转动惯量的估计时间不超过 1s。为此，为了展示上述动力学参数识别算法对于控制器的影响，将文献［44］中所述的零空间控制（Reactionless Control）与本章所提

出的算法进行了有机结合。本仿真将所提取的目标动力学参数直接作为控制器的输入，并基于此对整个组合体进行了阻尼减速控制，用以消除在抓捕目标后机械臂和目标间的相对运动，同时保证机械臂基座卫星平台姿态的稳定。基于以上任务需求，得到了如图 4.20 ～图 4.22 所示的仿真结果。从图中可以看出，由于本章所述的算法在很短的时间内快速确定了目标的动力学参数，因此机械臂系统在传统零空间控制需求的牵引下，仍然实现了对整个组合体系统的阻尼减速操控，且由于采用了零空间控制器，机械臂基座平台的姿态在整个过程中保持了一个较为稳定的状态。

但是，通过仿真结果同样可以看出，由于考虑了目标与组合体之间的相对运动，传统控制器对于此种运动在一定程度上产生了不利影响。从图 4.20 和图 4.21

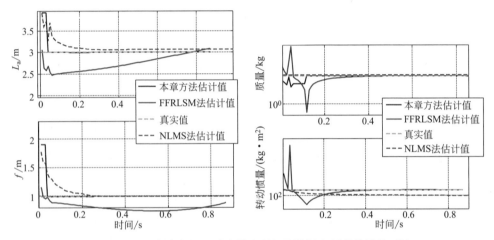

图 4.19　平面任务场景下动力学参数识别算法与其他算法的对比

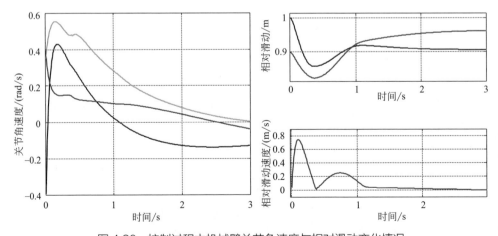

图 4.20　控制过程中机械臂关节角速度与相对滑动变化情况

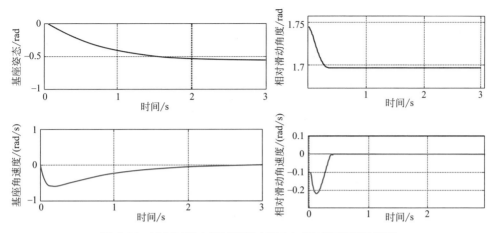

图 4.21　控制过程中机械臂基座姿态与相对扭转运动情况

中可以看出，目标与执行机构之间的相对滑动和相对扭转都有明显的加速，之后再由于摩擦力的作用缓慢减速到 0。就本小节所考虑的任务场景来看，此种相对滑动似乎影响不大，但是在某些特殊情况下，此种快速的相对滑动仍然是危险的，需要加以抑制。该部分内容将在下一章做进一步的讨论。

4.4.2.3　三维任务场景下的组合体动力学参数识别算法测试

最后，为了进一步验证本节所述相关算法在三维任务场景下的可靠性，本小节进行了三维空间机械臂 - 非合作目标组合体动力学系统的仿真测试。为了实现这一目标，采用一个 5 关节机械臂系统，其空间三维构型如图 4.23 所示，总共含有 14 个自由度。该任务场景的基本动力学参数整理罗列在表 4.3 之中，非合作目标动力学参数识别结果（质心位置）如图 4.24 所示。

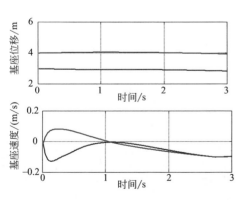

图 4.22　控制过程中机械臂基座平动情况

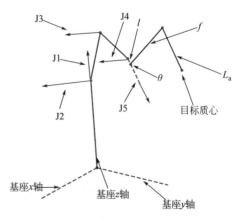

图 4.23　三维仿真算例所采用的任务场景

表 4.3   三维算例仿真场景的动力学参数

动力学参数	参数值
基座质量	2550kg
基座转动惯量	Diag（1220，1500，2100）kg·m²
基座初始姿态角	0rad，0.1rad，0rad
基座初始角速度	0.05rad/s，-0.05rad/s，-0.05rad/s
初始 $l, \dot{l}$	0.1m，-0.029m/s
初始 $\theta, \dot{\theta}$	90°，-0.025rad/s
初始 $f, \dot{f}$	2m，0.03m/s
机械臂臂杆质量和长度	70kg，1m
机械臂臂杆转动惯量	Diag（20，17，22）kg·m²
机械臂关节初始角度	60°，-60°，60°，60°，30°
机械臂关节初始角速度	-0.06rad/s，0.07rad/s，-0.12rad/s，0.04rad/s，0.03rad/s
目标转动惯量	Diag（320，317，322）kg·m²
目标质量	520kg

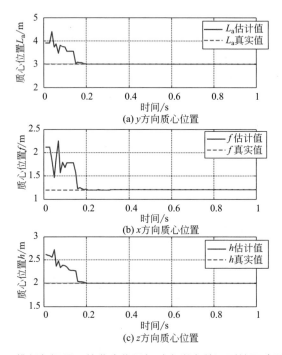

图 4.24   三维任务场景下的非合作目标动力学参数识别结果（质心位置）

　　基于以上动力学参数,将 4.3 节中所述的非合作目标动力学参数的在线识别算法集成到三维任务场景之中,并获得了如图 4.24、图 4.25 所示的仿真结果。从图中可以看出,在三维任务场景下,本章所提出的目标动力学参数估计算法仍然有良好的收敛性和稳定性,能够快速有效地识别出目标的全部动力学参数。值得注意的是,在图 4.25 中,可以看出在三维环境下目标质量的收敛信号仍然具备明显的最小二乘信号的特征。在一定时间内,目标的质量估计值保持不变,这一部分主要对应最小二乘法的信号积累过程,而当信号积累到一定程度,则会发生切变。同时,从图 4.25 中还可以看出,本章所提出的仿真算法可以在三维环境下对目标的 3×3 对称转动惯量矩阵中的所有值都给出准确的估计,符合算法设计的基本预期。

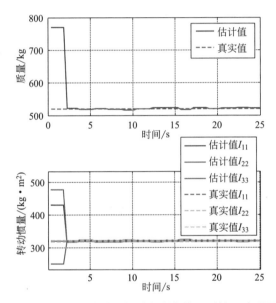

图 4.25　三维任务场景下的非合作目标动力学参数识别结果(质量和转动惯量)

4.5　本章小结

　　本章主要工作是在目标与执行机构之间存在相对滑动的情况下,对相对滑动的运动学信息进行测量解算,并基于此提出了快速估计目标动力学参数的方法。本方法主要分为两个部分:对目标与执行机构间相对运动的测量解算,以及对目标动力学参数的估计识别。本章的内容在实际工程应用中有着重要的意义,因为它是保证后续先进控制算法可以正常实施的基础。为了实现本章的任务需求，我们针对上述两个部分分别设计了相应的方法和算法：

① 在相对运动测量与解算方面，本章提出了一种基于单目视觉与测距传感器相结合的测量方式，可以用简单高效的传感器配置，通过对目标初始接触点位置的实时跟踪和识别，快速实现对三个拓展自由度的广义位移和速度的测量与跟踪，并可以通过特征提取的思路快速确定目标质心在 $O_e\text{-}X_eY_eZ_e$ 的 $x\text{-}z$ 平面内的投影位置。

② 在目标动力学参数识别方面，本章提出了一种基于初始猜测值的滤波修正算法。首先，通过理论分析，将目标的转动惯量参数解耦隔离，并预先估计目标质心位置和质量。然后，在抓捕前采用非接触的手段对目标质心的大致位置进行猜测，再通过滤波修正的方式对初始猜测误差进行补偿，从而实现对目标各个动力学参数的准确估计。

本章通过理论分析和数值仿真测试的方式对上述两个方面的算法进行了验证，并与传统的经典算法进行了比较。基于仿真结果，可以从本章的相关工作中总结出以下两个结论：

① 基于单目视觉与测距传感器的测量方法可以有效提取并解算出目标相对于执行机构的相对运动信息，并可以同时适用直线接触边缘场景与一般接触边缘场景，可以为后续动力学参数识别算法提供必要的运动信息输入。

② 基于初始猜测的滤波修正算法可以快速地估计出目标的所有动力学参数，并与传统算法相比有一定的优越性，且上述算法可以在二维任务场景和三维任务场景下使用，具备一定的普遍性和鲁棒性。

本章的工作是整个非合作目标控制系统中重要的一环，本章的算法所获得的参数和结果将作为控制系统的重要输入。从下一章开始，将以本章所获得的信息作为输入，对不同控制对象的 GNC（制导、导航与控制）系统设计进行具体的论述。

第 **5** 章
拓展自由度方法在空间单机械臂组合体系统中的应用

前面几章聚焦于目标与机械臂末端执行机构之间存在相对滑动这一特殊的任务情况，从动力学建模、动力学参数识别、运动测量解算等多个方面出发，建立了一套较为完善的描述执行机构与目标之间复杂相对运动的方法，并将其命名为拓展自由度理论。通过分析可知，拓展自由度思想本质上是对运动拓扑描述的延伸。在拉格朗日建模方法的框架之中，此种针对相对滑动的运动拓扑延伸可以使得原先不可测不可控的关节变得可控，从而进一步增加了多体系统的控制效能。从本章开始，本书将利用此种思想提出几个典型的应用场景，以展示拓展自由度动力学模型在空间多体航天器控制系统设计中所发挥的重要作用。

首先，聚焦于空间单机械臂抓捕目标后所形成的组合体系统。由于考虑了目标与执行机构之间的相对运动情况，现有的控制方法往往会导致两者之间的快速滑动，进而影响组合体的几何构型。如果对以上运动不加以抑制，可能会出现目标与执行机构脱离、组合体几何构型严重变化，进而导致碰撞等多种险情，此种隐患在图 5.1 中进行了展示。因此，有必要对现阶段所普遍采用的空间机械臂的控制方法进行改进，使其能够适应更加复杂多变的任务场景。

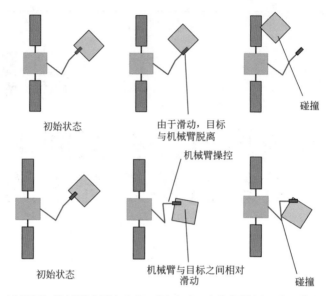

图 5.1　当目标与机械臂末端存在相对滑动时，在轨操控过程中可能出现的险情

本章将动力学模型和目标参数的估计值作为输入，并基于此给出新的控制算法，力求在目标与执行机构之间存在相对滑动的情况下，实现对组合体系统的稳定消旋与姿态控制。本章的讨论将主要分为四个部分：首先，对传统空间机械臂系统的经典控制方法进行简要回顾；之后，分别从组合体阻尼消旋与组合体姿态控制两个方面出发，设计相应的控制算法；最后，利用数值仿真的方式对上述控制算法进行验证，并给出相应的结论。

5.1　任务场景定义与传统机械臂零空间控制算法回顾

空间机械臂的控制一直以来都是学者们研究的重点内容。从数学本质上说，空间机械臂其实是一种空间自由漂浮的多体系统（Free Floating Multi-body System，FFMS）。对于此种冗余系统，除了传统的 PID、滑模控制等方法之外，日本学者还提出了经典的反作用零空间（Reaction Null Space，或 Reactionless）控制方法。空间机械臂系统的动力学模型一般可以写成如下形式：

$$M\ddot{q} + D\dot{q} + C\left(q \quad \dot{q}\right) = F \tag{5.1}$$

式中，矩阵 M、D 和 C 已经在第 2 章进行了具体的定义。

通过进一步的分析，可以将组合体系统的状态向量 q 拆分成如下形式：

$$q=\begin{bmatrix} q_1 & q_2 & q_3 & q_4 \end{bmatrix}^{\mathrm{T}} \tag{5.2}$$

式中，q_1 为机械臂基座的三轴平动自由度；q_2 为机械臂基座的三轴转动自由度；q_3 代表有约束的机械臂关节，包括对末端执行机构三轴位置姿态的控制等；q_4 代表没有约束的机械臂关节。

在实际控制过程中，有约束的关节时时刻刻存在着控制需求，即 $\ddot{q}_{3\_req}$，其控制输入可以通过采用滑模控制、PID 趋近律或接触动力学模型等方法求得。假设机械臂的运动路径已经通过路径规划算法和机械臂逆运动学求解算法求得，当前时刻所需的关节角度和角速度可分别表示为 q_{3_ref} 和 $\dot{q}_{3\_ref}$，则当前时刻的关节需求加速度可以写成：

$$\ddot{q}_{3\_req} = k_1 \left(q_{3\_ref} - q_3 \right)^{\gamma_1} + k_2 \left(\dot{q}_{3\_ref} - \dot{q}_3 \right)^{\gamma_2} \tag{5.3}$$

式中，k_1、k_2 为两个正实数；γ_1、γ_2 则为两个大于 1 的分数。

式（5.3）为分数阶 PID 趋近律，先前的研究已经指出，分数阶 PID 比传统的 PID 控制律具有更好的趋近效果[45]。

与此同时，为了保证组合体系统动量守恒，一般情况下，机械臂基座三轴平动自由度都处于无控状态，即 $F_{q1}=0_3$[46]。而为了保证通信畅通和安全性等问题，机械臂基座卫星的三轴姿态必须稳定，即 $\ddot{q}_{0\_req}=0_3$。综上所述，整个组合体动力学系统可以进一步写成如下形式：

$$\begin{bmatrix} M_{11} & M_{12} & M_{13} & M_{14} \\ M_{21} & M_{22} & M_{23} & M_{24} \end{bmatrix} \begin{bmatrix} \ddot{q}_1 \\ 0_3 \\ \ddot{q}_{3\_req} \\ \ddot{q}_4 \end{bmatrix} + \begin{bmatrix} G_1 \\ G_2 \end{bmatrix} = \begin{bmatrix} 0_3 \\ F_a \end{bmatrix} \tag{5.4}$$

其中：

$$G = \begin{bmatrix} G_1 \\ G_2 \end{bmatrix} = D\dot{q} + C\left(q \quad \dot{q} \right) \tag{5.5}$$

通过先前的讨论可以看出，式（5.4）中的矩阵 $M_{11} \sim M_{14}$ 和 G_1 都是三行矩阵，$M_{21} \sim M_{24}$、G_2 则为 $n-3$ 行矩阵，F_a 则为 $(n-3)\times1$ 向量，即为该系统的控制量。可以看出，由于机械臂基座平动系统不受控，则整个动力学系统可以写成两行形式。其中，第一行为：

$$\begin{bmatrix} M_{11} & M_{12} & M_{13} & M_{14} \end{bmatrix} \begin{bmatrix} \ddot{q}_1 \\ 0_3 \\ \ddot{q}_{3\_req} \\ \ddot{q}_4 \end{bmatrix} + G_1 = 0_3 \tag{5.6}$$

将式（5.6）进一步展开后可得：

$$\begin{bmatrix} \boldsymbol{M}_{11} & \boldsymbol{M}_{14} \end{bmatrix} \begin{bmatrix} \ddot{\boldsymbol{q}}_1 \\ \ddot{\boldsymbol{q}}_4 \end{bmatrix} + \boldsymbol{M}_{13}\ddot{\boldsymbol{q}}_{3\_req} + \boldsymbol{G}_1 = \boldsymbol{0}_3 \tag{5.7}$$

由于已知 $\boldsymbol{M}_{11} \sim \boldsymbol{M}_{14}$ 均为三行矩阵，因此只要 $\ddot{\boldsymbol{q}}_4$ 中包含一个以上的元素，则矩阵 $\begin{bmatrix} \boldsymbol{M}_{11} & \boldsymbol{M}_{14} \end{bmatrix}$ 行满秩，其逆矩阵不唯一。因此，式（5.7）可以得到如下的解：

$$\begin{bmatrix} \ddot{\boldsymbol{q}}_1 \\ \ddot{\boldsymbol{q}}_4 \end{bmatrix} = \begin{bmatrix} \boldsymbol{M}_{11} & \boldsymbol{M}_{14} \end{bmatrix}^+ \left(-\boldsymbol{M}_{13}\ddot{\boldsymbol{q}}_{3\_req} - \boldsymbol{G}_1 \right) + \left(\boldsymbol{E} - \begin{bmatrix} \boldsymbol{M}_{11} & \boldsymbol{M}_{14} \end{bmatrix}^+ \begin{bmatrix} \boldsymbol{M}_{11} & \boldsymbol{M}_{14} \end{bmatrix} \right) \boldsymbol{\zeta} \tag{5.8}$$

式中，$\begin{bmatrix} \boldsymbol{M}_{11} & \boldsymbol{M}_{14} \end{bmatrix}^+$ 为矩阵 $\begin{bmatrix} \boldsymbol{M}_{11} & \boldsymbol{M}_{14} \end{bmatrix}$ 的伪逆矩阵，可以通过奇异值分解的方法求得。通过分析可知，$\begin{bmatrix} \ddot{\boldsymbol{q}}_1 \\ \ddot{\boldsymbol{q}}_4 \end{bmatrix} = \begin{bmatrix} \boldsymbol{M}_{11} & \boldsymbol{M}_{14} \end{bmatrix}^+ \left(-\boldsymbol{M}_{13}\ddot{\boldsymbol{q}}_{3\_req} - \boldsymbol{G}_1 \right)$，因此，式（5.8）中剩余的部分就构成了矩阵 $\begin{bmatrix} \boldsymbol{M}_{11} & \boldsymbol{M}_{14} \end{bmatrix}$ 的零空间。向量 $\boldsymbol{\zeta}$ 为方程 $\begin{bmatrix} \boldsymbol{M}_{11} & \boldsymbol{M}_{14} \end{bmatrix}\boldsymbol{\zeta} = \boldsymbol{0}_3$ 的解，可知该向量的值选择不唯一，在矩阵的零空间内可以任意选择。因此，就可以对需求角加速度向量 $\ddot{\boldsymbol{q}}_4$ 进行设计，如对某些关节的角加速度或角加速度的变化率进行饱和设计等。在获得了设计之后的需求加速度向量之后，系统的控制输入则可以通过式（5.4）的下半部分求得：

$$\begin{bmatrix} \boldsymbol{M}_{21} & \boldsymbol{M}_{22} & \boldsymbol{M}_{23} & \boldsymbol{M}_{24} \end{bmatrix} \begin{bmatrix} \ddot{\boldsymbol{q}}_1 \\ \boldsymbol{0}_3 \\ \ddot{\boldsymbol{q}}_{3\_req} \\ \ddot{\boldsymbol{q}}_4 \end{bmatrix} + \boldsymbol{G}_2 = \boldsymbol{F}_a \tag{5.9}$$

基于以上的零空间控制方法，就可以实现在控制多体系统的某些主要关节的同时，还能够兼顾其他次要关节的运动。对于空间机械臂任务场景，零空间控制主要应用在对目标进行位置姿态操控的同时，尽可能保证机械臂基座平台三轴姿态的稳定。因此，本章的控制器设计也将参照零空间控制的策略，将新增的拓展自由度作为关节需要主要控制的目标，利用组合体系统的冗余性来实现对组合体的精确操控。

5.2　基于模式切换的空间非合作目标组合体阻尼消旋稳定控制方法

5.1 节已经对现在较为成熟的空间机械臂系统反应零空间控制方法进行了简要的回顾。本节将针对空间机械臂抓捕目标之后，对组合体进行阻尼稳定消旋的任务需求，对基于零空间控制器的基本构架进行改进，并提出可以适用于复杂相对运动环境的控制方法。通过先前的讨论可知，基于零空间的控制方法在算法设计上有较强的变化性和冗余性，涉及的参数也较多。为此，本节提出两种呈递进关系的阻尼控制方法，力求在完成组合体稳定消旋控制的同时，尽可能完成以下两个额外目标：①抑制机械臂末端执行机构与目标之间的相对滑动；②保证机械臂基座平台三轴姿态的稳定。

5.2.1　第一类阻尼消旋控制方法

第一类控制方法的目标是在完成稳定消旋的前提下，兼顾第一个额外目标。首先，通过分析可知，与式（4.1）不同，在考虑了目标与执行机构之间所存在的相对滑动之后，空间非合作目标组合体的动力学模型应该写成如下的形式：

$$\begin{bmatrix} M_P & M_{c1} & M_{c2} \\ M_{c1}^{\mathrm{T}} & M_{\theta} & M_{c3} \\ M_{c2}^{\mathrm{T}} & M_{c3}^{\mathrm{T}} & M_{ex} \end{bmatrix} \begin{bmatrix} \ddot{P} \\ \ddot{\theta} \\ \ddot{q}_{new} \end{bmatrix} + \begin{bmatrix} D_P & D_{c1} & D_{c2} \\ D_{c1}^{\mathrm{T}} & D_{\theta} & D_{c3} \\ D_{c2}^{\mathrm{T}} & D_{c3}^{\mathrm{T}} & D_{ex} \end{bmatrix} \begin{bmatrix} \dot{P} \\ \dot{\theta} \\ \dot{q}_{new} \end{bmatrix} + \begin{bmatrix} C_P \\ C_{\theta} \\ C_{ex} \end{bmatrix} = \begin{bmatrix} F_P \\ F_{\theta} \\ \delta \end{bmatrix} \quad (5.10)$$

根据本任务场景的描述，在机械臂成功抓捕目标之后，机械臂的各个关节为了跟随目标的平动和转动而留有残余的角速度，可以描述为 $\dot{\theta}(i) \neq 0$；且目标和执行机构坐标系的 x-z 平面之间也存在残余的三自由度相对运动，此种运动可以用第 2 章所述的拓展自由度的方法加以描述，即描述为 $\dot{q}_{new\_initial}(i) \neq 0$。因此，组合体阻尼稳定消旋控制的目标就是要让机械臂的各个关节和目标与执行机构间的相对运动都减速，直至停止，从而形成稳定安全的组合体构型：$\dot{\theta} = 0, \dot{q}_{new} = 0$。进一步分析式（5.10）可知，摩擦力信号 δ 不可控，又由动量守恒约束可知，机械臂基座平台的三轴平动 P 所对应的控制输入 F_P 为 0，因此，实际可用于控制的执行机构为机械臂基座平台三轴姿态控制系统和机械臂关节控制量 F_{θ}。基于以上讨论，首先可以将式（5.10）的第三部分写成如下形式：

$$\begin{cases} \begin{bmatrix} M_{c2}^{\mathrm{T}} & M_{c3}^{\mathrm{T}} \end{bmatrix} \begin{bmatrix} \ddot{P} & \ddot{\theta} \end{bmatrix}^{\mathrm{T}} = \delta - \iota \\ \iota = M_{ex}\ddot{q}_{new} + \begin{bmatrix} D_{c2}^{\mathrm{T}} & D_{c3}^{\mathrm{T}} & D_{ex} \end{bmatrix} \begin{bmatrix} \dot{P} & \dot{\theta} & \dot{q}_{new} \end{bmatrix}^{\mathrm{T}} + C_{ex} \end{cases} \quad (5.11)$$

式中，$\ddot{q}_{new}$ 代表控制需求，可以被定义为任意值。

本控制系统的目标为尽可能抑制机械臂末端执行机构与目标之间的相对滑动，因此，可以基于单层一阶滑模趋近律的原理对其进行计算。

首先，定义如下的滑模面：

$$\begin{cases} \dot{e} = \dfrac{\mathrm{d}(\dot{q}_{new} - \mathbf{0})}{\mathrm{d}t} = \ddot{q}_{new} \\ \sigma = g_s \|\dot{q}_{new}\|^{\gamma} \operatorname{sgn}(\dot{q}_{new}) \end{cases} \quad (5.12)$$

式中，$\gamma>1$，$\zeta>1$ 均为常数；$g_s>0$ 为控制器增益。

基于此，就可以进一步定义如下所示的 Lyapunov 函数：

$$\begin{cases} V_{\text{OUT}} = \dfrac{1}{2}\sigma^{\text{T}}\sigma \\[2mm] \dot{V}_{\text{OUT}} = \sigma^{\text{T}}\dot{\sigma} = \left(g_s\,\text{sgn}\left(\dot{\boldsymbol{q}}_{\text{new}}\right)^{\text{T}}\right)^2 \left\|\dot{\boldsymbol{q}}_{\text{new}}\right\|^{2\gamma-1} g(\tau) \end{cases} \tag{5.13}$$

其中：

$$\begin{cases} g(\tau) = M_{\text{ex}}^{-1}(\delta-\iota) - M_{\text{ex}}^{-1}\left[\begin{matrix} M_{c2}{}^{\text{T}} & M_{c3}{}^{\text{T}} \end{matrix}\right]\tau \\[2mm] \tau = \left[\begin{matrix} \ddot{\boldsymbol{P}} & \ddot{\theta} \end{matrix}\right]^{\text{T}} \end{cases} \tag{5.14}$$

分析式（5.14）可以得知，$\left(g_s\,\text{sgn}\left(\dot{\boldsymbol{q}}_{\text{new}}\right)^{\text{T}}\right)^2 \left\|\dot{\boldsymbol{q}}_{\text{new}}\right\|^{2\gamma-1} > 0$。因此，基于 Lyapunov 稳定性原理，若要系统稳定，则要求 $\dot{V}_{\text{OUT}} < 0$。为此，由式（5.13）可知，需要选择合适的 $\left[\begin{matrix} \ddot{\boldsymbol{P}} & \ddot{\theta} \end{matrix}\right]^{\text{T}}$ 向量的值使得 $g(\tau)$ 小于 0。为了实现这一目的，在暂不考虑执行机构饱和等因素的情况下设计了一种基于式（5.14）的滑模趋近律：

$$\begin{cases} \dot{\sigma} = g_s\gamma\left\|\dot{\boldsymbol{q}}_{\text{new}}\right\|^{\gamma-1}\text{sgn}\left(\dot{\boldsymbol{q}}_{\text{new}}\right)\ddot{\boldsymbol{q}}_{\text{new}} = -k_s\|\sigma\|^{\varsigma}\text{sgn}(\sigma) \\[3mm] g(\tau) = \ddot{\boldsymbol{q}}_{\text{new}} = \dfrac{-k_s\|\sigma\|^{\varsigma}\text{sgn}(\sigma)}{g_s\gamma\left\|\dot{\boldsymbol{q}}_{\text{new}}\right\|^{\gamma-1}\text{sgn}\left(\dot{\boldsymbol{q}}_{\text{new}}\right)} \end{cases} \tag{5.15}$$

由此可以得知 $g(\tau) = \ddot{\boldsymbol{q}}_{\text{new}}$，将式（5.15）代入式（5.11），即可以得到满足 Lyapunov 稳定需求的 $\left[\begin{matrix} \ddot{\boldsymbol{P}} & \ddot{\theta} \end{matrix}\right]^{\text{T}}$ 向量：

$$\left[\begin{matrix} \ddot{\boldsymbol{P}} \\ \ddot{\theta} \end{matrix}\right] = \left[\begin{matrix} M_{c2}{}^{\text{T}} & M_{c3}{}^{\text{T}} \end{matrix}\right]^{+}(\delta-\iota) + \left(\mathbf{1}_n - \left[\begin{matrix} M_{c2}{}^{\text{T}} & M_{c3}{}^{\text{T}} \end{matrix}\right]^{+}\left[\begin{matrix} M_{c2}{}^{\text{T}} & M_{c3}{}^{\text{T}} \end{matrix}\right]\right)\xi \tag{5.16}$$

式中，$\left[\begin{matrix} M_{c2}{}^{\text{T}} & M_{c3}{}^{\text{T}} \end{matrix}\right]^{+}$ 为伪逆矩阵。

由于 $\left[\begin{matrix} M_{c2}{}^{\text{T}} & M_{c3}{}^{\text{T}} \end{matrix}\right]$ 是一个 $3\times(6+n)$ 矩阵，因此其逆矩阵不唯一。通过 5.1 节中的讨论可知，向量 ξ 理论上可以随意选择。进一步地，由于 $\boldsymbol{F}_P=\boldsymbol{0}$，式（5.10）的上半部分可以写成：

$$M_P\ddot{\boldsymbol{P}} + M_{c1}\ddot{\theta} + M_{c2}\ddot{\boldsymbol{q}}_{\text{new}} + \left[\begin{matrix} D_P & D_{c1} & D_{c2} \end{matrix}\right]\left[\begin{matrix} \dot{\boldsymbol{P}} \\ \dot{\theta} \\ \dot{\boldsymbol{q}}_{\text{new}} \end{matrix}\right] + C_P = \boldsymbol{0} \tag{5.17}$$

基于式（5.17）可以求解出 $\ddot{\boldsymbol{P}}$ 的表达式为：

$$\ddot{\boldsymbol{P}} = -\boldsymbol{M}_P^{-1} \left(\boldsymbol{M}_{c1}\ddot{\boldsymbol{\theta}} + \boldsymbol{M}_{c2}\ddot{\boldsymbol{q}}_{new} + \begin{bmatrix} \boldsymbol{D}_P & \boldsymbol{D}_{c1} & \boldsymbol{D}_{c2} \end{bmatrix} \begin{bmatrix} \dot{\boldsymbol{P}} \\ \dot{\boldsymbol{\theta}} \\ \dot{\boldsymbol{q}}_{new} \end{bmatrix} + \boldsymbol{C}_P \right) = \boldsymbol{K}\ddot{\boldsymbol{\theta}} + \boldsymbol{\varGamma} \tag{5.18}$$

可以看出，式（5.18）最后被写成了关于 $\ddot{\boldsymbol{\theta}}$ 的线性形式，其中：

$$\begin{cases} \boldsymbol{K} = -\boldsymbol{M}_P^{-1}\boldsymbol{M}_{c1} \\[2mm] \boldsymbol{\varGamma} = -\boldsymbol{M}_P^{-1} \left(\boldsymbol{M}_{c2}\ddot{\boldsymbol{q}}_{new} + \begin{bmatrix} \boldsymbol{D}_P & \boldsymbol{D}_{c1} & \boldsymbol{D}_{c2} \end{bmatrix} \begin{bmatrix} \dot{\boldsymbol{P}} \\ \dot{\boldsymbol{\theta}} \\ \dot{\boldsymbol{q}}_{new} \end{bmatrix} + \boldsymbol{C}_P \right) \end{cases} \tag{5.19}$$

将式（5.18）代入式（5.16），并暂将 $\boldsymbol{\xi}$ 向量的取值定为 $\boldsymbol{0}$，则可以求解出如式（5.20）所示的机械臂关节的加速度需求：

$$\ddot{\boldsymbol{\theta}}_{req} = \left[\boldsymbol{M}_{c2}^{\mathrm{T}}\boldsymbol{K} + \boldsymbol{M}_{c3}^{\mathrm{T}} \right]^{+} \left(\boldsymbol{\delta} - \boldsymbol{\iota} - \boldsymbol{M}_{c2}^{\mathrm{T}}\boldsymbol{\varGamma} \right) \tag{5.20}$$

最后，将 $\boldsymbol{\theta}_{req}$ 和 $\ddot{\boldsymbol{P}}$ 代入式（5.10），并将此式的中间部分单独隔离出来，整理之后即可以获得满足控制需求的控制输入：

$$\begin{bmatrix} \boldsymbol{M}_{c1}^{\mathrm{T}} & \boldsymbol{M}_{\theta} & \boldsymbol{M}_{c3} \end{bmatrix} \begin{bmatrix} \ddot{\boldsymbol{P}} \\ \ddot{\boldsymbol{\theta}}_{req} \\ \ddot{\boldsymbol{q}}_{new} \end{bmatrix} + \begin{bmatrix} \boldsymbol{D}_{c1}^{\mathrm{T}} & \boldsymbol{D}_{\theta} & \boldsymbol{D}_{c3} \end{bmatrix} \begin{bmatrix} \dot{\boldsymbol{P}} \\ \dot{\boldsymbol{\theta}}_{req} \\ \dot{\boldsymbol{q}}_{new} \end{bmatrix} + \boldsymbol{C}_{\theta} = \boldsymbol{F}_{\theta} \tag{5.21}$$

至此，获得了该系统唯一可控的控制输入 $\boldsymbol{F}_{\theta}$ 的值，该控制器的设计也已经完成。通过分析可知，此种控制器旨在令目标与机械臂之间的相对滑动迅速减速，从而使得机械臂与目标实现固连。

5.2.2 　第二类阻尼消旋控制方法

进一步分析 5.2.1 节中所描述的控制器之后可以得知，该控制器考虑了目标与机械臂末端执行机构之间的相对滑动、机械臂基座平台不可控等因素，但是并未考虑传统机械臂基座平台三轴姿态的稳定。通过 5.1 节中的讨论可以得知，在实际任务过程中，还希望在整个阻尼减速过程中，机械臂基座平台的三轴姿态能够尽可能保持稳定，从而保证光学导航传感器所需的光照条件充足、航天器帆板始终对准太阳以保证能源约束、整体航天器结构的安全以及通信链路的畅通等多种因素。式（5.20）中的向量 $\boldsymbol{\theta}_{req}$ 包含了机械臂基座的三轴姿态和机械臂的所有关节角度：

$$\ddot{\boldsymbol{\theta}}_{req} = \begin{bmatrix} \ddot{\boldsymbol{\varTheta}} \\ \ddot{\boldsymbol{\varphi}} \end{bmatrix} \tag{5.22}$$

进一步地，假设在初始时刻机械臂三轴姿态稳定，则理想状态为在整个组合体消旋稳定过程中机械臂基座平台的三轴姿态不受到任何扰动：

$$\begin{cases} \boldsymbol{\Theta}_{\mathrm{d}} \approx \mathbf{0} \\ \ddot{\boldsymbol{\Theta}}_{\mathrm{d}} \approx \mathbf{0} \end{cases}, \quad \forall t \tag{5.23}$$

为了实现上述需求，就需要对 5.2.1 节中所述的第一类改进型零空间控制方法进行进一步的修改。首先，在式（5.11）的基础上，进一步将机械臂基座平台的三轴姿态自由度进行隔离后可以得到：

$$\begin{cases} \begin{bmatrix} \boldsymbol{M}_{\mathrm{c2}}^{\mathrm{T}} & \boldsymbol{M}_{\mathrm{c3}}\left(4:\mathrm{end},:\right)^{\mathrm{T}} \end{bmatrix} \begin{bmatrix} \ddot{\boldsymbol{P}} & \ddot{\boldsymbol{\varphi}} \end{bmatrix}^{\mathrm{T}} = \delta - \iota \\ \iota = \begin{bmatrix} \boldsymbol{M}_{\mathrm{c3}}\left(1:3,:\right)^{\mathrm{T}} & \boldsymbol{M}_{\mathrm{ex}} \end{bmatrix} \begin{bmatrix} \ddot{\boldsymbol{\Theta}} \\ \ddot{\boldsymbol{q}}_{\mathrm{new}} \end{bmatrix} + \begin{bmatrix} \boldsymbol{D}_{\mathrm{c2}}^{\mathrm{T}} & \boldsymbol{D}_{\mathrm{c3}}^{\mathrm{T}} & \boldsymbol{D}_{\mathrm{ex}} \end{bmatrix} \begin{bmatrix} \dot{\boldsymbol{P}} & \dot{\boldsymbol{\theta}} & \dot{\boldsymbol{q}}_{\mathrm{new}} \end{bmatrix}^{\mathrm{T}} + \boldsymbol{C}_{\mathrm{ex}} \end{cases} \tag{5.24}$$

仿照式（5.12）～式（5.15）中针对三个拓展自由度的一阶滑模趋近律生成方法，对机械臂基座平台的三轴姿态进行趋近律的设计：

$$\boldsymbol{T} = \begin{bmatrix} \boldsymbol{\Theta} \\ \boldsymbol{q}_{\mathrm{new}} \end{bmatrix} \tag{5.25}$$

$$\begin{cases} \dot{\boldsymbol{e}} = \dfrac{\mathrm{d}\left(\dot{\boldsymbol{T}} - \boldsymbol{0}\right)}{\mathrm{d}t} \\ \boldsymbol{\sigma} = g_{\mathrm{s}} \left\| \dot{\boldsymbol{e}} \right\|^{\gamma} \mathrm{sgn}\left(\dot{\boldsymbol{e}}\right) \end{cases} \tag{5.26}$$

定义如下的 Lyapunov 方程：

$$\begin{cases} V_{\mathrm{OUT}} = \dfrac{1}{2} \boldsymbol{\sigma}^{\mathrm{T}} \boldsymbol{\sigma} \\ \dot{V}_{\mathrm{OUT}} = \boldsymbol{\sigma}^{\mathrm{T}} \dot{\boldsymbol{\sigma}} = \left(g_{\mathrm{s}} \mathrm{sgn}\left(\dot{\boldsymbol{T}}\right)^{\mathrm{T}}\right)^{2} \left\| \dot{\boldsymbol{T}} \right\|^{2\gamma-1} g(\tau) \end{cases} \tag{5.27}$$

其中：

$$\begin{cases} g(\tau) = \begin{bmatrix} \boldsymbol{M}_{\mathrm{c3}}\left(1:3,:\right)^{\mathrm{T}} & \boldsymbol{M}_{\mathrm{ex}} \end{bmatrix}^{-1} (\delta - \iota) - \begin{bmatrix} \boldsymbol{M}_{\mathrm{c3}}\left(1:3,:\right)^{\mathrm{T}} & \boldsymbol{M}_{\mathrm{ex}} \end{bmatrix}^{-1} \begin{bmatrix} \boldsymbol{M}_{\mathrm{c2}}^{\mathrm{T}} & \boldsymbol{M}_{\mathrm{c3}}\left(4:\mathrm{end},:\right)^{\mathrm{T}} \end{bmatrix} \tau \\ \tau = \begin{bmatrix} \ddot{\boldsymbol{P}} & \ddot{\boldsymbol{\varphi}} \end{bmatrix}^{\mathrm{T}} \end{cases} \tag{5.28}$$

进一步地，可以获得与式（5.15）一致的滑模趋近律：

$$\ddot{\boldsymbol{T}}_{\mathrm{d}} = \dfrac{-k_{\mathrm{s}} \left\| \boldsymbol{\sigma} \right\|^{\zeta} \mathrm{sgn}(\boldsymbol{\sigma})}{g_{\mathrm{s}} \gamma \left\| \dot{\boldsymbol{T}} \right\|^{\gamma-1} \mathrm{sgn}\left(\dot{\boldsymbol{T}}\right)} \tag{5.29}$$

通过式（5.25）中所定义的向量 $\boldsymbol{T}$ 和 $\boldsymbol{\Theta}$ 之间的关系可以得知，在当前时刻的机械臂基座平台的三轴姿态理想角加速度为：

$$\ddot{\boldsymbol{\Theta}}_{\mathrm{d}} = \ddot{\boldsymbol{T}}_{\mathrm{d}}\left(1:3\right) \tag{5.30}$$

由此，将式（5.20）中的 $\ddot{\theta}_{req}$ 向量按照式（5.22）的方式展开并写成两行形式之后，可以隔离机械臂关节控制量，并得到如下公式：

$$\begin{cases} \left[\boldsymbol{M}_{c2}^{\mathrm{T}}\boldsymbol{K} + \boldsymbol{M}_{c3}^{\mathrm{T}} \right] = \boldsymbol{\vartheta} \\ \ddot{\varphi} = \boldsymbol{\vartheta}_{4-n}^{+} \left(\boldsymbol{\delta} - \boldsymbol{\iota} - \boldsymbol{M}_{c2}^{\mathrm{T}}\boldsymbol{\Gamma} - \boldsymbol{\vartheta}_{1-3}\ddot{\boldsymbol{\Theta}}_{d} \right) \end{cases} \tag{5.31}$$

式中，下标 ϑ_{i-j} 表示矩阵 ϑ 的第 i 至 j 列。通过对式（5.20）的分析可知，若机械臂的关节数量 $n > 6$，则矩阵 $\left[\boldsymbol{M}_{c2}^{\mathrm{T}}\boldsymbol{K} + \boldsymbol{M}_{c3}^{\mathrm{T}} \right]^{+}$ 可以进一步释放出至少 3 个自由度，从而在实现对三个拓展自由度进行减速的同时，兼顾机械臂基座平台三轴姿态的稳定。基于以上思想，对式（5.21）进一步变形之后，即可以获得第二类零空间控制器：

$$\begin{cases} \boldsymbol{M}_{\Theta}\ddot{\boldsymbol{\Theta}}_{d} + \boldsymbol{M}_{\varphi}\ddot{\varphi} + \boldsymbol{H} = \boldsymbol{F}_{\theta} \\ \boldsymbol{H} = \left[\boldsymbol{M}_{c1}^{\mathrm{T}} \ \boldsymbol{M}_{c3} \right] \begin{bmatrix} \ddot{\boldsymbol{P}} \\ \ddot{\boldsymbol{q}}_{new} \end{bmatrix} + \left[\boldsymbol{D}_{c1}^{\mathrm{T}} \ \boldsymbol{D}_{\theta} \ \boldsymbol{D}_{c3} \right] \begin{bmatrix} \dot{\boldsymbol{P}} \\ \dot{\boldsymbol{\theta}}_{req} \\ \dot{\boldsymbol{q}}_{new} \end{bmatrix} + \boldsymbol{C}_{\theta} \end{cases} \tag{5.32}$$

将式（5.32）与式（5.21）进行对比后可以看出，两种控制方法的控制输入都是 $\boldsymbol{F}_{\theta}$，两者的不同点仅仅在于第二类控制方法可以进一步利用机械臂系统的冗余性，在完成首要控制需求的同时，兼顾其他自由度的运动约束。

5.2.3　基于多工作模式切换的组合体稳定消旋控制策略集成

通过对 5.2.1 节和 5.2.2 节的分析可以得知，这两个小节所提出的控制策略的核心思想与传统的零空间控制策略一致。通过对控制器的进一步分析可以得知，这两个小节设计的控制器的主要控制目标为抑制目标与机械臂末端之间的相对滑动，让两者之间进入固连状态；而在实现该目标的同时兼顾的两个次要约束分别为机械臂基座平台三轴平动不受控和三轴姿态保持稳定。因此，有两个问题值得关注：首先，该控制器的实现需要获取组合体系统的所有动力学参数，包括非合作目标的质量、转动惯量和质心位置；其次，可以发现该控制器对于机械臂关节速度并没有抑制作用，反而可能会使机械臂关节加速，因此，该控制器只能实现对相对滑动的减速，而无法实现对整个系统的阻尼消旋。为了解决以上两个问题，就必须将相对滑动测量解算方法和本章所介绍的传统零空间控制方法相结合，提出一种基于多模式切换的非合作目标组合体稳定控制策略。该策略的基本流程如图 5.2 所示。从图中可以看出，本算法流程共分为四种工作模式：

① 数据采集模式：向系统施加激励，并测量响应。

② 参数识别模式：基于测量到的激励 - 响应映射，估计系统的动力学参数。

③ 改进型零空间控制：利用新型零空间算法，快速抑制机械臂与目标之间

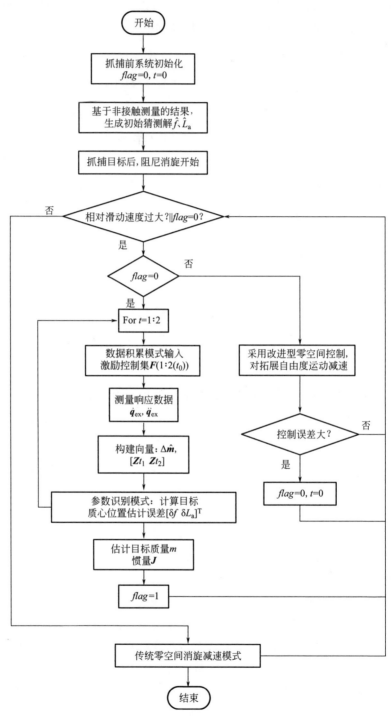

图 5.2 抓捕目标后组合体动力学参数与控制耦合算法

的相对滑动，使机械臂与目标进入固连状态。

④ 传统阻尼消旋：利用传统的阻尼消旋控制器对固连后的组合体系统进行稳定控制。

通过分析可知，该算法的一般切换流程为：首先在抓捕前进行非接触测量标定，为参数估计算法提供必要的初始猜测解；当抓住目标后，立刻切换进入数据采集模式，对组合体系统激励 - 响应映射数据进行采集；当采集到足够映射数据之后，系统切换到参数识别模式，对组合体系统的动力学参数进行识别；在获得了组合体动力学参数后，系统进入零空间控制模式，对目标与机械臂之间的相对滑动进行减速抑制，确保系统归于固连；最后，采用较为成熟的阻尼消旋方法对已经固连的系统进行减速，从而达到稳定组合体的目的。基于以上的多模式切换算法，就可以实现对空间非合作目标组合体的稳定消旋控制，同时满足机械臂三轴平动不控、姿态稳定和相对滑动的抑制等多种附加约束，有效提升现阶段空间机械臂应对复杂抓捕接触环境的能力。

5.3　考虑相对滑动的空间非合作目标组合体姿态机动控制算法

在 5.2 节中，已经介绍了一种空间非合作目标组合体稳定消旋算法，可以实现在目标与机械臂末端之间存在滑动的情况下，通过多种工作模式的相互切换实现对组合体的稳定消旋作业。在实际任务过程中，当组合体系统被成功消旋稳定之后，并不意味着任务的完成。空间机械臂系统可能还需要对组合体进一步进行搬运、调姿、变轨、维护等多种服务任务，而目标与机械臂末端之间的相对运动趋势始终存在。为此，在进行空间服务维护的过程中，仍然不能确定整个系统能始终保持固连和稳定。基于以上讨论可以得知，我们仍然需要对组合体的控制算法进行改进，以求能够适应更加复杂多变的任务环境。

本节将以空间非合作目标组合体的姿态机动操控为例，对现有组合体控制算法进行重新设计和改进。首先，基于先前章节的讨论可以得知，空间非合作目标组合体的动力学模型可以被写成如下形式：

$$\begin{bmatrix} M'_{1-3} & M'_{\mathrm{c}} \\ M'^{\mathrm{T}}_{\mathrm{c}} & M'_{\mathrm{ex}} \end{bmatrix} \begin{bmatrix} \ddot{q}_{1-3} \\ \ddot{q}'_{\mathrm{new}} \end{bmatrix} + \begin{bmatrix} D'_{1-3} & D'_{\mathrm{c}} \\ D'^{\mathrm{T}}_{\mathrm{c}} & D'_{\mathrm{ex}} \end{bmatrix} \begin{bmatrix} \dot{q}_{1-3} \\ \dot{q}'_{\mathrm{new}} \end{bmatrix} + \begin{bmatrix} C'_{1-3} \\ C'_{\mathrm{ex}} \end{bmatrix} = \begin{bmatrix} F_{1-3} \\ \delta' \end{bmatrix} \tag{5.33}$$

式中，各个下标的定义与式（5.31）中一致，F_{1-3} 表示组合体的三轴平动自由度。

考虑到是组合体姿态机动，因此假设机械臂各个关节均已锁死，不做控制。而向量$\boldsymbol{q}'_{\text{new}}$中所包含的是组合体的三轴姿态自由度和三个描述相对滑动的拓展自由度：

$$\boldsymbol{q}'_{\text{new}} = \begin{bmatrix} \alpha & \boldsymbol{q}_{\text{new}} \end{bmatrix}^{\text{T}} \tag{5.34}$$

可以得知，$\boldsymbol{q}'_{\text{new}}$中所包含的所有元素均有控制需求，包括组合体航天器的三轴姿态和目标与机械臂之间的相对滑动。因此，其基本形式可以写成如下形式：

$$\boldsymbol{q}'_{\text{d}} = \begin{bmatrix} \alpha_{\text{d}} & \boldsymbol{q}_{\text{new\_d}} \end{bmatrix}^{\text{T}} \tag{5.35}$$

进一步地，可以分析得知式（5.33）右边与$\boldsymbol{q}'_{\text{new}}$相对应的输入项$\delta'$包含了摩擦力模型与航天器姿态控制系统的输入，其中，摩擦力模型不可控。而为了保持控制系统的一致性，预先将姿态控制输入写成了 PID 形式：

$$\delta' = \begin{bmatrix} k_1(\alpha_{\text{d}} - \alpha) - k_2\dot{\alpha} \\ \delta \end{bmatrix} \tag{5.36}$$

进一步地，利用任意时刻的$\boldsymbol{q}'_{\text{d}}$和$\boldsymbol{q}'_{\text{new}}$，可以设计出当前时刻为了实现控制目标所需要的系统速度$\dot{\boldsymbol{q}}'_{\text{new}}$和加速度$\ddot{\boldsymbol{q}}'_{\text{new}}$：

$$\begin{cases} \ddot{\boldsymbol{q}}'_{\text{new}} = \dfrac{\text{d}}{\text{d}t}(\dot{\boldsymbol{q}}'_{\text{new}}) \\[2mm] \sigma = g_{\text{s}}\left\|\dot{\boldsymbol{q}}'_{\text{new}}\right\|^{\gamma}\text{sgn}(\dot{\boldsymbol{q}}'_{\text{new}}) \\[2mm] \dot{\sigma} = g_{\text{s}}\gamma\left\|\dot{\boldsymbol{q}}'_{\text{new}}\right\|^{\gamma-1}\text{sgn}(\dot{\boldsymbol{q}}'_{\text{new}})\ddot{\boldsymbol{q}}'_{\text{new}} = -k_{\text{s}}\left\|\sigma\right\|^{\varsigma}\text{sgn}(\sigma) \\[2mm] \ddot{\boldsymbol{q}}'_{\text{new}} = \dfrac{-k_{\text{s}}\left\|\sigma\right\|^{\varsigma}\text{sgn}(\sigma)}{g_{\text{s}}\gamma\left\|\dot{\boldsymbol{q}}'_{\text{new}}\right\|^{\gamma-1}\text{sgn}(\dot{\boldsymbol{q}}'_{\text{new}})} \end{cases} \tag{5.37}$$

可以看出，式（5.37）采用了与 5.2.1 节和 5.2.2 节之中类似的一阶滑模面设计，因此也满足同样形式的 Lyapunov 稳定性函数：

$$\begin{cases} V = \dfrac{1}{2}\sigma^{\text{T}}\sigma \\[2mm] \dot{V} = \sigma^{\text{T}}\dot{\sigma} = -g_{\text{s}}\left\|\dot{\boldsymbol{q}}'_{\text{new}}\right\|^{\gamma}\text{sgn}(\dot{\boldsymbol{q}}'_{\text{new}})^{\text{T}}k_{\text{s}}\left\|\sigma\right\|^{\varsigma}\text{sgn}(\sigma) \end{cases} \tag{5.38}$$

式中，可以看出 $\text{sgn}(\sigma)\text{sgn}(\dot{\boldsymbol{q}}'_{\text{new}}) > 0$。则对于 g_{s} 和 k_{s} 大于 0 的情况下，必然有 $\dot{V} \leqslant 0$。系统满足 Lyapunov 稳定。由此，就确定了$\dot{\boldsymbol{q}}'_{\text{new}}$、$\ddot{\boldsymbol{q}}'_{\text{new}}$，则式（5.33）的下半部分完全已知，进而可以计算为了实现上述控制目标所需要的组合体航天器三轴平动加速度：

$$\ddot{\boldsymbol{q}}_{\text{r1-3}} = \left(\boldsymbol{M}_{\text{c}}'^{\text{T}}\right)^{-1}\left(\delta' - \boldsymbol{C}_{\text{ex}}' - \begin{bmatrix} \boldsymbol{D}_{\text{c}}'^{\text{T}} & \boldsymbol{D}_{\text{ex}}' \end{bmatrix}\begin{bmatrix} \dot{\boldsymbol{q}}_{1\text{-}3} \\ \dot{\boldsymbol{q}}'_{\text{new}} \end{bmatrix} - \boldsymbol{M}_{\text{ex}}'\ddot{\boldsymbol{q}}'_{\text{new}}\right) \tag{5.39}$$

由此，剩余的控制输入也可以通过式（5.33）的上半部分求得：

$$F_{1-3} = \begin{bmatrix} M_{1-3}' & M' \end{bmatrix} \begin{bmatrix} \ddot{q}_{r1-3} \\ \ddot{q}_{new}' \end{bmatrix} + \begin{bmatrix} D_{1-3}' & D' \end{bmatrix} \begin{bmatrix} \dot{q}_{1-3} \\ \dot{q}_{new}' \end{bmatrix} + C_{1-3}' \qquad (5.40)$$

通过对式（5.39）之中的矩阵维度进行分析可知，在航天器三轴姿态控制的需求之下，δ' 为一个 6×1 向量，$M_c'^T$ 为一个 6×3 矩阵，故 $\left(M_c'^T\right)^{-1}$ 为最小二乘解，不是精确解。因此，在长时间控制的情况下，随着时间的积累，上述控制系统必然将会出现越来越大的误差，直至发散。为此，可以采取如下的方法改善控制效果。首先，将式（5.38）中对应组合体航天器三轴姿态的 g_s 设为较大的值，而将对应三个拓展自由度的 g_s 设为较小的值，从而令相对滑动控制抑制的需求优先级增高。在这种情况下，基于奇异摄动理论，式（5.40）中所示的控制器可以被视为一个多模式切换控制器：当相对滑动速度较快时，系统将优先利用三个平动自由度对相对滑动进行抑制和减速；当目标与机械臂之间处于固连状态时，组合体航天器则利用三轴平动和转动自由度完成快速姿态机动，从而达到控制目标，并兼顾几何构型约束。

基于以上的讨论，将式（5.40）与式（5.36）相结合，可以将最终组合体航天器所有可控自由度的控制输入整合后写成如下的多模式切换形式：

$$F = \begin{cases} F_{pd}, & R = 0 \\ \begin{bmatrix} F_{1-2} \\ k_2 \left(k_1 \left(\alpha_d - \alpha \right) - \dot{\alpha} \right) \end{bmatrix}, & R = 1 \end{cases} \qquad (5.41)$$

从式（5.41）中可以看出，当目标与机械臂末端执行机构之间没有相对滑动的时候，组合体航天器的控制方法与单刚体航天器姿态控制方法一致；而当目标与机械臂末端之间存在相对滑动时，该控制器又会切换为变形后的零空间控制器。通过对该控制器进行进一步分析后可以看出，与 5.2 节中所述的控制方法不同，本节中所设计的控制器需要组合体航天器三轴平动自由度所对应的执行机构开机工作。因此，从理论上说，此种工况下的组合体航天器不符合动量守恒定律，且其惯性空间的运动会对其轨道产生影响。但是，由于控制时间较短，且航天器在惯性空间的飞行速度一般在数公里每秒，而本控制器所造成的每秒几米的速度变化对整个航天器轨道的影响较为有限。因此，本控制器仍然有一定的实际工程应用价值。

5.4 仿真验证

本节将对本章所提及的各种控制方法进行仿真验证。通过先前的讨论可知，本章分别从组合体阻尼消旋和组合体姿态机动控制两个方面出发，提出了两种考虑复杂相对运动环境的空间非合作目标组合体控制方法。因此，本节所述的仿真验证也将分为两个部分进行，分别对以上两种控制器进行测试。

5.4.1　基于模式切换的空间非合作目标组合体阻尼消旋稳定控制方法

本小节的主要内容是针对 5.2 节所介绍的空间非合作目标阻尼消旋稳定算法进行仿真测试。为了对该多模式切换控制算法的正确性和鲁棒性进行全面的验证，本小节提出了两组仿真任务场景，包括二维平面内的仿真场景和空间三维任务仿真场景。下面将分别对以上两组场景做具体的论述和分析。

5.4.1.1　二维平面任务场景

首先，设计一个二维平面内的任务仿真场景，对本章所述的空间非合作目标组合体阻尼消旋稳定控制算法进行研究。在该场景中，假设一个空间机械臂系统对一个非合作目标进行了抓捕。其中，空间机械臂系统包括一个基座平台和一个具备多个关节的机械臂，而非合作目标被视为一个单刚体。机械臂采用钳型末端执行机构对目标进行捕获。本任务场景的基本动力学参数罗列在表 5.1 之中。

表 5.1　二维平面模型任务场景的动力学参数

动力学参数	参数值
基座平台质量和转动惯量	150kg，200kg·m²
目标质量和转动惯量	100kg，150kg·m²
拓展自由度 $l, \dot{l}$	1m，0.03m/s
拓展自由度 $\theta, \dot{\theta}$	100°，−0.02rad/s
拓展自由度 $f, \dot{f}$	0.9m，−0.03m/s
基座平台初始姿态和角速度	0rad，0.01rad/s
机械臂长度和参数 L_a	10m，3m
机械臂各关节初始角度	−30°，50°，−60°
控制器增益 $k_x, k_y, k_\Theta, k_{pid}$	30，30，100，75
最大静摩擦力和扭矩 δ_{static}	15N，60N·m
机械臂各关节初始角速度	−0.4rad/s，0.3rad/s，0.3rad/s
目标质心位置初始估计值 $\hat{f}, \hat{L}_a$	1.4m，3.4m

从上述动力学参数可以看出，本仿真场景在二维平面环境下各关节的初始速度均不为零，且目标与机械臂执行机构之间存在相对滑动。为此，控制系统需要采用 5.2 节所示的控制方法对系统进行稳定消旋。将该控制算法集成到组合体动

力学模型中之后，获得的仿真结果如图 5.3 ～图 5.6 所示。

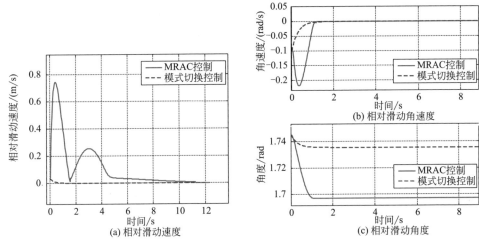

图 5.3　平面环境下组合体消旋算例，目标与机械臂执行机构之间的相对滑动速度与角速度

为了对本章所提出的控制算法的优越性进行研究，我们将本章中所设计的控制算法与传统的模型基准自适应控制算法（Model Reference Adaptive Control，MRAC）进行了对比。值得注意的是，在传统的动力学系统中，并没有考虑拓展自由度的存在。因此，MRAC 中的基准模型采用的是固连动力学模型（认为机械臂末端执行机构与目标始终完美固连）。而机械臂与目标之间相对滑动的存在，映射到控制系统的传感器之中将被视作一个理想加速度和实际加速度之间的误差来源，即外在扰动。因此，MRAC 算法将采用多项式线性叠加的方式拟合这一误差扰动，并对其进行补偿，从而达到控制需求[47]。从图 5.3 和图 5.4 可以看出，两种控制方法均可以有效实现对组合体系统的控制操作。但是，通过目标与机械臂执行机构之间的相对滑动现象的数据可以看出，MRAC 控制方法将导致目标和机械臂末端执行机构之间产生明显的相对位移；而本章所提出的基于多模式切换的控制方式则可以在很大程度上抑制此种相对滑动。不论是相对平移还是相对扭转，此结论均成立。从图 5.1 中得知，机械臂末端与目标之间的相对滑动会带来多种险情，因此，对该种相对运动的抑制是很有必要的。本仿真结果也证明了本章所提出的算法的优越性。

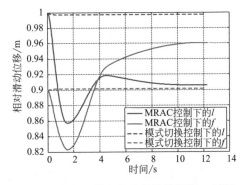

图 5.4　平面环境下组合体消旋算例，目标与机械臂执行机构之间的相对滑动位移

进一步地，从图 5.5 和图 5.6 可以看出，由于本章所提出的控制算法采用了传统的零空间控制策略，因此其在阻尼消旋控制过程中可以对机械臂基座平台的三轴姿态进行有效的稳定控制。在本章所提出的控制算法之下，机械臂基座平台的姿态角和角速度变化都远小于 MRAC 控制算法，这也印证了本章算法的另一个核心优势。

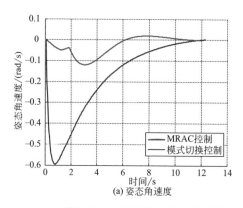
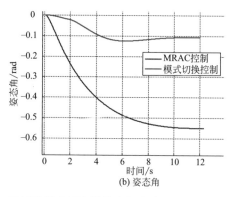

(a) 姿态角速度   (b) 姿态角

图 5.5   平面环境下组合体消旋算例，机械臂基座平台的姿态与角速度

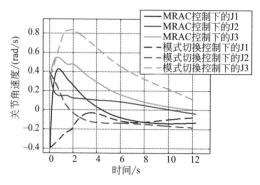

图 5.6   平面环境下组合体消旋算例，机械臂各个关节角速度变化情况

最后，为了更加直观地对不同控制算法的效果进行展示，将整个控制过程中，本章所提的控制算法与 MRAC 控制算法所造成的组合体几何构型变化情况绘制在图 5.7 之中。从图中可以看出，图 5.7（a）给出了组合体系统的初始几何构型，在后续的展示中，本章所提算法带来的构型变化展示在左列，而MRAC 控制算法的结果展示在右列。从图中可以看出，机械臂基座平台在本章所提的控制算法中得到了良好的姿态稳定控制，可见该控制算法的性能优于传统 MRAC 算法，符合本章的控制器设计初衷。

5.4.1.2   空间三维任务场景

为了进一步研究基于多模式切换的改进型零空间控制系统在真实航天任务中的性能，本小节对空间三维任务场景进行仿真验证。上一小节已经对基于多模式切换的控制算法从宏观上进行了测试，并通过比较证明了其有效性和优越性。在本小节的仿真讨论之中，将针对 5.2.1 节与 5.2.2 节中所介绍的两种阻尼消旋控制

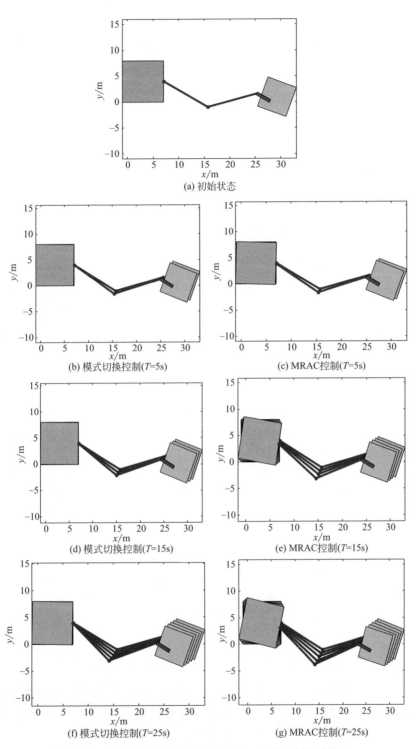

(a) 初始状态

(b) 模式切换控制(T=5s)　　　　　　(c) MRAC控制(T=5s)

(d) 模式切换控制(T=15s)　　　　　　(e) MRAC控制(T=15s)

(f) 模式切换控制(T=25s)　　　　　　(g) MRAC控制(T=25s)

图 5.7　平面环境下组合体消旋算例，两种控制算法效果

算法进行对比。将两类改进型零空间控制算法集成到三维空间非合作目标组合体动力学系统之中后,获得了如图5.8~图5.10所示的仿真结果。从仿真结果可以看出,两种改进型零空间控制(RLC)算法都能够有效地实现控制任务,且通过图5.10的仿真结果可知,两种控制方法都能够在实现控制要求的同时,利用零空间原理对目标与机械臂执行机构之间的相对滑动进行有效抑制,满足控制器设计的初衷。

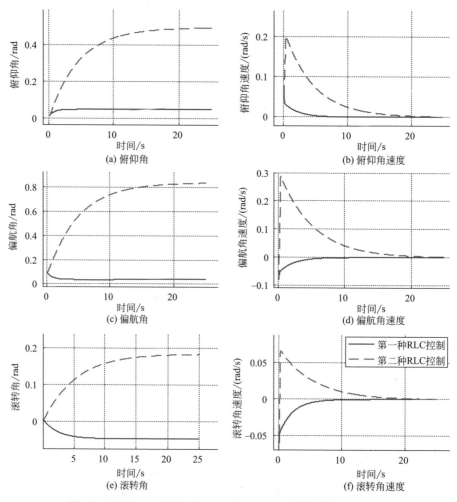

图5.8　两种RLC控制方法的效果:机械臂基座三轴姿态信息

但是,通过5.2节的讨论已知,第一类控制算法没有考虑对机械臂基座平台的三轴姿态抑制,因此,从图5.8中可以明显看出,机械臂基座的三轴姿态变化在第二类零空间控制算法情况下得到了极大的抑制,从而明确了以上两种控制算法的设计特点,并进一步验证了本章所述控制策略的有效性。

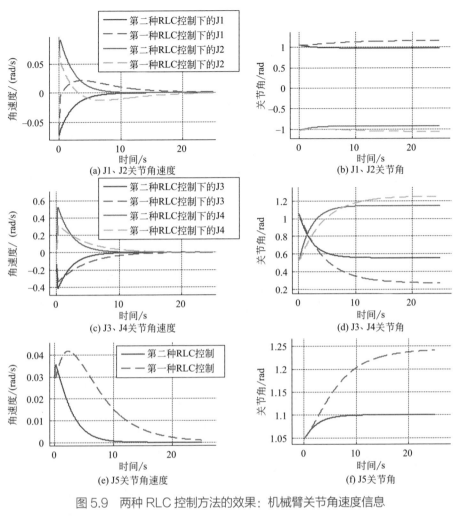

图 5.9　两种 RLC 控制方法的效果：机械臂关节角速度信息

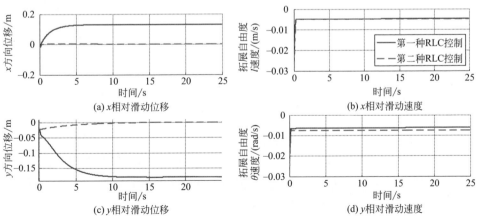

图 5.10

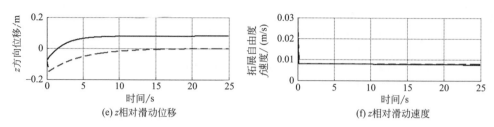

图 5.10   两种 RLC 控制方法的效果：目标与机械臂执行机构间相对滑动信息

5.4.2   基于模式切换的空间非合作目标组合体姿态控制算法

本小节将对 5.3 节中所描述的空间非合作目标组合体姿态控制算法进行仿真测试。假设在组合体姿态机动过程中，机械臂各个关节锁死，整个组合体航天器被近似认为是一个双刚体系统，而组合体的姿态机动反馈以机械臂基座平台上所装备的姿态敏感器的测量结果为准。显然，姿态机动的任务目的是将组合体航天器的姿态转动某一个角度，因此，为了验证相关算法的正确性和有效性，本小节分别设计了两组控制需求。下面将分别对这两组控制算例进行具体分析。

5.4.2.1   算例 1

在第一个算例中，将控制需求设定为 0.3rad，即需要组合体航天器机动 0.3rad。为了验证 5.3 节所提出的控制算法的有效性，将本章所设计的控制器与传统的 PD 控制器进行了对比。第一组仿真算例的结果在图 5.11 ～图 5.13 中进行了展示。从图 5.12 中可以看出，PD 控制器和本章所设计的控制器都可以实现 0.3rad 的姿态机动。但是，从图中可以看出，PD 控制器所带来的相对目标与机械臂执行机构之间的相对滑动位移和速度都要远远大于本章所提出的控制器。通过分析可以得知，对于 PD 控制器，目标与机械臂执行机构之间的相对滑动本质上可以是作为单刚体系统的一个外在扰动力，为此，PD 控制器本身的鲁棒性虽

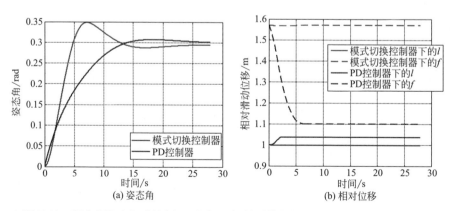

图 5.11   组合体姿态机动算例 1，目标 - 机械臂执行机构相对滑动姿态角和位移

然可以实现姿态机动，但是并不会顾及整个组合体航天器的几何构型，这一点在图 5.13 中的组合体几何构型变化情况中得到了直观展示。因此，本章提出的控制系统的优越性就得到了验证。

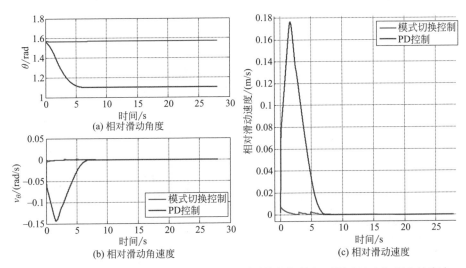

图 5.12　组合体姿态机动算例 1，目标－机械臂执行机构相对滑动速度和组合体姿态

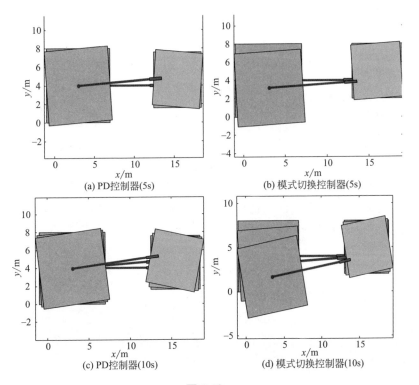

图 5.13

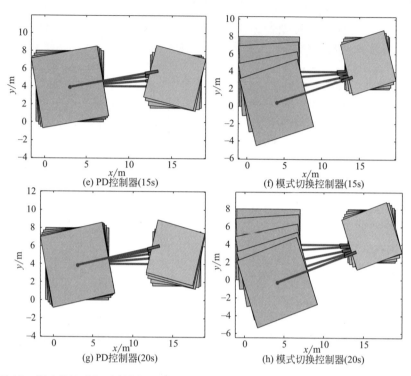

图 5.13　组合体姿态机动算例 1，姿态机动过程中不同控制器所获得的组合体几何构型

5.4.2.2　算例 2

为了进一步验证相关算法的鲁棒性，在第二组仿真算例中，将组合体航天器的姿态机动需求提高到了 0.8rad，并同样利用了 PD 控制器作为对照。在此种仿真系统的设计框架之下，获得了如图 5.14 ～图 5.16 所示的仿真结果。其中，图 5.14、图 5.15 给出了与图 5.11、图 5.12 相同参数的变化情况。通过对仿真结果的观察可以看出，在当前的姿态机动控制需求的框架下，两种控制器仍然可以完成控制任务。但是，当组合体航天器的姿态机动需求提高时，可以很明显看出，PD 控制器所造成的目标与机械臂执行机构之间的相对滑动幅度也越来越大。相反，采用本章提出的控制策略所获得的控制效果却一直保持良好，目标和机械臂执行机构之间的相对滑动始终被有效抑制。这意味着，当采用本章所提出的基于多模式切换的改进型零空间控制器时，组合体的几何构型在不同工况下都可以得到有效保持。

最后，从图 5.16 中可以看出，当组合体航天器的姿态机动角度变大，达到 0.8rad 时，PD 控制器所获得的全过程组合体几何构型（右侧）在机动过程中产

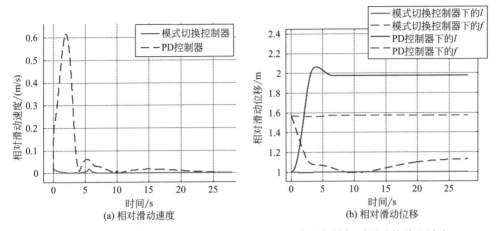

图 5.14　组合体姿态机动算例 2，目标 – 机械臂执行机构相对滑动位移和速度

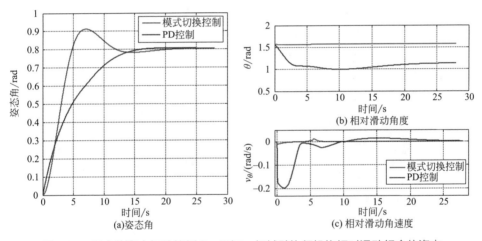

图 5.15　组合体姿态机动算例 2，目标 – 机械臂执行机构相对滑动组合体姿态

生了巨大的变化。当控制结束时，目标几乎已经运动到了机械臂执行机构的边缘，很有可能与机械臂脱离，从而造成抓捕失败，并产生如图 5.1 所示的险情。而采用了本章所提出的新的控制算法后（左侧），可以看出，在牺牲了机械臂基座平台的三轴平动自由度之后，目标与机械臂执行机构之间的相对滑动得到了很好的抑制，组合体几何构型保持良好。而通过先前的讨论可知，航天器在轨运行的速度为数公里每秒，因此对机械臂基座平台的每秒几米的速度扰动，对全局影响较小。由此，也进一步验证了本章所提出的控制算法的优越性。

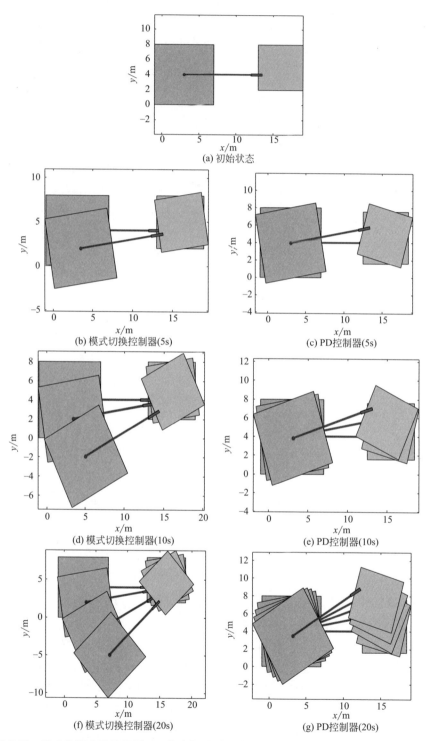

图 5.16　组合体姿态机动算例 2，姿态机动过程中不同控制器所获得的组合体几何构型

5.5　本章小结

本章首先回顾了空间机械臂系统反作用零空间（简称"零空间"）控制方法。基于此，结合本章所聚焦的目标与机械臂执行机构之间的相对滑动现象，设计了多种新型的控制器，并制定了基于多工作模式切换的空间非合作目标组合体控制策略。该策略主要包含了两个功能：①在抓捕后，对空间非合作目标组合体各个自由度的残余速度进行阻尼消旋；②在组合体系统处于静止初始条件的情况下，对组合体系统进行姿态机动。本控制方法的合理设计目标为：利用空间多体系统的冗余性和各个自由度之间的耦合性，通过牺牲部分自由度的运动，实现在达到主要控制需求的同时，兼顾其他自由度的运动约束。通过进一步的理论分析和数值仿真，本章对上述控制算法的正确性、可靠性和鲁棒性都进行了验证，并基于仿真测试结果得到如下的几个结论：

①　基于多模式切换的空间非合作目标组合体阻尼消旋稳定算法，可以在实现抓捕之后的瞬间，对组合体航天器各个自由度的残余速度进行减速的同时，兼顾对目标与机械臂执行机构之间的相对滑动的抑制。同时，当机械臂关节足够多的时候，还可以进一步兼顾对机械臂基座平台三轴姿态的稳定，从而保证组合体几何构型的稳定和操控过程中对地定向的维持。

②　基于改进型零空间控制的空间非合作目标组合体姿态控制算法，可以在实现控制组合体姿态机动的同时，有效抑制目标与机械臂执行机构之间的相对滑动。此种控制算法具备较好的鲁棒性，可以有效地保护组合体在轨操控过程中的几何构型。

③　以上两种控制算法中，组合体消旋稳定算法不需要机械臂基座平台的轨控系统开机，因此该算法为精确解，符合空间多体系统动量守恒的本质，且该算法的正确性可以得到确保，具备良好的工程实用价值。

④　组合体姿态机动算法需要机械臂基座平台的轨控系统开机工作，且在目标与机械臂末端存在相对滑动时，算法的动态逆求解给出的是最小二乘解而非精确解，因此，该算法为近似解，存在一定的鲁棒性风险。但在小规模、短时间、单一目标的姿态机动过程中，该算法仍然具备一定程度的可靠性和实用性。

第 6 章
拓展自由度方法在带有铰间隙的多体系统中的应用

第 5 章已经证明拓展自由度建模方法在空间开链多体动力学系统建模中可以起到至关重要的作用。本章将以带有运动天线的敏捷卫星姿态控制问题为例，深入研究带有间隙的空间多体系统的动力学建模与控制问题。

在实际复杂任务环境中，由于天线本身的挠性、转动关节处所存在的摩擦、间隙所造成的时延和关节挠性等因素，可运动天线的快速转动往往会对航天器平台的指向精度和天线本身的指向精度产生影响，从而对数据的快速传输造成一定的隐患。为了解决上述问题，本章利用拓展自由度方法建立带有间隙的双轴运动天线动力学模型，并实现对其的高精度、高稳定度控制，对运动天线扰动力矩进行有效抑制。

6.1　挠性运动部件与星体姿态的耦合动力学建模

6.1.1　任务场景定义

　　本章所研究的任务场景是一个带有运动天线部件的敏捷卫星。任务需求为当航天器进行敏捷机动时，需要通过将运动天线实时对准地面站或中继卫星的方式，实现观测数据的实时传输操作。为此，任务需要对航天器三轴姿态和运动天线二维指向进行有效控制。在实际任务过程中，考虑到天线本身挠性、动力学参数误差、关节挠性和铰间隙等不利因素，需要通过合理的控制器设计和参数选择实现对天线的高精度指向和跟瞄操控。本章所述任务场景如图 6.1 所示。

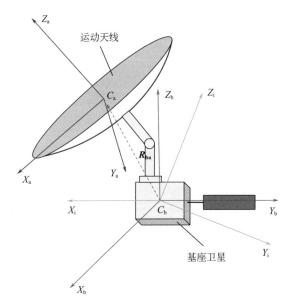

图 6.1　带有运动天线部件的航天器

　　从图 6.1 中可以看出，本章所述的任务场景为一个携带两轴自由度运动天线的敏捷卫星系统。为了方便对问题进行数学分析，分别建立了如下坐标系：

　　① 惯性坐标系 $O_i\text{-}X_iY_iZ_i$：该坐标系中心定义为航天器质心，三轴指向在惯性空间保持不变。这里需要指出，本章所述的惯性空间采用与空间机械臂研究方式类似的定义模式，认为提供轨道运动的向心力与万有引力完全一致，从而将多体系统在质心附近的位置姿态运动与轨道运动完全解耦处理。假设航天器是一个自由漂浮状态的空间多体系统。

　　② 基座卫星本体系 $O_b\text{-}X_bY_bZ_b$：该坐标系中心定义在基座卫星质心位置，其三轴指向与基座卫星固连，并指向基座卫星最大、最小惯量轴方向。在任务场景

中，航天器姿态指向的定义为基座卫星本体系 O_b-$X_bY_bZ_b$ 与惯性坐标系 O_i-$X_iY_iZ_i$ 之间的相对姿态。

③ 天线坐标系 O_a-$X_aY_aZ_a$：该坐标系的中心定义在天线质心位置，三轴指向与天线系统固连。在任务场景中，控制系统所测得的天线指向为天线坐标系 O_a-$X_aY_aZ_a$ 与基座卫星本体系 O_b-$X_bY_bZ_b$ 的相对姿态。

对于坐标转换，它可以被分解为绕三个轴的三次旋转，采用欧拉角 3-2-1 旋转序列定义方式，分别绕三轴顺时针旋转 φ、ϑ、ϕ 角度所对应的转换关系如下：

$$v_1 = \boldsymbol{\Theta} v_2 = \boldsymbol{R}_x(\varphi)\boldsymbol{R}_y(\vartheta)\boldsymbol{R}_z(\phi)v_2 \tag{6.1}$$

$$\begin{cases}
\boldsymbol{R}_x(\varphi) = \begin{bmatrix} 1 & 0 & 0 \\ 0 & \cos\varphi & \sin\varphi \\ 0 & -\sin\varphi & \cos\varphi \end{bmatrix} \\[2mm]
\boldsymbol{R}_y(\vartheta) = \begin{bmatrix} \cos\vartheta & 0 & -\sin\vartheta \\ 0 & 1 & 0 \\ \sin\vartheta & 0 & \cos\vartheta \end{bmatrix} \\[2mm]
\boldsymbol{R}_z(\phi) = \begin{bmatrix} \cos\phi & \sin\phi & 0 \\ -\sin\phi & \cos\phi & 0 \\ 0 & 0 & 1 \end{bmatrix}
\end{cases} \tag{6.2}$$

在实际任务过程中，可以得知敏捷卫星的姿态机动可以描述为 O_b-$X_bY_bZ_b$ 与 O_i-$X_iY_iZ_i$ 之间的三轴姿态角 φ、ϑ、ϕ。而对于天线的指向则更加复杂，首先需要在惯性坐性系下定义天线指向向量 $v_{ant\_inertial}$，再通过式（6.3）将该向量转换到基座卫星本体系下：

$$v_{ant\_bd} = \boldsymbol{\Theta} v_{ant\_inertial} \tag{6.3}$$

接着通过单位向量解算得到在基座卫星本体系下的二轴天线指向参数，即天线方位角 δ 和倾角 σ：

$$v_{ant\_bd} = \begin{bmatrix} \cos\delta\cos\sigma \\ \sin\delta\cos\sigma \\ \sin\sigma \end{bmatrix} \tag{6.4}$$

而天线指向机构的工作则是控制天线的实际指向跟随控制需求 δ 和 σ。

6.1.2　带有运动天线的敏捷卫星系统动力学建模方法

通过先前章节的定义可知，本章所述的带有运动天线的敏捷卫星系统可以被视为一个自由漂浮的空间多体系统。对于此种系统的建模方法，一般采用基于拉格朗日动力学的建模方式：

$$\frac{\partial}{\partial t}\left(\frac{\partial L}{\partial \dot{q}}\right)-\frac{\partial L}{\partial q}=F \tag{6.5}$$

式中，q 代表系统广义自由度状态向量；F 为系统各自由度所受的广义力；t 为时间变量；L 为拉格朗日量，其具体定义为：

$$L=T-V \tag{6.6}$$

$$\begin{cases} T=\sum_{i=1}^{N}\left(0.5m_i\boldsymbol{v}_i^{\mathrm{T}}\boldsymbol{v}_i+0.5\boldsymbol{J}_i\boldsymbol{\omega}_i^{\mathrm{T}}\boldsymbol{\omega}_i\right)\\ V=0 \end{cases} \tag{6.7}$$

式中，m_i、J_i、ω_i 和 v_i 分别代表第 i 个刚体的质量、转动惯量、相对于惯性坐标系的绝对角速度和线速度。其中，刚体质量和转动惯量为不随时间变化的动力学参数，而 ω_i 和 v_i 的值可以通过牛顿 - 欧拉方法求得：

$$\begin{cases} \boldsymbol{v}_i=\boldsymbol{v}_0+\boldsymbol{\omega}_0\times(\boldsymbol{r}_i-\boldsymbol{r}_{\mathrm{o}})+\sum_{j=1}^{i}\boldsymbol{k}_j\times(\boldsymbol{r}_i-\boldsymbol{p}_j)\dot{\phi}_j\\ \boldsymbol{\omega}_i=\boldsymbol{\omega}_0+\sum\boldsymbol{k}_j\dot{\phi}_j \end{cases} \tag{6.8}$$

式中，v_0、ω_0 为基座卫星相对于惯性坐标系的绝对速度和角速度；r_o、r_i 分别为基座卫星质心和多体系统第 i 个关节质心在惯性坐标系中的位置坐标；p_j 为第 i 个关节的末段点在惯性坐标系下的坐标位置；$\dot{\phi}_j$ 和 k_j 则分别代表第 i 个关节相对于惯性坐标系的绝对角速度的大小和方向向量。由于本节仅仅考虑一个两自由度可运动天线，因此系统关节个数为 2。将式（6.8）代入拉格朗日方程后，则可以获得紧凑形式下的空间多体系统动力学方程：

$$M\ddot{q}+D\dot{q}+C(q\quad\dot{q})=F \tag{6.9}$$

式中，各个矩阵的定义分别为：

$$M_{ij}=\frac{\partial\left(\frac{\partial L}{\partial \dot{q}_i}\right)}{\partial \dot{q}_j},D_{ij}=\frac{\partial\left(\frac{\partial L}{\partial \dot{q}_i}\right)}{\partial q_j},C=-\frac{\partial L}{\partial q} \tag{6.10}$$

根据本节所针对的空间多体系统研究目标，可以得知式（6.10）中的自由度向量至少应该包含以下动力学参数：

$$q=\begin{bmatrix}X\\ \Psi\end{bmatrix} \tag{6.11}$$

式中，X 和 Ψ 分别为一个 6×1 向量和一个 2×1 向量，具体定义为：

$$\begin{cases} X=[r_0\quad \Theta]^{\mathrm{T}}\\ \Psi=[\delta\quad \sigma]^{\mathrm{T}} \end{cases} \tag{6.12}$$

式中，r_0 代表基座卫星三维惯性空间位置坐标；Θ 为基座卫星三维惯性空间姿态角。通过分析可知，在忽略其他扰动的情况下，带有两轴运动天线的敏捷卫星系统的自由度为 8 个。

以上讨论即为传统空间自由漂浮多刚体动力学的具体推导过程。在本节中，需要考虑天线挠性、关节挠性、动力学参数误差和铰间隙等诸多不利条件，因此，真实的动力学系统远比式（6.9）所讨论的要复杂。为此，在考虑控制器设计的研究中，则需要在以上推导的基础上进一步修改，从而获得考虑诸多复杂动力学环境的动力学模型[48]。

（1）动力学参数误差

首先进行讨论的是动力学模型参数误差，也是各种复杂动力学环境中最容易进行建模操作的。考虑到本节研究的动力学系统所具备的参数主要包括敏捷卫星基座质量、转动惯量、质心位置、天线安装位置，以及星载运动天线的质量、转动惯量和质心位置等。看似繁多，但是上述所有动力学参数在基于拉格朗日动力学方法的紧凑动力学推导中都可以写成矩阵形式：

$$(M + M_e)\ddot{q} + (D + D_e)\dot{q} + (C + C_e) = F \tag{6.13}$$

式中，矩阵 M_e、D_e、C_e 分别为广义质量矩阵、广义阻尼矩阵和非线性矩阵的误差值。由于上一小节所描述的所有动力学参数均为定值，其误差也是定值，所以上述三个误差矩阵实际上也是定值矩阵。在实际操作过程中，由于所有动力学模型的解算都是基于传感器所测量的速度、加速度来进行计算的，因此传感器的随机误差同样会影响控制器的设计和精度。

（2）关节挠性

关节挠性是本节所研究的动力学系统中另一个需要重点考虑的复杂动力学系统。其来源可以归纳为如图 6.2 所示的结构。从图中可以看出，在实际控制转动机构时，往往需要采用数控电机驱动臂杆的转动。由于电机系统转子速度快，转动惯量低，为了保护电机，往往需要采用减速器设计来实现控制信号的传动。而大小齿轮之间的啮合位置，以及传动轴驱动长臂杆的连接方式都会使得结构局部产生形变，从而得到类似于弹簧阻尼系统的动力学响应。这也就是挠性关节的由来。

此种动力学响应很早以前就被学者们发现并进行了细致的研究。为了解决本节所述的星载运动天线的控制问题，我们采用了文献［34］中的关节挠性的建模方法。其具体思路是在原有空间多刚体系统动力学的基础上增加两个关节自由度，并通过广义控制力传递函数来实现对系统的控制：

$$\begin{bmatrix} M + M_e & 0 \\ 0 & m_j \end{bmatrix}\begin{bmatrix} \ddot{q} \\ \ddot{j} \end{bmatrix}\begin{bmatrix} (D + D_e)\dot{q} \\ 0 \end{bmatrix} + \begin{bmatrix} C + C_e \\ 0 \end{bmatrix} = \begin{bmatrix} F(1:6) \\ \tau_{\text{trans}} \\ F(7:8) - \tau_{\text{trans}} \end{bmatrix} \tag{6.14}$$

式中，m_j 为关节自由度的广义质量矩阵，为常值对角矩阵，且通常对角线元素是较小的数；$\mathbf{0}$ 为对应位置相应维度的 0 矩阵。

从式（6.14）右边可以看出，通过控制器计算出的控制力实际是施加在电机上的，而用以转动运动天线系统的力矩则需要通过传递函数 $\boldsymbol{\tau}_{\text{trans}}$ 来实现。利用挠性关节定义，$\boldsymbol{\tau}_{\text{trans}}$ 可以写成如下形式：

$$\boldsymbol{\tau}_{\text{trans}} = \beta \boldsymbol{F}(7:8) + k\left(\boldsymbol{q}(7:8) - \boldsymbol{j}\right)^{\gamma_1} + \mu\left(\dot{\boldsymbol{q}}(7:8) - \dot{\boldsymbol{j}}\right)^{\gamma_2} \tag{6.15}$$

式中，$\beta \ll 1$，为传递系数；$\gamma_1, \gamma_2 \geq 1$，为常数；$k$、$\mu$ 分别代表关节刚度和阻尼。

在此种模型框架之下，系统的动力学阶数从 8 变为 10，而且由于任务需求，所需要控制的自由度不再能够通过执行机构直接进行控制，因此传统的控制器设计方法不再奏效，需要建立新的更高效的控制器。

（3）天线挠性

挠性天线反射面实际结构为一个连续体，是复杂的无限自由度系统。绝大多数振动结构可离散成为有限

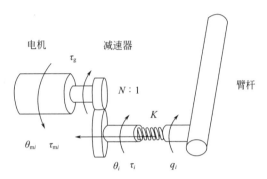

图 6.2　挠性关节系统示意图

个自由度的多自由度系统。对于一个有 n 个自由度的振动系统，需用 n 个独立的物理坐标来描述其物理参数模型。在线性范围内，物理坐标系的自由振动响应为 n 个主振动的线性叠加。每个主振动都是一种特定形态的自由振动，振动频率即为系统的主频率（固有频率），振动形态即为系统的主振型（模态或固有振型）。多自由度系统的惯性、弹性和阻尼都是耦合的，刚度矩阵和阻尼矩阵是非对角化的矩阵，很难求解。在这种情况下，可以利用较为简便的方法，即振型叠加法进行求解。该方法运用展开定理，即将各质量的位移表示为系统固有振型的线性组合。通过该转换，可使运动微分方程解耦，即可得到 n 个非耦合的二阶常微分方程。这些方程的解可以等效为易于求解的 n 个单自由度系统方程的解。将微分方程解耦（矩阵对角化）求特征值和特征向量，就可以将系统转化到模态坐标。

在外力作用下的多自由度系统的运动微分方程为：

$$\boldsymbol{M}\ddot{\boldsymbol{X}} + \boldsymbol{C}\dot{\boldsymbol{X}} + \boldsymbol{K}\boldsymbol{X} = \boldsymbol{F} \tag{6.16}$$

式中，$\boldsymbol{F}$ 为任意外力矢量；$\boldsymbol{X}$ 为响应矢量；$\boldsymbol{M}$、$\boldsymbol{C}$、$\boldsymbol{K}$ 分别为质量矩阵、阻尼矩阵、刚度矩阵。

通过拉氏变换可得：

$$\left(s^2\boldsymbol{M} + s\boldsymbol{C} + \boldsymbol{K}\right)\boldsymbol{X}(s) = \boldsymbol{F}(s) \tag{6.17}$$

用 $j\omega$ 替代 s，进入傅氏域内处理：

$$H(\omega) = \frac{X(\omega)}{F(\omega)} = \frac{1}{K - M\omega^2 + jC\omega} \tag{6.18}$$

$$\left(K - M\omega^2 + jC\omega\right)X(\omega) = F(\omega) \tag{6.19}$$

对于线性不变系统，系统的任何一点的响应均可以表示成各阶模态响应的线性组合：

$$X_l(\omega) = \varphi_{l1}q_1(\omega) + \varphi_{l2}q_2(\omega) + \cdots + \varphi_{lr}q_r(\omega) + \cdots + \varphi_{lN}q_N(\omega) \tag{6.20}$$

式中，$q_r(\omega)$ 为 r 阶模态坐标；φ_{lr} 为 l 测点的 r 阶模态振型系数。

对于 N 个测点，各阶振型系数可组成列向量，称为 r 阶模态振型。

$$\varphi_r = \begin{Bmatrix} \varphi_{1r} \\ \varphi_{2r} \\ \vdots \\ \varphi_{Nr} \end{Bmatrix} \tag{6.21}$$

各阶模态向量组成模态矩阵：

$$\varphi = \begin{bmatrix} \varphi_1 & \varphi_2 & \cdots & \varphi_N \end{bmatrix}^{\mathrm{T}} \tag{6.22}$$

该模态矩阵的物理意义为各阶模态对响应的贡献量。

对应模态矩阵的模态坐标为：

$$Q = \begin{Bmatrix} q_1(\omega) \\ q_2(\omega) \\ \vdots \\ q_N(\omega) \end{Bmatrix} \tag{6.23}$$

对于无阻尼自由振动系统有：

$$\left| K - \omega^2 M \right| \varphi Q = 0 \tag{6.24}$$

消掉 Q 得：

$$\left| K - \omega^2 M \right| \varphi = 0 \tag{6.25}$$

对于 r 阶模态有：

$$\left| K - \omega_r^2 M \right| \varphi_r = 0 \tag{6.26}$$

左乘 φ_s^{T}，得到：

$$\varphi_s^{\mathrm{T}} \left| K - \omega_r^2 M \right| \varphi_r = 0 \tag{6.27}$$

对于 s 阶模态有：

$$\left| K - \omega_s^2 M \right| \varphi_s = 0 \tag{6.28}$$

转置之后右乘φ_r，得到：

$$\varphi_s^T \left| K^T - \omega_s^2 M^T \right| \varphi_r = 0 \tag{6.29}$$

两式相减，可以得到：

$$\left(\omega_r^2 - \omega_s^2 \right) \varphi_s^T M \varphi_r = 0 \tag{6.30}$$

当$r \neq s$时，有：

$$\varphi_s^T M \varphi_r = 0 \tag{6.31}$$

$$\varphi_s^T K \varphi_r = 0 \tag{6.32}$$

当$r = s$时，有：

$$\varphi_s^T K \varphi_r = \omega_r^2 \varphi_s^T M \varphi_r \tag{6.33}$$

令：

$$\varphi_s^T K \varphi_r = K_r \tag{6.34}$$

$$\varphi_s^T M \varphi_r = M_r \tag{6.35}$$

则：

$$K_r = \omega_r^2 M_r \tag{6.36}$$

式中，K_r、M_r分别称为模态刚度和模态质量。

再引入比例阻尼和对应的模态阻尼C_r，用模态坐标替代物理坐标后，有：

$$\left| K_r - \omega_r^2 M_r + \mathrm{j}\omega C_r \right| Q = F_r \tag{6.37}$$

可见，刚度矩阵、质量矩阵、阻尼矩阵都已经对角化了，即解耦了。

6.2　运动天线转动扰动抑制与补偿控制器设计

本节将集中介绍在复杂动力学环境下的星载运动天线扰动抑制和误差补偿控制器的设计方法。针对 6.1 节所描述的星载运动天线复杂动力学扰动可知，目前所考虑的扰动来源可以分为天线（臂杆）挠性、动力学参数误差和关节挠性三个大的类别，因此，可以针对三种扰动类别分别进行控制器设计，再将控制器进行有机结合，实现对上述复杂动力学系统的有效控制。

6.2.1　基于动力学模型的 LPV 误差识别方法

LPV 系统是一种特殊的动力学系统形式，也是近年来研究的热点。其基本的形式可以写成如下公式：

$$A(q)\ddot{q} + B(q) = u \tag{6.38}$$

从式（6.38）可以看出，LPV动力学模式是相对于被控制系统广义加速度的显性形式。因此，在任意时刻，如果可以明确当前情况下系统的加速度需求 $\ddot{q}$，则控制器执行机构为了实现该加速度所需的控制信号可以非常简单地通过动力学模型得到。这也就解决了控制器设计的问题。

目前，学者们对于LPV控制系统的研究主要集中在两个领域：①如何将一个非线性动力学系统转化成LPV格式且保证矩阵不出现病态情况；②此种动力学模型的精度是否能够满足实际工程的需求。从本节的实际情况出发，可以看出本节所研究的空间多体机构动力学模型系统本身就满足LPV动力学形式，因此可以直接进行相关的控制操作。通过简单的分析可知，为了实现LPV操作，需要两个步骤。首先是根据当前系统的运动状态确定当前的加速度需求：

$$\ddot{q}_{\text{req}} = -k_q(q - q_{\text{d}}) - c_q(\dot{q} - \dot{q}_{\text{d}}) \tag{6.39}$$

式中，向量 q_{d} 和 $\dot{q}_{\text{d}}$ 分别代表期望曲线位置和速度。基于此，就可以在第二步的操作中得到控制执行机构的输出信号：

$$A(q)\ddot{q}_{\text{req}} + B(q) = u \tag{6.40}$$

可以看出，LPV控制方法的核心在于生成期望加速度 $\dot{q}_{\text{d}}$ 的方法，如渐进滑模控制方法等。这部分将在后续结合滑模控制器的介绍进行进一步详细的解释。该方法最大的优点在于，可以较为简单地解决由恒定动力学参数误差所造成的控制精度过低的问题。从式（6.40）中可知，假定系统受到由动力学参数误差所构成的恒定误差，则此种误差不会影响系统的LPV紧凑形式：

$$(M\ddot{q} + D_{\text{e}}\dot{q} + C) + (M_{\text{e}}\ddot{q} + D_{\text{e}}\dot{q} + C_{\text{e}}) = F \tag{6.41}$$

由此可以得到一个最小二乘形式：

$$\begin{bmatrix} [\ddot{q}_1 & \dot{q}_1 & 1] \\ & \vdots & \\ [\ddot{q}_n & \dot{q}_n & 1] \end{bmatrix} \begin{bmatrix} M_{\text{e}} \\ D_{\text{e}} \\ C_{\text{e}} \end{bmatrix} = \begin{bmatrix} F_1 - (M\ddot{q}_1 + D_{\text{e}}\dot{q}_1 + C) \\ \vdots \\ F_n - (M\ddot{q}_n + D_{\text{e}}\dot{q}_n + C) \end{bmatrix} \tag{6.42}$$

上述公式可以通过最小二乘矩阵逆或者卡尔曼滤波的方法进行求解，并基于此估计出由于动力学参数偏差所导致的空间多体动力学系统模型中各个矩阵的误差，从而进一步提高控制精度。

6.2.2　一阶滑模控制方法

一阶滑模控制器是在非线性动力学系统控制领域内广泛使用的控制方法，其特点包括收敛速度快、稳定性好等。滑模控制器从滑模面设计上可以分为终端滑模和渐进滑模两种，从系统阶数上则可以分为一阶滑模和二阶滑模。在本节的研究过程中，提出了两种一阶控制器：第一种是传统的一阶滑模控制，需要和 6.2.1 节所描述的 LPV 动力学参数误差估计与控制方法相结合，才能实现在有动力学参数误差的复杂动力学情况下对系统的控制；第二种则是考虑动力学参数误差的一体化滑模控制器。本小节主要介绍第一种滑模控制方法。

滑模控制器的核心思想在于通过建立滑模面，将动力学系统的运动快速收敛到目标状态。在本节中，滑模面为：

$$\sigma = g_1\left(k_1\left(\boldsymbol{q}-\boldsymbol{q}_\mathrm{d}\right)\right) + g_2\,\mathrm{sgn}\left(k_2\left(\boldsymbol{q}-\boldsymbol{q}_\mathrm{d}\right)\right)\left\|k_2\left(\boldsymbol{q}-\boldsymbol{q}_\mathrm{d}\right)\right\|^\gamma + k_3\left(\dot{\boldsymbol{q}}-\dot{\boldsymbol{q}}_\mathrm{d}\right) \tag{6.43}$$

基于上述操作，进一步定义滑模趋近律：

$$\dot{\sigma} = -G\|\sigma\|^\varsigma\,\mathrm{sgn}\left(\sigma\right)h \tag{6.44}$$

式中，h 为防抖函数：

$$h = \frac{1 - a\exp(\sigma)}{1 + a\exp(\sigma)} \tag{6.45}$$

将式（6.43）求导后与滑模趋近律联立，就可以求得为了实现滑模面快速收敛所需要的当前时刻系统加速度：

$$\boldsymbol{e} = \boldsymbol{q} - \boldsymbol{q}_\mathrm{d} \tag{6.46}$$

$$\dot{\sigma} = \left(g_1 k_1 + g_2\,\mathrm{sgn}\left(k_2\left(\boldsymbol{e}\right)\right)\gamma\left\|k_2\left(\boldsymbol{e}\right)\right\|^{\gamma-1}\right)\dot{\boldsymbol{e}} + k_3\left(\ddot{\boldsymbol{q}}-\ddot{\boldsymbol{q}}_\mathrm{d}\right) \tag{6.47}$$

则有：

$$\ddot{\boldsymbol{q}}_\mathrm{req} = \frac{-G\|\sigma\|^\varsigma\,\mathrm{sgn}\left(\sigma\right)h - \left(g_1 k_1 + g_2\,\mathrm{sgn}\left(k_2\left(\boldsymbol{e}\right)\right)\gamma\left\|k_2\left(\boldsymbol{e}\right)\right\|^{\gamma-1}\right)\dot{\boldsymbol{e}}}{k_3} + \ddot{\boldsymbol{q}}_\mathrm{d} \tag{6.48}$$

将式（6.48）所得到的结果代入前面 LPV 的控制器［式（6.40）］之后，就可以得到控制器的执行输出。

基于本节所考虑的特殊动力学系统，一阶滑模控制器总共有两种应用方法和相应的变形形式。

（1）第一种变形

一阶滑模与 LPV 误差前馈算法的结合。首先，在式（6.47）的计算中直接引用 LPV 紧凑动力学模型，并直接得到控制器：

$$\dot{\sigma} = \left(g_1 k_1 + g_2\,\mathrm{sgn}\left(k_2\left(\boldsymbol{e}\right)\right)\gamma\left\|k_2\left(\boldsymbol{e}\right)\right\|^{\gamma-1}\right)\dot{\boldsymbol{e}} + k_3\left(\ddot{\boldsymbol{q}}-\ddot{\boldsymbol{q}}_\mathrm{d}\right) = \boldsymbol{O} + k_3\boldsymbol{M}^{-1}\left(\boldsymbol{F}-\boldsymbol{Q}\right) \tag{6.49}$$

其中：

$$\boldsymbol{O} = \left(g_1 k_1 + g_2\,\mathrm{sgn}\left(k_2\left(\boldsymbol{e}\right)\right)\gamma\left\|k_2\left(\boldsymbol{e}\right)\right\|^{\gamma-1}\right)\dot{\boldsymbol{e}} - k_3\ddot{\boldsymbol{q}}_\mathrm{d} \tag{6.50}$$

$$\boldsymbol{Q} = \boldsymbol{D}\dot{\boldsymbol{q}} + \boldsymbol{C} \tag{6.51}$$

可以得到：

$$F = M\left(\frac{-G\|\sigma\|^{\varsigma}\operatorname{sgn}(\sigma)h - O}{k_3}\right) + Q \tag{6.52}$$

在没有挠性关节的情况下，式（6.52）所获得的控制量即为理想模型的控制输出。将该向量代入式（6.39）中的带有误差观测器的控制系统之中，就可以实现 LPV 控制器与一阶滑模控制器的结合。

（2）第二种变形

本节同时还考虑了关节挠性的存在，因此，需要在上述方法的基础上对控制器系统进行进一步的改进：

步骤一：通过式（6.46）～式（6.48）所示的方法计算得到当前时刻的运动天线两轴角加速度需求，记为 $\ddot{q}_{req}$；

步骤二：利用 LPV 方法，计算当前时刻系统所需要的控制输入 F；

步骤三：将理想状态下的控制输入 F 拆分为前六个自由度（敏捷卫星基座平台位置姿态控制）和后两个自由度（运动天线控制，记为 $F_{ideal}(7:8)$）两个子向量，并代入式（6.14）的形式之中，力求通过修改 $F(7:8)$ 来让 τ_{trans} 跟随 $F_{ideal}(7:8)$；

步骤四：由于假设了挠性关节与系统是解耦的，因此可以采用反步法的方式，构建两层趋近关系。

第一层，外环趋近：

$$\begin{cases} e = \tau_{trans} - F_{ideal}(7:8) \\ \sigma = g_1(k_1(e)) + g_2\operatorname{sgn}(k_2(e))\|k_2(e)\|^{\gamma} \\ \dot{\sigma} = \left(g_1k_1 + g_2\operatorname{sgn}(k_2(e))\gamma\|k_2(e)\|^{\gamma-1}\right)\dot{e} = -G\|\sigma\|^{\varsigma}\operatorname{sgn}(\sigma)h \\ \dot{\tau}_{trans\_req} = \dfrac{-G\|\sigma\|^{\varsigma}\operatorname{sgn}(\sigma)h}{\left(g_1k_1 + g_2\operatorname{sgn}(k_2(e))\gamma\|k_2(e)\|^{\gamma-1}\right)} + \dot{F}_{ideal}(7:8) \end{cases} \tag{6.53}$$

第二层，内环趋近：

$$\begin{cases} e = g_1\left(\dot{\tau}_{trans} - \dot{\tau}_{trans\_req}\right) \\ \sigma = g_1(k_1(e)) + g_2\operatorname{sgn}(k_2(e))\|k_2(e)\|^{\gamma} \\ \dot{\sigma} = \left(g_1k_1 + g_2\operatorname{sgn}(k_2(e))\gamma\|k_2(e)\|^{\gamma-1}\right)\dot{e} = -G\|\sigma\|^{\varsigma}\operatorname{sgn}(\sigma)h \\ \ddot{\tau}_{trans\_req} = \dfrac{-G\|\sigma\|^{\varsigma}\operatorname{sgn}(\sigma)h}{\left(g_1k_1 + g_2\operatorname{sgn}(k_2(e))\gamma\|k_2(e)\|^{\gamma-1}\right)} + \dot{\tau}_{trans\_req} \end{cases} \tag{6.54}$$

将所获得的控制需求 $\ddot{\tau}_{\text{trans\_req}}$ 代入式（6.15）之后再进行一次双环滑模趋近，就可以算出当前时刻的关节加速度需求 $\ddot{\boldsymbol{j}}$：

$$\dot{\tau}_{\text{trans\_req}} = k\gamma_1 \big(\boldsymbol{q}(7:8) - \boldsymbol{j}\big)^{\gamma_1 - 1} \big(\dot{\boldsymbol{q}}(7:8) - \dot{\boldsymbol{j}}\big) + \mu\gamma_1 \big(\dot{\boldsymbol{q}}(7:8) - \dot{\boldsymbol{j}}\big)^{\gamma_2} \big(\ddot{\boldsymbol{q}}(7:8) - \ddot{\boldsymbol{j}}\big) \quad (6.55)$$

$$\ddot{\tau}_{\text{trans\_req}} = k\gamma_1 \big(\boldsymbol{q}(7:8) - \boldsymbol{j}\big)^{\gamma_1 - 1} \big(\ddot{\boldsymbol{q}}(7:8) - \ddot{\boldsymbol{j}}\big) + k\gamma_1(\gamma_1 - 1)\big(\boldsymbol{q}(7:8) - \boldsymbol{j}\big)^{\gamma_1 - 2} \big(\dot{\boldsymbol{q}}(7:8) - \dot{\boldsymbol{j}}\big) \quad (6.56)$$

$$\ddot{\boldsymbol{j}}_1 = \ddot{\boldsymbol{q}}(7:8) - \frac{\dot{\tau}_{\text{trans\_req}} - k\gamma_1 \big(\boldsymbol{q}(7:8) - \boldsymbol{j}\big)^{\gamma_1 - 1} \big(\dot{\boldsymbol{q}}(7:8) - \dot{\boldsymbol{j}}\big)}{\mu\gamma_1 \big(\dot{\boldsymbol{q}}(7:8) - \dot{\boldsymbol{j}}\big)^{\gamma_2}} \quad (6.57)$$

$$\ddot{\boldsymbol{j}}_2 = \ddot{\boldsymbol{q}}(7:8) - \frac{\ddot{\tau}_{\text{trans\_req}} - k\gamma_1(\gamma_1 - 1)\big(\boldsymbol{q}(7:8) - \boldsymbol{j}\big)^{\gamma_1 - 2} \big(\dot{\boldsymbol{q}}(7:8) - \dot{\boldsymbol{j}}\big)}{k\gamma_1 \big(\boldsymbol{q}(7:8) - \boldsymbol{j}\big)^{\gamma_1 - 1}} \quad (6.58)$$

$$\ddot{\boldsymbol{j}} = v_1 \ddot{\boldsymbol{j}}_1 + v_2 \ddot{\boldsymbol{j}}_2 \quad (6.59)$$

式中，$v_1, v_2 \in [0,1]$。将所获得的关节加速度需求 $\ddot{\boldsymbol{j}}_{\text{req}}$ 代入 LPV 方程下半部分，即可得到真实的关节控制输出需求 $\boldsymbol{F}(7:8))$：

$$\boldsymbol{F}(7:8) = \boldsymbol{m}_j \ddot{\boldsymbol{j}}_{\text{req}} + \tau_{\text{trans}} \quad (6.60)$$

6.2.3 针对天线挠性的讨论

在天线挠性方面，根据相关参考文献可知，一般情况下星载运动天线的质量和转动惯量上都远远小于敏捷卫星基座平台（例如，敏捷卫星基座平台质量为 4.5t，星载运动天线质量为 2 ～ 10kg），因此，在本节的后续研究过程中都沿用这一设定。在文献［49］中，可以找到当星载挠性部件的挠性较小时，系统符合挠性部件航天器动力学方程，此种情况下，证明了系统的 PID 闭环形式始终满足 Lyapunov 稳定。而一阶、二阶滑模控制器本身即为 PID 闭环系统的分数阶形式，因此，在天线挠性较小的情况下，航天器平台与运动天线的耦合系统本身是稳定的。基于此，本节不再针对天线挠性而设计特殊的控制方法，仅仅是将天线挠性与先前章节所述的 LPV 误差前馈控制相结合，给出如下控制器修改策略：

$$\begin{bmatrix} \boldsymbol{M} & \boldsymbol{M}_{\text{nc}} \\ \boldsymbol{M}_{\text{nc}}^{\mathrm{T}} & \boldsymbol{M}_{\text{n}} \end{bmatrix} \begin{bmatrix} \ddot{\boldsymbol{q}} \\ \ddot{\boldsymbol{q}}_{\text{n}} \end{bmatrix} + \begin{bmatrix} \boldsymbol{D} & \boldsymbol{D}_{\text{nc}} \\ \boldsymbol{D}_{\text{nc}}^{\mathrm{T}} & \boldsymbol{D}_{\text{n}} \end{bmatrix} \begin{bmatrix} \dot{\boldsymbol{q}} \\ \dot{\boldsymbol{q}}_{\text{n}} \end{bmatrix} + \begin{bmatrix} \boldsymbol{C} \\ \boldsymbol{C}_{\text{n}} \end{bmatrix} = \begin{bmatrix} \boldsymbol{F} \\ \boldsymbol{0} \end{bmatrix} \quad (6.61)$$

式中，$\boldsymbol{q}_{\text{n}}$ 为挠性振动模态位移自由度；$\boldsymbol{M}_{\text{n}}$、$\boldsymbol{D}_{\text{n}}$、$\boldsymbol{C}_{\text{n}}$ 则分别代表包含了挠性天线势能的拉格朗日法所得到的广义质量矩阵、阻尼矩阵和刚度矩阵。

式（6.61）可以进一步变形写成如下形式：

$$\big(\boldsymbol{M}\ddot{\boldsymbol{q}} + \boldsymbol{D}_{\text{e}}\dot{\boldsymbol{q}} + \boldsymbol{C}\big) + \big(\boldsymbol{M}_{\text{nc}}\ddot{\boldsymbol{q}}_{\text{n}} + \boldsymbol{D}_{\text{nc}}\dot{\boldsymbol{q}}_{\text{n}}\big) = \boldsymbol{F} \quad (6.62)$$

由此可知，对于天线的挠性振动，可以通过采用与 LPV 误差观测、前馈方法类似的思路，将其观测并且前馈到控制系统之中，或者采用如文献［49］所示的 H 无穷控制方式，计算出在满足 Lyapunov 稳定的同时使得天线振动幅度最小的 PD 控制器增益，从而实现在挠性振动的情况下对天线的精确控制操作。

6.3　带有间隙的多体动力学系统建模

6.3.1　任务场景介绍

带有间隙的航天器运动部件轴系系统的大致结构可以归纳为如图 6.3 所示的形式。从图中可以看出，由于间隙的存在，轴鞘的内径要略微大于轴销的直径，因此，轴销可以在鞘内做二维平面滑动，同时，还可以进行一维转动。此种结构在航天器星载运动天线上较为常见[23]，由于其非线性较强，因此对超高精度天线对准的跟瞄控制问题提出了新的挑战。

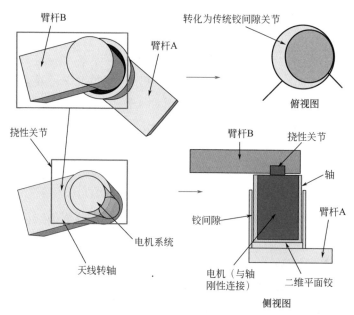

图 6.3　带有铰间隙的动力学系统关节示意图

在传统的文献中，对于铰间隙关节的处理方式一般采用的是拉格朗日因子的算法，也就是在传统的紧凑多体动力学模型中引入拉格朗日算子来描述间隙约束：

$$M\ddot{q} = Q + \Phi\lambda \tag{6.63}$$

式中，λ 为拉格朗日算子；Φ 为铰间隙系统的运动约束函数，如轴鞘与轴销之间穿深不可超过某阈值等。

　　求解带有拉格朗日算子的多体动力学系统是一个复杂而繁琐的过程，需要进行动力学系统自由度数量分析、选取广义自由度向量函数、建立约束方程并求解雅可比矩阵，进而求解耦合微分方程组。为了简化这一过程，我们借鉴并联机械臂动力学和关节挠性的处理方式，采用拓展自由度的方法来构造运动天线铰间隙动力学模型。

　　通过分析可知，此种结构与本书前几章中所描述的空间非合作目标与机械臂末端执行机构之间的三维相对运动很类似。因此，可以比照本书前几章的相关思路，对铰间隙的运动建立三个新增的自由度：x 和 y 分别代表轴销中心在轴鞘筒内的位置，θ 则代表关节转动的角度。如图 6.4 所示，假设臂杆 B 的长度为 l，臂杆 A 的末端位置向量为 $\boldsymbol{P}_{\mathrm{a}}$，臂杆 A 固连坐标系与惯性坐标系之间的转换矩阵为 $\boldsymbol{\Theta}$，则臂杆 B 的质心位置可以写成：

$$c_{\mathrm{b}} = \boldsymbol{P}_{\mathrm{a}} + \boldsymbol{\Theta}\left(\begin{bmatrix} x \\ y \\ 0 \end{bmatrix} + l \times 0.5 \times \begin{bmatrix} \cos(\theta) \\ \sin(\theta) \\ 0 \end{bmatrix}\right) \tag{6.64}$$

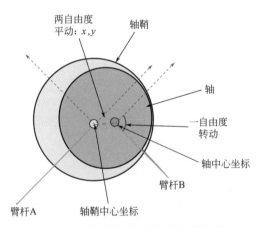

图 6.4　铰间隙拓展自由度定义方法

　　将式（6.64）整合到拉格朗日动力学模型之中，就可以得到如下带有铰间隙的星载运动天线组合体动力学模型：

$$\left(\boldsymbol{M}' + \boldsymbol{M}_{\mathrm{e}}'\right)\begin{bmatrix} \ddot{\boldsymbol{q}}(1:7) \\ \begin{bmatrix} \ddot{x} \\ \ddot{y} \\ \ddot{\theta} \end{bmatrix} \end{bmatrix} + \left(\boldsymbol{D}' + \boldsymbol{D}_{\mathrm{e}}'\right)\begin{bmatrix} \dot{\boldsymbol{q}}(1:7) \\ \begin{bmatrix} \dot{x} \\ \dot{y} \\ \dot{\theta} \end{bmatrix} \end{bmatrix} + \left(\boldsymbol{C}' + \boldsymbol{C}_{\mathrm{e}}'\right) = \begin{bmatrix} \boldsymbol{F}(1:7) \\ \begin{bmatrix} f_{\mathrm{c1}} \\ f_{\mathrm{c2}} \\ \boldsymbol{F}(8) \end{bmatrix} \end{bmatrix} \tag{6.65}$$

式中，$M' + M'_e$、$D' + D'_e$ 和 $C' + C'_e$ 都是在考虑了新增系统自由度之后，空间多体动力学模型所得到的新的广义质量矩阵、阻尼矩阵和非线性矩阵，获得这些矩阵的计算方法与传统的基于拉格朗日定理的推导方式完全一致，仅仅是系统自由度有所增加，因此在本节中就不再做进一步的赘述。但是，通过对式（6.65）的分析可以得知，系统的各个矩阵可以写成如下形式：

$$\begin{cases} M' + M'_e = \begin{bmatrix} M & M_c \\ M_c{}' & M_{new} \end{bmatrix} + M'_e \\[3mm] D' + D'_e = \begin{bmatrix} D & D_c \\ D_c{}' & D_{new} \end{bmatrix} + D'_e \\[3mm] C' + C'_e = \begin{bmatrix} C \\ C_{new} \end{bmatrix} + C'_e \end{cases} \tag{6.66}$$

式中，所有下标 new 代表着由于新增的拓展自由度而生成的新的矩阵；下标 c 代表新增拓展自由度与传统 8 自由度系统自由度之间的耦合矩阵。

由此可以看出，拓展自由度系统对于整个动力学模型的影响仅仅是会增加系统的维度，而不会改变空间多体紧凑动力学模型的基本形式。因此，也为后续的控制器设计和仿真算法设计提供了便利，也体现了拓展自由度思想的优势所在。

从式（6.65）中可以看出，公式右边的广义力 f_{c1} 和 f_{c2} 就是铰间隙关节中轴鞘与轴销的接触力。如何计算这两个力，就是拓展自由度模型能否正常描述运动天线系统的难点和重点。为此，引入了文献［50］中所述的 Hertz 接触模型，加以改进，并构建了如下所示的受力模型：

$$\begin{bmatrix} f_{c1} \\ f_{c2} \end{bmatrix} = -\frac{1}{1 + \exp\left(-g\left(\|[x,y]\| - dl\right)\right)} \left(k\left(\|[x,y]\| - dl\right)^{\gamma} + \mu\|[\dot{x}, \dot{y}]\|\right) \frac{\begin{bmatrix} x \\ y \end{bmatrix}}{\|[x,y]\|} \tag{6.67}$$

从式（6.67）可以看出，系统受力方向为 $[x, y]^T$，即铰间隙相对位移方向。式（6.67）中间的部分 $\left(k\left(\|[x,y]\| - dl\right)^{\gamma} + \mu\|[\dot{x}, \dot{y}]\|\right)$ 是一个较为传统的弹簧阻尼模型，常量 dl 为定值，代表铰间隙的距离。式（6.67）第一部分则代表一个饱和函数。通过分析可知，取 2 自由度位移向量 $[x, y]^T$ 的模为位移距离，则当位移距离小于铰间隙距离 dl 时，关节中没有接触力的存在，因此，采用饱和函数的方法将弹簧阻尼力压缩到 0。这里采用的饱和函数形式是较为基础的指数函数，其作用方式如图 6.5 所示。而最后一项 $\dfrac{[x,y]^T}{\|[x,y]\|}$ 则确定了接触力的指向方向与铰间隙内

部相对位移方向相反。

与此同时，通过简单的动力学分析可知，当铰间隙处于接触状态时，会在转动自由度 θ 上施加一个额外的摩擦力。因此，在式（6.65）中的转动关节控制量 $\boldsymbol{F}(8)$ 上需要增加一项：

$$\boldsymbol{F}(8) = \boldsymbol{F}(8) - \frac{1}{1+\exp\left(-g\left(\|[x,y]\| - dl\right)\right)}\left(k\left(\|[x,y]\| - dl\right)^{\gamma} + \mu\|[\dot{x},\dot{y}]\|\right)\sigma\dot{\boldsymbol{q}}(8) \quad (6.68)$$

由式（6.68）中可知，$\dfrac{1}{1+\exp\left(-g\left(\|[x,y]\| - dl\right)\right)}\left(k\left(\|[x,y]\| - dl\right)^{\gamma} + \mu\|[\dot{x},\dot{y}]\|\right)$ 即

为正压力，σ 为摩擦力系数，而 $\dot{\boldsymbol{q}}(8)$ 则表示摩擦力指向转动角速度的反方向。

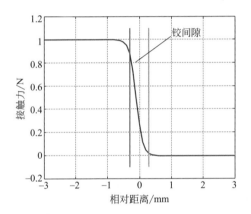

图 6.5　铰间隙接触力饱和函数效果

最后，注意到星载运动天线为 2 自由度二轴可控天线，因此，需要对另外一个关节也做同样的处理。所以，在考虑铰间隙环境下的系统自由度从 8 增加到了 12，其具体形式如下：

$$\left(\boldsymbol{M}' + \boldsymbol{M}'_{\mathrm{e}}\right)\begin{bmatrix}\ddot{\boldsymbol{q}}(1:6)\\[2pt]\ddot{x}_1\\\ddot{y}_1\\\ddot{\theta}_1\\\ddot{x}_2\\\ddot{y}_2\\\ddot{\theta}_2\end{bmatrix} + \left(\boldsymbol{D}' + \boldsymbol{D}'_{\mathrm{e}}\right)\begin{bmatrix}\dot{\boldsymbol{q}}(1:6)\\[2pt]\dot{x}_1\\\dot{y}_1\\\dot{\theta}_1\\\dot{x}_2\\\dot{y}_2\\\dot{\theta}_2\end{bmatrix} + \left(\boldsymbol{C}' + \boldsymbol{C}'_{\mathrm{e}}\right) = \begin{bmatrix}\boldsymbol{F}(1:6)\\[2pt]f_{\mathrm{c}11}\\f_{\mathrm{c}12}\\\boldsymbol{F}(7)\\f_{\mathrm{c}21}\\f_{\mathrm{c}22}\\\boldsymbol{F}(8)\end{bmatrix} \quad (6.69)$$

基于以上控制系统，就获得了 12 自由度的带有铰间隙的星载运动天线动力

学模型，并可以基于此进行相对应的控制器设计。

6.3.2　二阶滑模跟踪控制方法的讨论

在上述一阶滑模控制算法的基础上，本小节引入了二阶滑模控制器算法来实现对存在挠性关节扰动情况下的星载运动天线的快速追踪跟瞄控制。二阶滑模控制器已经被广泛应用于飞行器、导弹的制导与控制领域内，其核心优势在于收敛速度更快，但是对控制器执行机构的输出能力要求也更高，因此，更适合被使用在运动天线对时变目标曲线的跟瞄操作之中。二阶滑模控制方法与一阶滑模控制方法最大的区别在于，它引入了积分滑模面和二阶微分滑模趋近律。

外环滑模：

$$
\begin{cases}
\boldsymbol{e} = \boldsymbol{\tau}_{\mathrm{trans}} - \boldsymbol{F}_{\mathrm{ideal}}\left(7:8\right) \\
\boldsymbol{\sigma} = \boldsymbol{e} + c\displaystyle\int \boldsymbol{e}\,\mathrm{d}t \\
\dot{\boldsymbol{\sigma}} = \dot{\boldsymbol{e}} + c\boldsymbol{e} = -G\|\boldsymbol{\sigma}\|^{\varsigma}\,\mathrm{sgn}(\boldsymbol{\sigma})h + g\displaystyle\int\left(-G\|\boldsymbol{\sigma}\|^{\varsigma}\,\mathrm{sgn}(\boldsymbol{\sigma})h\right)\mathrm{d}t \\
\boldsymbol{Y} = -G\|\boldsymbol{\sigma}\|^{\varsigma}\,\mathrm{sgn}(\boldsymbol{\sigma})h + g\displaystyle\int\left(-G\|\boldsymbol{\sigma}\|^{\varsigma}\,\mathrm{sgn}(\boldsymbol{\sigma})h\right)\mathrm{d}t \\
\dot{\boldsymbol{\tau}}_{\mathrm{trans}} = \boldsymbol{Y} - c\boldsymbol{e} + \dot{\boldsymbol{F}}_{\mathrm{ideal}}\left(7:8\right)
\end{cases}
\tag{6.70}
$$

内环滑模：

$$
\begin{cases}
\boldsymbol{e} = \dot{\boldsymbol{\tau}}_{\mathrm{trans}} - \dot{\boldsymbol{F}}_{\mathrm{ideal}}\left(7:8\right) \\
\boldsymbol{\sigma} = \boldsymbol{e} + c\displaystyle\int \boldsymbol{e}\,\mathrm{d}t \\
\dot{\boldsymbol{\sigma}} = \dot{\boldsymbol{e}} + c\boldsymbol{e} = -G\|\boldsymbol{\sigma}\|^{\varsigma}\,\mathrm{sgn}(\boldsymbol{\sigma})h + g\displaystyle\int\left(-G\|\boldsymbol{\sigma}\|^{\varsigma}\,\mathrm{sgn}(\boldsymbol{\sigma})h\right)\mathrm{d}t \\
\boldsymbol{Y} = -G\|\boldsymbol{\sigma}\|^{\varsigma}\,\mathrm{sgn}(\boldsymbol{\sigma})h + g\displaystyle\int\left(-G\|\boldsymbol{\sigma}\|^{\varsigma}\,\mathrm{sgn}(\boldsymbol{\sigma})h\right)\mathrm{d}t \\
\ddot{\boldsymbol{\tau}}_{\mathrm{trans}} = \boldsymbol{Y} - c\boldsymbol{e} + \ddot{\boldsymbol{F}}_{\mathrm{ideal}}\left(7:8\right)
\end{cases}
\tag{6.71}
$$

在获得了 $\dot{\boldsymbol{\tau}}_{\mathrm{trans}}$ 和 $\ddot{\boldsymbol{\tau}}_{\mathrm{trans}}$ 之后，就可以通过与先前章节一致的方法获得系统的理想控制输出需求 $\boldsymbol{F}$。

从以上讨论可以看出，二阶滑模控制器在反步法中的应用与一阶滑模控制器基本一致，区别仅仅在于滑模面和滑模趋近律的设计。此种区别使得二阶滑模控制器具有更快的收敛速度，但是在系统存在大挠性、铰间隙的情况下，二阶滑模控制方法有时候并不合适。这一问题在后续仿真分析中会加以阐释。

6.3.3　铰间隙对控制器的影响

在铰间隙方面，仍然采用一阶滑模控制器与 LPV 控制器的耦合控制方法，两者之间通过反步法连接。但是在 LPV 层面计算理想控制系统输出的过程中，需要增加铰间隙系统：

$$\begin{bmatrix} A & B \\ C & D \end{bmatrix} \begin{bmatrix} \ddot{q} \\ \ddot{x}_1 \\ \ddot{y}_1 \\ \ddot{x}_2 \\ \ddot{y}_2 \end{bmatrix} + \begin{bmatrix} G_1 \\ G_2 \end{bmatrix} = \begin{bmatrix} F \\ \begin{bmatrix} f_{c11} \\ f_{c12} \\ f_{c21} \\ f_{c22} \end{bmatrix} \end{bmatrix} \tag{6.72}$$

式中，矩阵 A、B、C、D、G_1、G_2 可以分别通过拓展自由度动力学模型得到。由于接触力 f_{cij} 不可控，因此，为了实现对 8 自由度主动关节系统的控制，需要先计算铰间隙反应力：

$$\ddot{r} = \begin{bmatrix} \ddot{x}_1 \\ \ddot{y}_1 \\ \ddot{x}_2 \\ \ddot{y}_2 \end{bmatrix}, f = \begin{bmatrix} f_{c11} \\ f_{c12} \\ f_{c21} \\ f_{c22} \end{bmatrix} \tag{6.73}$$

$$\ddot{r} = D^{-1} \left(f - G_2 - C\ddot{q}_{\text{req}} \right) \tag{6.74}$$

在此基础上，即可获得控制需求 F：

$$A\ddot{q} + BD^{-1} \left(f - G_2 - C\ddot{q}_{\text{req}} \right) + G_1 = F \tag{6.75}$$

得到了 F 之后，就可以按照先前的方法将其进一步拆分为 $F(1 \cdot 10)$ 和 $F_{\text{ideal}}(11 \cdot 12)$，并通过一阶滑模控制器或二阶滑模控制器与反步法相结合的方式实现挠性关节的控制器设计。通过对式（6.75）的分析可知，如果要进行如式（6.74）的计算，必须能够测量得到当前时刻的铰间隙接触力，而这种接触力在真实结构中是比较难以获得的，包括传感器选择、信号处理和误差分析等因素，都需要经过进一步论证和测试。但是这并不是本章所讨论的核心内容，因此本章仅仅从假设控制系统可以得到所有必需的反馈信息的情况下进行了仿真验证。同时，如果不能得到相关信息，则在控制系统中无视铰间隙，采用正常 8 自由度系统求解 F。

6.4　仿真验证

本节将针对本章所提出的基于拓展自由度思想的空间多体系统动力学建模与控制相关技术，采用数学仿真的方式加以验证。由于本章考虑了包括动力学参数误差、天线挠性、关节挠性、铰间隙等多种动力学因素，且铰间隙是区别于其他动力学因素的特殊存在，因此本节中所展示的仿真验证内容主要分为三个方面：①不考虑铰间隙的定点模式控制，航天器本体保持一个固定姿态，即抑制运动部件在转动过程中对航天器本体姿态造成的扰动；②不考虑铰间隙的跟踪模式，即航天器本体姿态与运动部件同步转动的模式；③考虑铰间隙的情况下，进行跟踪模式控制。

6.4.1　不考虑铰间隙的定点模式控制

本小节将在不同动力学模型的情况下集中验证先前所提出的所有控制算法的正确性和可靠性。首先，基于任务场景的设计和实际指标需求，确定了本小节所研究的动力学参数如表 6.1 所示。

表 6.1　动力学参数

参数	参数值
基座卫星质量 /kg	4500
基座卫星转动惯量 /（kg·m²）	$\begin{bmatrix} 14621.6 & 0.61 & -267.41 \\ 0.61 & 12589.8 & -365.91 \\ -267.41 & -365.91 & 9798.9 \end{bmatrix}$
天线质量 /kg	3
天线转动惯量 /（kg·m²）	Diag(0.2,0.174,0.22)
天线安装位置 /m	[-1.2　-1.2　5.089]
平动挠性耦合矩阵	$\begin{bmatrix} -0.311 & -0.324 & -0.503 \\ 1.112 & 0.3 & 0.49 \end{bmatrix}^\top$
转动挠性耦合矩阵	$\begin{bmatrix} -0.059 & -0.348 & -0.433 \\ -0.424 & 0.481 & 0.53 \end{bmatrix}^\top$

基于以上的动力学参数和仿真任务场景设置，下面分别从不同的工况出发，对不同的控制器进行测试比对。

6.4.1.1　动力学参数误差 + 天线挠性

首先，考虑了天线挠性和动力学参数误差，并在一阶滑模控制器的基础上加入了 LPV 动力学参数误差识别算法。这部分的仿真结果如图 6.6 ~ 图 6.9 所展示。

从仿真结果可以看出，由于加入了天线挠性，在没有动力学参数误差前馈的情况下，滑模控制器会带来较明显的误差。因为天线挠性自由度属于不可控不可观测系统，所以同样可以被视为动力学参数误差的一种变形。因此，滑模控制器与 LPV 动力学参数误差的算法构架反而能够起到更好的控制效果。

图 6.6 中给出了此种控制算法下天线前两个模态振动位移的变化情况。从图中可以看出，加入了误差前馈后可以对高频振动起到很好的抑制，且整个天线挠性的振动情况也得到了有效抑制。可以注意到，在图 6.9 中，天线始终存在振动，并没有收敛，通过分析控制输入与天线振动的频率可以断定：由于挠性关节的存在，导致控制器输入了一个 0.8Hz 左右的峰值，从而导致了天线的受迫振动。

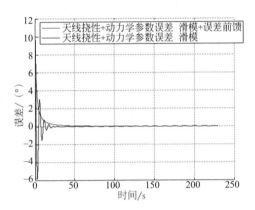

图 6.6　加入天线挠性情况下的滑模控制器比较：天线方位角

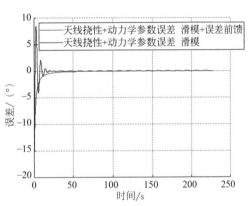

图 6.7　加入天线挠性情况下的滑模控制器比较：天线倾角

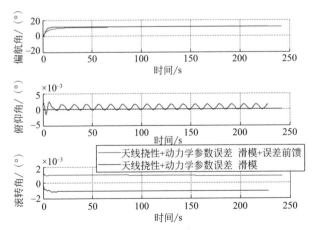

图 6.8　加入天线挠性情况下的滑模控制器比较：三轴姿态

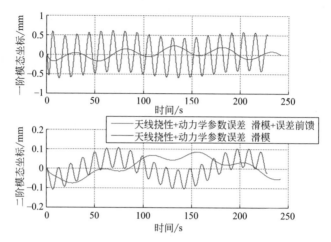

图 6.9　加入天线挠性情况下的滑模控制器比较：天线振动位移

6.4.1.2　动力学参数误差 + 关节挠性

本部分的仿真主要关注关节挠性控制器的测试。通过上一组仿真，已经基本明确了滑模控制器 + 反步法为处理挠性关节振动抑制的核心方法。因此，该部分的仿真分析主要针对控制器构架中是否存在动力学误差前馈算法。该部分相对应的仿真结果如图 6.10 ～图 6.13 所示。

从图中可以看出，在不考虑天线挠性的情况下，基于一阶滑模控制与反步法的控制策略可以实现对星载运动天线的精确转动控制。而基于 LPV 的动力学参数误差前馈算法仅仅会影响系统的收敛速度。因此，可以得出结论，一阶滑模控制器与基于 LPV 控制器相结合的反步法控制思路具备良好的鲁棒性，可以在系统动力学参数存在误差的情况下实现良好的控制效果，且系统收敛速度不会受到明显的影响。

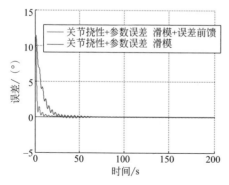

图 6.10　动力学参数误差 + 关节挠性滑模控制器 + 反步法控制结果：天线方位角

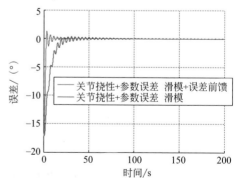

图 6.11　动力学参数误差 + 关节挠性滑模控制器 + 反步法控制结果：天线倾角

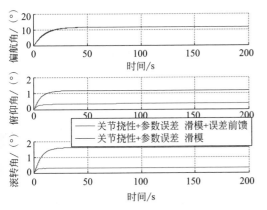

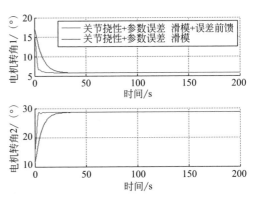

图 6.12　动力学参数误差 + 关节挠性滑模控制器 + 反步法控制结果：基座卫星三轴姿态

图 6.13　动力学参数误差 + 关节挠性滑模控制器 + 反步法控制结果：关节电机转角

6.4.1.3　全动力学模型（定点模式）

第三组仿真将上面两组仿真考虑的动力学因素结合起来，在全动力学模型下探讨一阶滑模控制器对复杂多体系统的控制能力。在该模型框架下的仿真结果如图 6.14～图 6.18 所示。

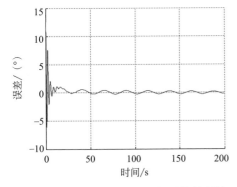

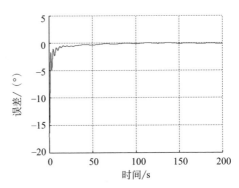

图 6.14　全模型下不同控制策略的控制结果：天线方位角

图 6.15　全模型下不同控制策略的控制结果：天线倾角

从以上仿真结果可以看出，在挠性天线存在的情况下，系统必须加入 LPV 误差前馈才能获得较好的控制效果。与前一小节的对比也可以看出，当仅仅存在挠性关节的情况时，一阶滑模控制器可以得到稳定的控制结果，且不会造成明显的抖振，仅仅是系统稳定时间稍稍增加。为此，可以得出以下结论：挠性天线属于被动不可控自由度，基于传统拉格朗日多刚体系统所获得的理想控制输出 F 不再正确，为此，必然会给系统带来更大的控制误差。而挠性关节虽然同样增加了整个二体耦合动力学系统的自由度，但是它属于可控关节，因此，通过反步法

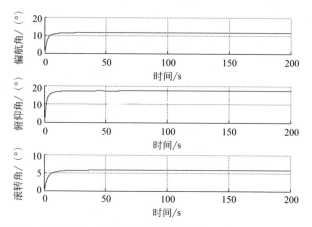

图 6.16　全模型下不同控制策略的控制结果：基座卫星三轴姿态

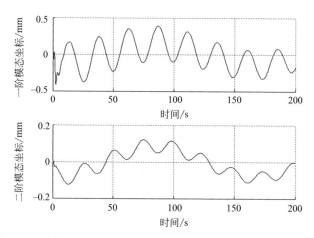

图 6.17　全模型下不同控制策略的控制结果：挠性天线振动位移

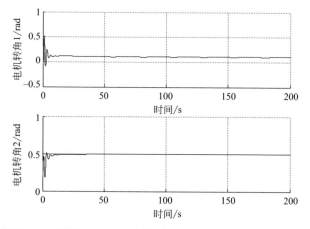

图 6.18　全模型下不同控制策略的控制结果：关节电机转角

所得到的控制算法可以得到良好的控制效果。

6.4.2 不考虑铰间隙的多体系统跟踪模式控制

6.4.2.1 天线跟瞄

根据先前对任务场景的描述可知，在实际任务中需要星载运动天线对时变目标轨迹进行快速实时跟踪操作。为此，将二阶滑模控制器集成到含有动力学参数误差、天线挠性和关节挠性的动力学系统之中，并且要求星载运动天线对一个给定的转动轨迹进行跟随。二阶滑模控制的仿真结果如图 6.19 ～图 6.23 所示。

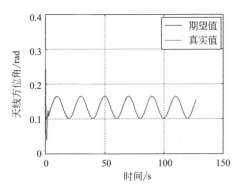

图 6.19 全模型跟瞄任务下不同控制策略的控制结果：天线方位角

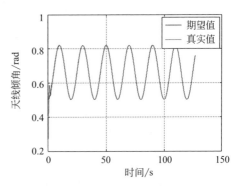

图 6.20 全模型跟瞄任务下不同控制策略的控制结果：天线倾角

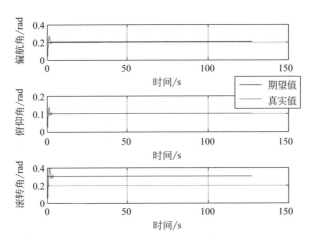

图 6.21 全模型跟瞄任务下不同控制策略的控制结果：基座卫星三轴姿态

从仿真结果可以看出，二阶滑模 + 反步法 +LPV 误差前馈的控制方式具备良好的控制效果，星载运动天线在此种控制器之下可以实现对目标轨迹的高精度跟随，同时可以保持航天器基座平台的姿态稳定。从图 6.23 则可以看出，由于

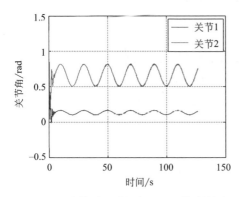

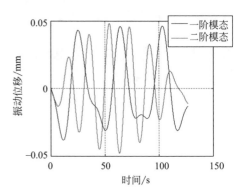

图 6.22　全模型跟瞄任务下不同控制策略
　　　　的控制结果：关节角度

图 6.23　全模型跟瞄任务下不同控制策略
　　　　的控制结果：天线振动位移

运动天线处于实时加速的跟踪跟瞄状态，因此天线的挠性振动削减速度变慢，但是此种振动似乎没有对天线整体的跟瞄操作产生明显的影响。因此，可以得出结论，在不考虑铰间隙的情况下，二阶滑模控制器 + 反步法 +LPV 误差前馈的控制构架可以有效地实现星载运动天线对目标标称轨迹的跟踪跟瞄操作，有着良好的稳定性和控制效果。

6.4.2.2　天线平台同步跟瞄

进一步地，对整星姿态与附件指向同时运动时的控制问题加以考虑，本小节在跟踪模式下分析整星姿态运动对附件指向的影响、整星在姿态机动过程中附件的挠性振动，以及附件运动反力矩对整星姿态控制的影响。为此，仍将二阶滑模控制器集成到含有动力学参数误差、天线挠性和关节挠性的动力学系统之中，并且要求星载运动天线与整星姿态同时跟踪指定的转动轨迹。仿真结果如图 6.24 ～图 6.27 所示。

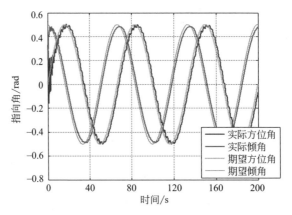

图 6.24　整星姿态与附件指向同时运动控制结果：天线指向角

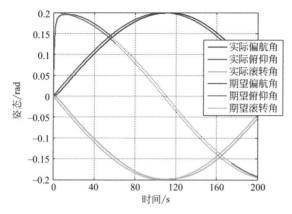

图6.25　整星姿态与附件指向同时运动控制结果：基座卫星三轴姿态

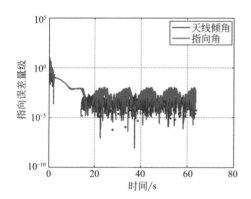

图6.26　整星姿态与附件指向同时运动控制结果：天线指向角误差

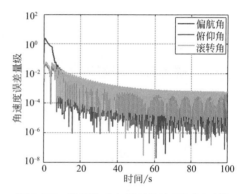

图6.27　整星姿态与附件指向同时运动控制结果：基座卫星三轴姿态误差

从仿真结果可以看出，在跟踪模式下，整星姿态与附件指向同时运动时，彼此之间并不会产生严重的影响，整个运动过程中天线的指向角与整星姿态都能够保持较高的跟踪控制精度。因此可以得到结论，本章设计的二阶滑模控制器针对跟踪模式下整星姿态与附件指向协同控制有着良好的控制效果。

6.4.3　带有铰间隙的控制器设计

最后，本小节针对铰间隙的动力学模型进行了控制仿真测试。首先，假设铰间隙的自由度是完全可测的，因此就可以基于滑模控制器得到如图6.28～图6.32所示的仿真结果。

从仿真结果可以看出，在基于拓展自由度的动力学模型环境下，铰间隙的存在同天线挠性一样，不会对控制结果产生巨大的影响。从图6.32中可以看出，天线铰间隙基本可以视为一个两自由度振动系统，在控制过程中不停地来回振荡，但是不会对整体的控制结果产生影响。

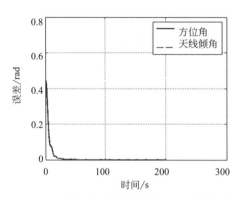

图 6.28　带有铰间隙的星载运动天线控制
　　　　结果：天线指向角误差

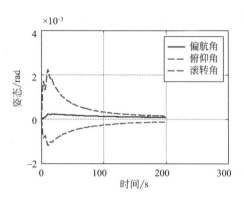

图 6.29　带有铰间隙的星载运动天线控制
　　　　结果：基座卫星三轴姿态

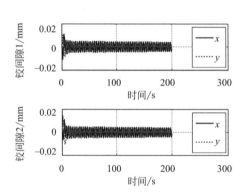

图 6.30　带有铰间隙的星载运动天线控制
　　　　结果：铰间隙位移

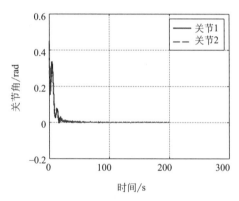

图 6.31　带有铰间隙的星载运动天线控制
　　　　结果：关节角度

但是，铰间隙属于不可测且不可控的关节机构，因此，在真实的任务环境下，上一组仿真算例中所描述的控制方法难以实现。因此，实际工程中的控制器应该无视铰间隙的存在，仅仅采用挠性关节和 8 自由度系统反步法相结合的控制器设计构架。将此种控制器集成到带有铰间隙的动力学模型之中，并对相应的控制结果进行比对操作。相关的仿真结果如图6.33 ～图 6.37 所示。

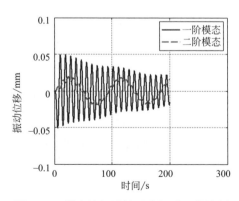

图 6.32　带有铰间隙的星载运动天线控制
　　　　结果：天线振动位移

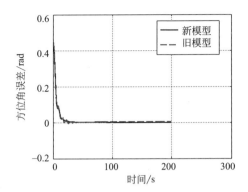

图 6.33　带有铰间隙的控制器结果：天线
方位角误差

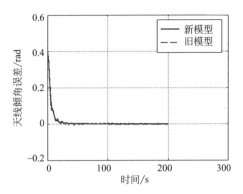

图 6.34　带有铰间隙的控制器结果：天线
倾角误差

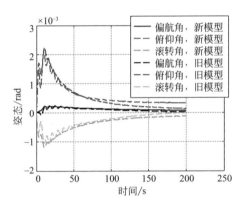

图 6.35　带有铰间隙的控制器结果：基座
卫星三轴姿态

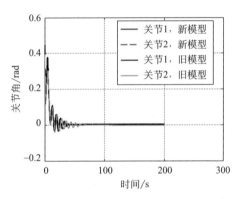

图 6.36　带有铰间隙的控制器结果：关节
角度

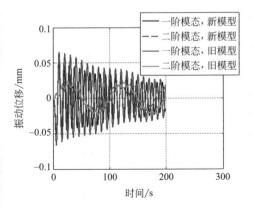

图 6.37　带有铰间隙的控制器结果：天线
振动位移

从以上仿真结果可以看出，当滑模控制器考虑系统铰间隙的存在时，整个控制结果会出现明显的抖振，并且最后的终端控制精度会进一步降低。但是，整个天线系统的控制稳定仍然可以得到保障。挠性天线的振动模态位移在考虑铰间隙的情况下会稍稍增大，但是整体上仍然呈收敛趋势。因此可以得出结论，一阶滑模控制器的鲁棒性足以在存在铰间隙的情况下实现控制系统的收敛稳定和安全，但是超高的控制精度难以保障。

最后，用同样的方法测试了二阶滑

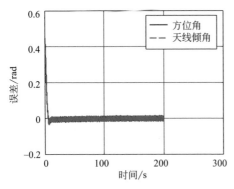

图 6.38   二阶滑模控制器对带有铰间隙的
控制器结果：天线两轴指向

模控制器在存在铰间隙的情况下对动力学系统的控制效果，仿真结果如图 6.38～图 6.42 所分析。从仿真结果可以看出，当系统存在铰间隙时，二阶滑模控制器无法实现系统的稳定，而是会在平衡位置附近不停振荡，甚至有发散的风险。从图 6.38 可以看出，铰间隙的振动位移比一阶滑模的情况大大增加，这也表明了二阶滑模控制器由于其高增益高收敛速度的特点，反而会对整个系统的稳定和安全产生深远的影响，因此，

其并不适合在此种环境下使用。

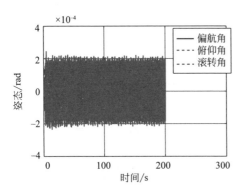

图 6.39   二阶滑模控制器对带有铰间隙的
控制器结果：基座卫星三轴姿态

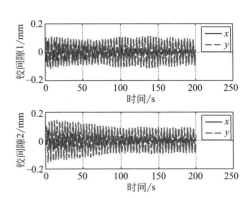

图 6.40   二阶滑模控制器对带有铰间隙的
控制器结果：铰间隙位移

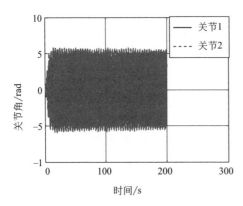

图 6.41   二阶滑模控制器对带有铰间隙的
控制器结果：关节角度

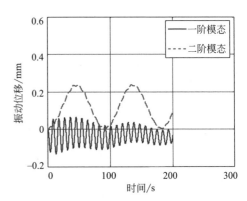

图 6.42   二阶滑模控制器对带有铰间隙的
控制器结果：天线振动位移

6.5 本章小结

本章利用先前章节中所建立的拓展自由度思想，对带有铰间隙的空间多体动力学系统进行了建模，并基于此提出了一系列的控制方法。本章的讨论以带有一个可运动天线的敏捷卫星的姿态控制为例，先后考虑了包括多体系统动力学参数不确定、天线挠性、转动关节挠性和铰间隙等多种复杂动力学因素对航天器本体姿态指向和天线指向的影响；并在定点模式、跟瞄模式等多种任务场景下，对不同的控制器对于该复杂动力学的控制效能进行了测试，并得到了如下的几个结论：

① 由于多体系统动力学参数不确定、天线挠性和关节挠性这三个因素都属于被动衰减因素，因此它们对于航天器的总体影响较小。对现有控制器采用合适的鲁棒处理，或采用反步法等较为成熟的高阶控制系统构架，均能够在跟瞄模式和定点模式的情况下较为有效地实现对航天器本体和运动天线的高精度指向控制。

② 对于仅考虑系统动力学参数不确定、天线挠性和关节挠性这三个因素的动力学系统，在定点模式下，一阶滑模控制器比二阶滑模控制器有更好的效能；二阶滑模控制系统往往存在超调、相位稳定度差等缺点。而在跟瞄模式下，二阶滑模控制器则能够取得更高的跟踪精度。

③ 利用拓展自由度思想，可以实现对铰间隙这一复杂动力学因素的建模操作，并在假设间隙运动信息可测的情况下，对带有间隙的空间多体系统进行有效的控制。但是，在真实任务环境中，带有铰间隙的动力学系统往往具备着不可测性、模型精度低且存在局部正反馈性等不利特性，因此，对此种动力学系统的处理相较于其他几个动力学因素而言要更为困难和复杂。

④ 在带有铰间隙的空间多体航天器动力学系统中，高增益的控制方法（一阶、二阶滑模控制器）均难以有效实现高精度稳定控制。这主要是由于铰间隙会在高增益时产生局部正反馈现象，导致系统无法收敛。因此，对于此种复杂动力学系统，利用 H 无穷理论，选择鲁棒 PD 控制，通过牺牲收敛时间的方式避开局部的正反馈激发，可能是较为有效的方式。

通过本章的讨论可以得知，拓展自由度思想不但在机械臂抓捕空间非合作目标的任务场景中能够起到关键作用，还可以被应用于其他复杂的空间多体动力学场景，为空间多体系统的动力学仿真和控制器的设计做出相应的贡献。后续章节还将继续紧扣拓展自由度这一核心思想，进一步讨论该理论在其他相关任务场景中的应用和对现有多体航天器控制系统设计所产生的影响。

第 7 章
拓展自由度方法在空间多机械臂组合体系统中的应用

　　前几章中，已经利用拓展自由度的思想，对开链空间机械臂抓捕非合作目标、带有转动天线的航天器等不同的动力学系统进行了研究，并设计了相对应的控制方法。然而，值得注意的是，截至目前，我们所研究的系统仍然局限于开链系统。不论是空间单机械臂抓捕目标后所组成的组合体，或者是带有二轴柔性运动天线的航天器，其动力学本质都是开环运动链，在动力学建模过程中不需要引入额外的拉格朗日乘子来描述系统额外的拓扑约束。因此，对于此种系统的建模一般也较为简单。本章将聚焦空间多机械臂系统组合体动力学建模问题。与单机械臂不同，空间多机械臂系统往往采用多个执行机构抓住同一个目标，因此其获得的组合体是一个闭链系统。对于这种系统的动力学建模，一般需要引入拉格朗日算子，计算关节约束反力，并基于此削减系统的自由度。其建模过程较为繁琐，且控制器的集成会更加困难。为了解决上述问题，本章利用拓展自由度和接触动力学的思想，提出一种特殊的描述空间自由漂浮闭链多体系统的方法，并为之设计相应的控制器进行控制测试。本章的讨论主要分为三个部分进行：第一部分将聚焦平面环境内的双机械臂对目标的操控任务场景，提出基于拓展自由度的空间闭链多体系统建模方法；第二部分将聚焦空间三维环境，将拓展自由度与接触动力学相结合，从而给出三维空间闭链多体系统的建模方法；第三部分同样将通过数学仿真的方式对本章提出的相关方法进行验证。

7.1　平面环境内复杂多机械臂变拓扑系统的建模

正如本章开篇所述，在先前几个章节的讨论中，主要聚焦空间开链动力学系统的建模和研究。而对于闭链多机械臂系统的动力学问题，却没有做出详细的讨论。在空间机械臂研究领域内，双机械臂系统一直是一个重要的分支流派。对于空间闭链多机械臂系统的建模，学者们普遍采用的是基于拉格朗日乘子的带有约束的多体动力学建模方法；或者采用将目标和机械臂分开建模，从而变闭链为开链的方法。本节在所建立的拓展自由度的动力学建模方法基础之上，针对多机械臂并联系统，给出了一套新的空间漂浮闭链系统的建模方法，为相关领域的动力学与控制问题的研究提供了新的思路。

为了透彻地研究空间闭链多体动力学系统，首先以如图 7.1 所示的任务场景为例，对拓展自由度进行定义。从图中可以看出，本节将主要聚焦二维平面环境内的多臂组合体动力学系统。这一设计主要有两个初衷：①二维平面的动力学拓扑矩阵较为简单，对计算机计算能力要求不高，比较适合在早期进行较高效的动力学计算；②机械臂模型与目标之间的相对滑动一般只能在二维环境下出现，对于空间三维环境下的多点抓捕场景，目标与各个执行机构之间基本处于完全限制状态，无法进行相对滑动。对于此种三维多点抓捕系统，一般要对

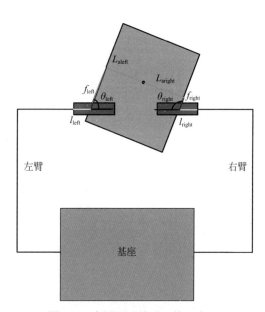

图 7.1　空间漂浮并联系统示意图

拓展自由度的描述进行改进，并引入接触动力学模型作为被动关节控制输入才能进行有效计算。这一部分的内容将在 7.2 节进行具体的阐述。

基于以上的任务场景定义可以得知，本节研究的空间机械臂系统拥有左右两个机械臂，而在左右两个机械臂的末端分别可以对同一个目标的质心定义两组拓展自由度，即六个拓展自由度。为了将这两组拓展自由度集成到并联闭环系统之中，需要进一步定义如图 7.2 所示的几组动力学子系统。

从图 7.2 中可以看出，系统 A 即为完整的动力学模型；系统 B 为左右两个机械臂都在相同位置，但是都不抓住目标时的动力学模型，即左右执行机

构均无接触力输入的情况；系统 C 和系统 D 两个场景则分别为左右各有一个机械臂抓住目标时的动力学模型。首先，将整个系统的自由度向量定义为：$Q=\begin{bmatrix} Q_m & Q_l & Q_r \end{bmatrix}^T$，其中三个子向量分别表示与机械臂、左执行机构和右执行机构相对应的自由度，与之相对应的加速度向量为 $a=\begin{bmatrix} a_m & a_l & a_r \end{bmatrix}^T$。通过分析，可以将 A ～ D 四个子系统所对应的控制输入分别写成：

$$
\begin{cases}
F_A = \begin{bmatrix} F_{m\_A} \\ F_{l\_A} \\ F_{r\_A} \end{bmatrix} \\[12pt]
F_B = \begin{bmatrix} F_{m\_B} \\ F_{l\_B} \\ F_{r\_B} \end{bmatrix} \\[12pt]
F_C = \begin{bmatrix} F_{m\_C} \\ F_{l\_C} \\ F_{r\_C} \end{bmatrix} \\[12pt]
F_D = \begin{bmatrix} F_{m\_D} \\ F_{l\_D} \\ F_{r\_D} \end{bmatrix}
\end{cases}
\tag{7.1}
$$

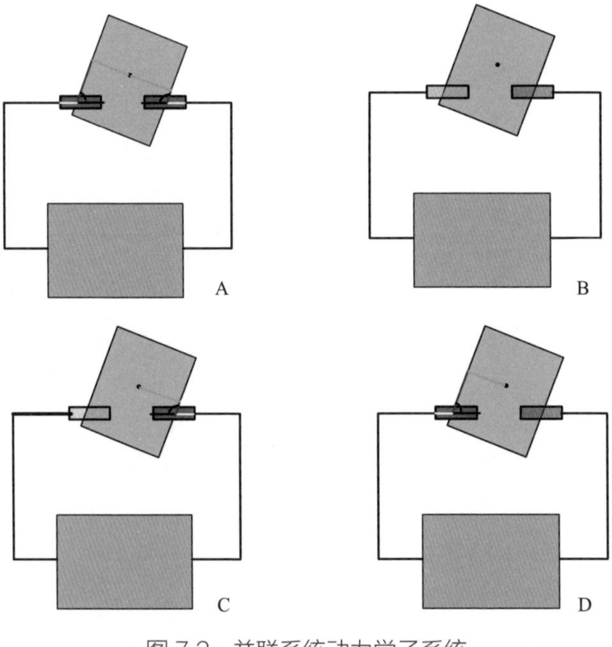

图 7.2 并联系统动力学子系统

　　显然，系统 A 是带有约束的，因此 a_{m} 是无法通过拉格朗日公式直接计算的。但是，系统 B、C、D 都是开链系统，可以通过第 2 章所描述的拓展自由度算法直接进行计算：

$$a_k = \ddot{q}_k = M_k^{-1}\left(F_k - C_k - D_k\dot{q}_k\right) = M_k^{-1}\left(\begin{bmatrix} F_{\mathrm{m}\_k} \\ F_k \end{bmatrix} - C_k - D_k\dot{q}_k\right) \tag{7.2}$$

式中，下标 k 可以取 B、C、D，分别代表三个子系统；F_{m_k} 为每一个等效开链系统的主动关节的控制输入；F_k 与第 2 章中的讨论一样，代表与拓展自由度相绑定的被动关节的摩擦力输入。根据不同的子系统定义，该向量会被写成不同的形式：

$$F_k = \begin{bmatrix} F_{\mathrm{l}\_k} \\ F_{\mathrm{r}\_k} \end{bmatrix} \tag{7.3}$$

　　在此基础上，通过对子系统之间逻辑的进一步分析，可以对各子系统的摩擦力输入建立如下关系：

$$\begin{cases} F_{\mathrm{m}\_A}=F_{\mathrm{m}\_B}=F_{\mathrm{m}\_C}=F_{\mathrm{m}\_D} \\ F_{\mathrm{l}\_B}=F_{\mathrm{r}\_B}=F_{\mathrm{l}\_C}=F_{\mathrm{r}\_D}=\mathbf{0} \\ F_{\mathrm{l}\_A}=F_{\mathrm{l}\_D} \\ F_{\mathrm{r}\_A}=F_{\mathrm{r}\_C} \end{cases} \tag{7.4}$$

其中，考虑到执行机构的抓捕接触同样是单向接触，即只有在执行机构抓住目标后两者之间才会有接触力。所以与左右执行机构对应的三自由度摩擦力可以通过与第 6 章中一样的饱和函数模型加以建模：

$$F_i = -w\frac{1}{1+\exp\left(-g\left(\|\boldsymbol{p}\|-dl\right)\right)}\left(k\left(\|\boldsymbol{p}\|-dl\right)^{\gamma}+\mu\|\dot{\boldsymbol{p}}\|\right)\frac{\boldsymbol{p}}{\|\boldsymbol{p}\|},\forall i \tag{7.5}$$

式中，$\boldsymbol{p}$ 为拓展自由度向量；dl 为等效平衡位置长度，一般可以设为 0。

　　显然，式（7.5）第一部分 $\dfrac{1}{1+\exp\left(-g\left(\|\boldsymbol{p}\|-dl\right)\right)}$ 为单向饱和函数项，w 为执行机构抓捕参数。若执行机构执行抓捕操作，该参数为 1，否则为 0。利用这一个公式，可以模拟当目标没有抓捕目标时，两者之间不会产生任何接触力。而式（7.5）第二部分则为传统的非线性接触模型。对于与机械臂子系统相对应的加速度，可以获得以下的关系：

$$\begin{cases} a_{\mathrm{m}\_A} = a_{\mathrm{m}\_B} = a_{\mathrm{m}\_C} = a_{\mathrm{m}\_D} \\ a_{\mathrm{l}\_C}=a_{\mathrm{r}\_D}=\mathbf{0}_{3\times1} \end{cases} \tag{7.6}$$

式（7.6）的第一个子公式的含义是：多机械臂组合体每一个主动关节的加速度等于该系统自由漂浮情况下的理想加速度减去每一个接触点对其的影响。第二个子公式的含义则是：当多臂系统的某一个执行机构与目标之间不存在相对滑动，则与该执行机构相对应的 3 个拓展自由度的广义加速度为 0。基于以上两个约束公式，就可以用 N 个等效的开链系统对一个 N 点接触的闭链空间多体系统进行有效建模。为了定义左右两个等效开链系统的加速度约束，还需要对目标的加速度进行定义，并对系统 C 和 D 加速度进行叠加：

$$a_{tg} = J\left(a_{m\_C} + a_{m\_D}\right) + M_r a_{r\_C} + M_l a_{l\_D} \qquad (7.7)$$

式中，a_{tg} 即为目标在惯性三维空间的三轴加速度；a_{m_C}、a_{m_D} 等向量的下标与式（7.2）中定义的一致。

因此，就可以通过目标的三轴惯性加速度分别求出 C、D 两个等效开链子系统中的附加牵连加速度：

$$
\begin{aligned}
a_{r\_C} &= M_r^{-1}\left(a_{tg} - Ja_{m\_A}\right) \\
a_{l\_D} &= M_l^{-1}\left(a_{tg} - Ja_{m\_A}\right)
\end{aligned}
\qquad (7.8)
$$

式中，J、M_r 和 M_l 分别是机械臂、右和左拓展自由度相对于目标末端加速度之间的雅可比矩阵。注意到 M_r 和 M_l 都是 3×3 矩阵，因此它们的逆矩阵是唯一的。

对上述的数学处理进行梳理，就可以分几个步骤得到基于拓展自由度的二维环境下空间双机械臂组合体系统的建模算法：

①假设双机械臂左右均未抓住目标，计算自由漂浮加速度 $a_A = \begin{bmatrix} a_{m\_A} \\ a_{l\_A} \\ a_{r\_A} \end{bmatrix}$，并

利用式（7.7）验证得到 $a_{tg\_A}=\mathbf{0}$；

②系统 C 和 D 分别在两个等效开链动力学子系统中，计算 $a_C = \begin{bmatrix} a_{m\_C} \\ a_{l\_C} \\ a_{r\_C} \end{bmatrix}$ 和

$a_D = \begin{bmatrix} a_{m\_D} \\ a_{l\_D} \\ a_{r\_D} \end{bmatrix}$，并利用式（7.6）修正主动关节加速度 a_{m_A}；

③由于系统 C 和 D 只有一个接触点，因此拓展自由度的加速度信息是缺失的，为此，需要利用目标的三维惯性加速度矢量 a_{tg}，并利用式（7.8）对系统 C 和 D 的拓展自由度进行修正。

通过这种方法，就可以避开繁琐的约束判断和拉格朗日乘子的求解过程，利

用简单的开链拉格朗日方程与饱和函数相结合的方式，解决带有约束的并联多体系统的建模问题。且通过分析不难看出，上述算法可以很轻松地借鉴到 N 根机械臂的复杂并联情况之中，而对于 N 点并联的复杂变拓扑系统，传统方法仅在自由度判断这一条上就将花费大量时间。基于拓展自由度的方法，虽然每一次迭代的计算量大于传统拉格朗日乘子法，但是算法简洁且移植性高，在工程实践上具备一定的优势。

如同本节一开始所提及的，上述动力学建模算法仅适用于二维平面情况，不能适用于三维工况，但是这种建模方法却有效地证明了拓展自由度理论可以被很好地拓展到复杂并联动力学系统之中。对于三维强约束的情况，将在下一节中进行具体阐述。

7.2　基于拓展自由度的三维空间内并联多臂系统动力学建模方法

7.2.1　三维运动下摩擦力模型的拓展

这一小节主要聚焦三维空间内的单边约束动力学建模问题。首先，通过基本的力学知识可以得知，影响摩擦力的因素除了表面材质特性和两个物体在接触面上的相对运动特性之外，还有两者之间的正压力大小。但是，在本书第一部分（第 1 章～第 4 章）的讨论中，主要聚焦相对滑动的位移和速度对摩擦力的影响，而对于正压力的影响并没有做深入的探讨。当机械臂末端三轴运动速度接近匀速且速率较慢时，的确可以假设机械臂执行机构所施加的正压力始终是常值，特别是对于现有的空间机械臂系统，该假设一般是成立的。但是，对于运动速度较快、幅度较大的空间操控场景，这一假设往往不再成立。更重要的是，当组合体系统运动较快时，目标上下表面的正压力幅度是不同的，因此也就会对摩擦力产生非线性的影响。为此，本小节针对三维运动下的机械臂末端对目标施加的正压力做了如图 7.3 所示的解算。

在图 7.3 中，F_1、F_2 代表正压力，f_1、f_2 代表摩擦力，r_1 和 r_2 则代表目标质心到接触点的向量。通过分析可知，当目标与执行机构固连时，摩擦力的方向将出现相反的情况。因此，对于摩擦力的解算将与正压力的解算相耦合。为了解决这个问题，有两种思路。第一种是采用离散的库仑摩擦力模型，建立不同运动模式和切换准则，并对每种模式分别建立受力分析模型。第二种方式是以末端接触

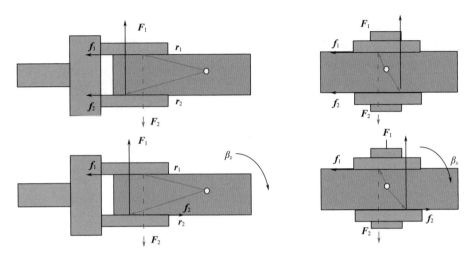

图 7.3   二维加速环境下的机械臂末端与目标的受力关系

约束为需求，建立如下的方程：

$$
\begin{cases}
\boldsymbol{F}_2 - \boldsymbol{F}_1 = \boldsymbol{a} \\
\tilde{\boldsymbol{r}}_1 \boldsymbol{F}_1 \left([0,0,1] + \mu_{1\_x} \right) + \tilde{\boldsymbol{r}}_2 \boldsymbol{F}_2 \left([0,0,1] + \mu_{2\_x} \right) = [0,0,\beta_z] \\
\tilde{\boldsymbol{r}}_1 \boldsymbol{F}_1 \left([0,0,1] + \mu_{1\_y} \right) + \tilde{\boldsymbol{r}}_2 \boldsymbol{F}_2 \left([0,0,1] + \mu_{2\_y} \right) = [\beta_x,0,0]
\end{cases}
\tag{7.9}
$$

式中，$\tilde{\boldsymbol{r}}$ 为对应向量的反对称矩阵，其自由度为 2；μ_1 和 μ_2 为与当前相对滑动速度矢量相关的摩擦因数。注意到由于假设目标与执行机构的相对运动被约束在执行机构坐标系 x-z 平面内，所以加速度需求和角加速度需求都是标量。当给出 $\boldsymbol{F}_1$ 或 $\boldsymbol{F}_2$ 的任意一个参考值时，都可以通过第一个公式直接给出 $\boldsymbol{F}_1$ 和 $\boldsymbol{F}_2$ 的值。而由于反对称矩阵不满秩，因此式（7.9）的第二、第三个矢量方程只会得出 4 个独立的方程。再由图 7.3 可知，$\boldsymbol{r}_1$ 和 $\boldsymbol{r}_2$ 两个向量也分别只有 x 和 z 坐标需要求解，所以可以通过 4 个方程求出 4 个未知数。通过求解式（7.9），即可以得出机械臂执行机构在上下表面对目标所施加的正压力、$\boldsymbol{r}_1$ 和 $\boldsymbol{r}_2$，并进一步求得摩擦力。在实际操作过程中，机械臂对于目标会产生一个标称抓捕力，即 $\boldsymbol{F}_1$ 或 $\boldsymbol{F}_2$ 中任意的一个值。但当目标在三维空间内进行大幅度快速机动的时候，主动抓捕力将变为被动力，即电机通过反馈信息，为了维持对目标的有效抓捕，会增加或减小正压力。因此，若要计算精确上下表面正压力，则需要在每一个积分步长结合实际 $\boldsymbol{a}$ 和 β 进行方程组求解，再将得到的 $\boldsymbol{F}_1$ 和 $\boldsymbol{F}_2$ 代入摩擦力模型之中，在上下表面分别计算后求得摩擦力合力。需要指出的是，在此种条件下，上下正压力的平均施力点不在一条直线上，这主要是由于上下表面接触面积不再可以忽略，正压力也不再是一个点作用力，而是在接触面积上的二维分布力，其精确的分布需要利用材料力学的相关知识进行细致求解，在这里就不再赘述。

通过对上述讨论的分析可以看出，当机械臂系统在空间中做加速运动时，机械臂对目标所施加的正压力不再是一个主动力，而是一个根据加速度和约束需求所计算的半主动力，因此该力同样是不可测的。由于在本书第一部分所提出的算法中，对于摩擦力的估计值是上下表面的合力，摩擦力信息的获取完全依赖于传感器测量和神经网络的拟合，GNC 系统中不集成任何摩擦力模型，且不需要正压力信息作为输入。因此，只要目标与执行机构的相对运动被约束在执行机构本体坐标系的 x-z 平面之内，则上述计算对本节的 GNC 算法就不会产生影响，仅仅会使得动力学建模的过程增加一些相应的步骤。

但是，在第二部分的讨论中，特别是针对闭链系统的讨论中，若存在多点接触问题，则首先需要通过带有拉格朗日算子的方程求解目标 α 和 β 的值，然后利用式（7.9）求出每一个接触点所对应的 F_1 和 F_2，再建立摩擦力模型求解相对运动。这会使得算法非常繁琐，且存在着些许前后逻辑矛盾的问题。例如，目标的加速度计算需要用到摩擦力信息，但是摩擦力信息又需要正压力信息。因此，可能需要建立一个维度很高的非线性耦合模型对整个系统进行求解，这对计算机的计算能力也提出了更高的要求。为了解决上述问题，采用传统的接触动力学方法可能更为高效，下一小节将进行具体论述。

7.2.2　基于接触动力学模型的多体系统建模方法

7.1 节已经成功利用拓展自由度的方法实现了对二维平面内的多机械臂并联变拓扑系统进行动力学建模。其主要原理为利用多点接触模型非耦合的特性，将拥有 N 个连接点的并联多点变拓扑系统视为 N 个单点连接系统，并分别进行开链动力学系统建模。针对三维空间，该原理仍然有效。但是由于 7.2.1 节中所讨论的正压力由已知主动力变为被动力的问题，传统的 3 个拓展自由度将无法绕开正压力方程而直接进行高效计算。因此，就必须要对拓展自由度进行进一步的定义。

本书的前几章中，假设目标始终被完美约束在执行机构坐标系 x-z 平面之内，并未对为了实现该约束而所施加的反力进行定义。由于在本书的第一部分中明确表示不考虑目标与机械臂末端脱离的情况，因此，在第一部分的讨论中，全程仅设计了 3 个拓展自由度。但是，若从实际情况出发，即使在抓住目标后，目标与机械臂末端仍然存在 6 个相对运动自由度，只是由于反力的存在，其中 3 个相对运动自由度被控制在了平衡位置而已。由此，就可以将拓展自由度的数目从 3 个变为 6 个。

从图7.4可以看出，新增的3个拓展自由度本质上即为 y 方向上的位移以及 x、z 方向上的转动。通过分析可以看出，由于这 3 个拓展自由度本身是通过被动的

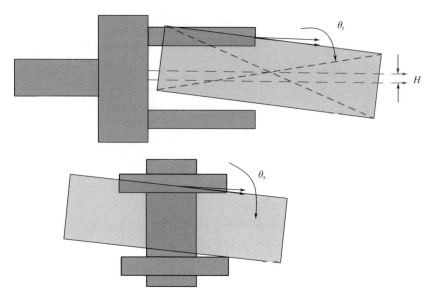

图 7.4　新增的 3 个拓展自由度

接触力将其强行控制在平衡位置附近，因此并不需要进行具体的几何含义定义，也不需要研究它们的可测性和可观性，只需要对目标相对于机械臂执行机构的质心位置进行简单的变换即可：

$$\boldsymbol{P} = f(\boldsymbol{q}) + \boldsymbol{Q}(\boldsymbol{q})\boldsymbol{Q}'(\beta)\begin{bmatrix} l \\ H \\ 0 \end{bmatrix} + \boldsymbol{Q}(\boldsymbol{q})\boldsymbol{Q}'(\beta)\begin{bmatrix} f\sin(\theta) \\ 0 \\ f\cos(\theta) \end{bmatrix} + \boldsymbol{Q}(\boldsymbol{q})\boldsymbol{Q}'(\beta)\begin{bmatrix} L_a\sin(\theta - 0.5\pi) \\ 0 \\ L_a\cos(\theta - 0.5\pi) \end{bmatrix} \tag{7.10}$$

式中，H 为第 3 个平动自由度；矩阵 $\boldsymbol{Q}'(\beta)$ 可以定义为：

$$\boldsymbol{Q}'(\beta) = \begin{bmatrix} 1 & 0 & 0 \\ 0 & \cos(\theta_x) & -\sin(\theta_x) \\ 0 & \sin(\theta_x) & \cos(\theta_x) \end{bmatrix}\begin{bmatrix} \cos(\theta_z) & -\sin(\theta_z) & 0 \\ \sin(\theta_z) & \cos(\theta_z) & 0 \\ 0 & 0 & 1 \end{bmatrix} \tag{7.11}$$

可以看出，相对位置向量 $\boldsymbol{P}$ 从宏观上仍然是一个三维向量。只不过与它相关的参数的数目变多了，因此，在求解拉格朗日方程时，需要对更多的参数求导数，问题的维度更高，但总体上的求解过程并没有任何变化。经过计算可以获得带有接触动力学的单边约束组合体动力学方程：

$$\begin{bmatrix} \boldsymbol{M}_{\mathrm{mp}} & \boldsymbol{C} \\ \boldsymbol{C}^{\mathrm{T}} & \boldsymbol{M}_{\mathrm{tg}} \end{bmatrix}\begin{bmatrix} \ddot{\boldsymbol{q}}_{\mathrm{mp}} \\ \ddot{\boldsymbol{q}}_{\mathrm{tg}} \end{bmatrix} + \begin{bmatrix} \boldsymbol{S}_{\mathrm{mp}} \\ \boldsymbol{S}_{\mathrm{tg}} \end{bmatrix} = \begin{bmatrix} \boldsymbol{F}_{\mathrm{mp}} \\ \boldsymbol{F}_{\mathrm{tg}} \end{bmatrix} \tag{7.12}$$

式中，$\boldsymbol{S}$ 向量为先前章节中 $\boldsymbol{C}$ 和 $\boldsymbol{D}$ 向量的和，在这里就不再具体描述；$\boldsymbol{F}_{\mathrm{mp}}$ 为系统所有主动关节的控制输入，与先前章节中讨论的并无太大区别；主要的区别在

F_{tg} 和 $\ddot{q}_{\text{tg}}$ 的定义之上，这两个量可以分别写成：

$$
q_{\text{tg}} = \begin{bmatrix} l \\ \theta \\ f \\ \theta_x \\ \theta_z \\ H \end{bmatrix}, F_{\text{tg}} = \begin{bmatrix} \delta_l \\ \delta_\theta \\ \delta_f \\ N_x \\ N_z \\ N_H \end{bmatrix} = \begin{bmatrix} \delta_l\left(N_H\right) \\ \delta_\theta\left(N_H\right) \\ \delta_f\left(N_H\right) \\ -\left(k\left(\|\theta_x\| - dl\right)^\gamma + \mu\|\theta_x\|\right)\operatorname{sign}\left(\theta_x\right) \\ -\left(k\left(\|\theta_z\| - dl\right)^\gamma + \mu\|\theta_z\|\right)\operatorname{sign}\left(\theta_z\right) \\ -\left(k\left(\|H\| - dl\right)^\gamma + \mu\|H\|\right)\operatorname{sign}\left(H\right) \end{bmatrix} \tag{7.13}
$$

式中，δ 即为第 2 章中已经定义过的摩擦力模型，后 3 个量为非线性接触模型，而这样就可以直接将后 3 个量集成进 $\delta(N_{\text{H}})$ 之中，直接在非线性时变的情况下解算出复杂变化的摩擦力信号，从而避免了传统拉格朗日方法中解算复杂运动约束的过程。

　　为了验证上述动力学模型，以一个简单的三维环境下的开链机械臂系统为例，进行简单的仿真验证。仿真结果如图 7.5～图 7.10 所示。从图 7.5 中可以看出，本仿真场景采用了 4 个关节的开链空间机械臂系统。而从图 7.6 中可以看出，当系统进行了操控之后，目标与机械臂末端执行机构之间的相对位置发生了变化，也就是相对滑动所造成的结果。同样地，从图 7.9 和图 7.10 中可以分别看出 6 个拓展自由度在操控过程中的变化情况。其中，3 个由非线性接触动力学控制的拓展自由度经过了小幅度的振荡之后最终稳定在了几乎平衡的位置，即没有发生相对位移，与运动约束的结果是等效的。这一运动约束所生成的接触力信号被添加到摩擦力模型之中，协助解算目标与执行机构之间的三自由度相对滑动。

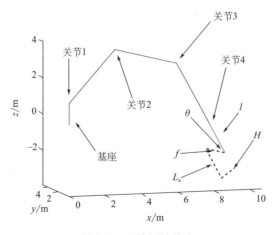

图 7.5　系统初始状态

　　本仿真算例也证明了带有接触模型的拓展自由度方法可以有效描述三维空间的运动约束和相对滑动，为后续的并联系统建模打下了基础。

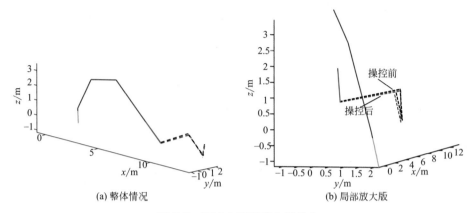

(a) 整体情况　　　　　　　　　　(b) 局部放大版

图 7.6　操控之后系统末端状态

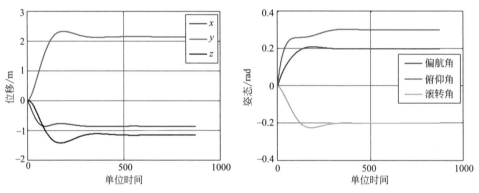

图 7.7　开链仿真测试结果：基座三轴位移与姿态

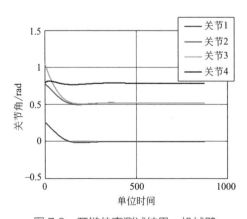

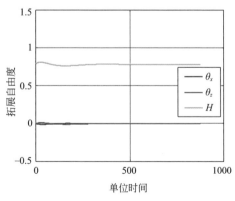

图 7.8　开链仿真测试结果：机械臂　　　图 7.9　开链仿真测试结果：接触动力学相

关节角度　　　　　　　　　　　　　　关拓展自由度

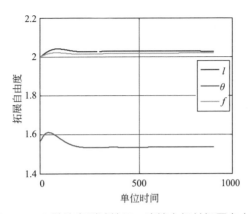

图 7.10 开链仿真测试结果：摩擦力相关拓展自由度

7.2.3 模型集成

通过前面几个小节的讨论，先后获得了基于拓展自由度的闭环动力学系统建模思路和接触动力学在拓展自由度模型中的集成方法。本小节将在上述两种方法的基础之上，进一步获得三维环境下的复杂并联系统的动力学模型。

首先，仍然参照 7.1 节中的相关算法流程，以双机械臂系统为例，将空间并联多体系统分别定义成四个子系统，分别是左右均不连接、左右均连接以及左右有一个点连接的工况。其动力学模型则可以分别写成如下形式：

$$
\begin{bmatrix} \boldsymbol{M}_1 & \boldsymbol{C}_1 & \boldsymbol{C}_2 \\ \boldsymbol{C}_1^{\mathrm{T}} & \boldsymbol{M}_2 & \boldsymbol{C}_3 \\ \boldsymbol{C}_2^{\mathrm{T}} & \boldsymbol{C}_3^{\mathrm{T}} & \boldsymbol{M}_3 \end{bmatrix} \begin{bmatrix} \ddot{\boldsymbol{q}}_{\mathrm{mp}} \\ \ddot{\boldsymbol{q}}_{\mathrm{tg1}} \\ \ddot{\boldsymbol{q}}_{\mathrm{tg2}} \end{bmatrix} + \begin{bmatrix} \boldsymbol{S}_1 \\ \boldsymbol{S}_2 \\ \boldsymbol{S}_3 \end{bmatrix} = \begin{bmatrix} \boldsymbol{F}_{\mathrm{m\_B}} \\ \boldsymbol{F}_{\mathrm{l\_B}} \\ \boldsymbol{F}_{\mathrm{r\_B}} \end{bmatrix} \tag{7.14}
$$

式中，$\boldsymbol{C}_1$、$\boldsymbol{C}_2$ 分别是航天器基座与左右执行机构之间的耦合矩阵；$\boldsymbol{S}$ 与上一小节的定义一样，不再多做解释；$\boldsymbol{F}_{\mathrm{m\_B}}$ 为主动关节控制力；$\boldsymbol{F}_{\mathrm{l\_B}}$ 和 $\boldsymbol{F}_{\mathrm{r\_B}}$ 分别是左右执行机构所对应的接触力与摩擦力，其定义为：

$$
\boldsymbol{F}_{\mathrm{l\_B}} = \begin{bmatrix} \delta_{l\_1} \\ \delta_{\theta\_1} \\ \delta_{f\_1} \\ N_{x\_1} \\ N_{z\_1} \\ N_{H\_1} \end{bmatrix} = \begin{bmatrix} \delta_{l\_1}\left(N_{H\_1}\right) \\ \delta_{\theta\_1}\left(N_{H\_1}\right) \\ \delta_{f\_1}\left(N_{H\_1}\right) \\ -\left(k\left(\|\theta_{x\_1}\| - dl\right)^{\gamma} + \mu\|\theta_{x\_1}\|\right)\mathrm{sign}\left(\theta_{x\_1}\right) \\ -\left(k\left(\|\theta_{z\_1}\| - dl\right)^{\gamma} + \mu\|\theta_{z\_1}\|\right)\mathrm{sign}\left(\theta_{z\_1}\right) \\ -\left(k\left(\|H_{\_1}\| - dl\right)^{\gamma} + \mu\|H_{\_1}\|\right)\mathrm{sign}\left(H_{\_1}\right) \end{bmatrix} \tag{7.15}
$$

$$
\boldsymbol{F}_{\text{r\_B}} = \begin{bmatrix} \delta_{l\_r} \\ \delta_{\theta\_r} \\ \delta_{f\_r} \\ N_{x\_r} \\ N_{z\_r} \\ N_{H\_r} \end{bmatrix} = \begin{bmatrix} \delta_{l\_r}\left(N_{H\_r}\right) \\ \delta_{\theta\_r}\left(N_{H\_r}\right) \\ \delta_{f\_r}\left(N_{H\_r}\right) \\ -\left(k\left(\left\|\theta_{x\_r}\right\|-dl\right)^{\gamma}+\mu\left\|\theta_{x\_r}\right\|\right)\text{sign}\left(\theta_{x\_r}\right) \\ -\left(k\left(\left\|\theta_{z\_r}\right\|-dl\right)^{\gamma}+\mu\left\|\theta_{z\_r}\right\|\right)\text{sign}\left(\theta_{z\_r}\right) \\ -\left(k\left(\left\|H_{\_r}\right\|-dl\right)^{\gamma}+\mu\left\|H_{\_r}\right\|\right)\text{sign}\left(H_{\_r}\right) \end{bmatrix} \tag{7.16}
$$

通过分析可以得知，上述公式是左右均有连接的公式，在不加入拉格朗日算子的情况下，该公式是无解的。因此，在实际操作过程中，一般需要先计算左右均不施加抓捕的工况，也就是自由漂浮状态：

$$
\begin{bmatrix} \boldsymbol{M}_1 & \boldsymbol{C}_1 & \boldsymbol{C}_2 \\ \boldsymbol{C}_1^{\text{T}} & \boldsymbol{M}_2 & \boldsymbol{C}_3 \\ \boldsymbol{C}_2^{\text{T}} & \boldsymbol{C}_3^{\text{T}} & \boldsymbol{M}_3 \end{bmatrix} \begin{bmatrix} \ddot{\boldsymbol{q}}_{\text{mp}} \\ \ddot{\boldsymbol{q}}_{\text{tg1}} \\ \ddot{\boldsymbol{q}}_{\text{tg2}} \end{bmatrix} + \begin{bmatrix} \boldsymbol{S}_1 \\ \boldsymbol{S}_2 \\ \boldsymbol{S}_3 \end{bmatrix} = \begin{bmatrix} \boldsymbol{F}_{\text{m\_D}} \\ \boldsymbol{0} \\ \boldsymbol{0} \end{bmatrix} \tag{7.17}
$$

从式（7.17）中可以看出，$\boldsymbol{F}_{\text{l\_B}}$ 和 $\boldsymbol{F}_{\text{r\_B}}$ 都被 0 向量取代，即左右都没有施加抓捕力。基于此，可以把系统加速度可以写成：

$$
\begin{bmatrix} a_{\text{m\_A}} \\ a_{\text{l\_B}} \\ a_{\text{l\_B}} \end{bmatrix} + = \begin{bmatrix} \boldsymbol{M}_1 & \boldsymbol{C}_1 & \boldsymbol{C}_2 \\ \boldsymbol{C}_1^{\text{T}} & \boldsymbol{M}_2 & \boldsymbol{C}_3 \\ \boldsymbol{C}_2^{\text{T}} & \boldsymbol{C}_3^{\text{T}} & \boldsymbol{M}_3 \end{bmatrix}^{-1} \left(\begin{bmatrix} \boldsymbol{F}_{\text{m\_D}} \\ \boldsymbol{0} \\ \boldsymbol{0} \end{bmatrix} - \begin{bmatrix} \boldsymbol{S}_1 \\ \boldsymbol{S}_2 \\ \boldsymbol{S}_3 \end{bmatrix} \right) \tag{7.18}
$$

通过 7.1 节的讨论可以得知，此处计算出的加速度是自由漂浮加速度，需要对其进行修正才是抓捕状态下组合体的真实加速度。为了进行修正，则需要将先前章节所提到的 $a_{\text{m\_C}}$、$a_{\text{m\_D}}$ 分别表示为：

$$
\begin{bmatrix} a_{\text{m\_C}} \\ a_{\text{l\_C}} \\ a_{\text{r\_C}} \end{bmatrix} + = \begin{bmatrix} \boldsymbol{M}_1 & \boldsymbol{C}_1 & \boldsymbol{C}_2 \\ \boldsymbol{C}_1^{\text{T}} & \boldsymbol{M}_2 & \boldsymbol{C}_3 \\ \boldsymbol{C}_2^{\text{T}} & \boldsymbol{C}_3^{\text{T}} & \boldsymbol{M}_3 \end{bmatrix}^{-1} \left(\begin{bmatrix} \boldsymbol{F}_{\text{m\_C}} \\ \boldsymbol{F}_{\text{l\_C}} \\ \boldsymbol{0} \end{bmatrix} - \begin{bmatrix} \boldsymbol{S}_1 \\ \boldsymbol{S}_2 \\ \boldsymbol{S}_3 \end{bmatrix} \right) \tag{7.19}
$$

$$
\begin{bmatrix} a_{\text{m\_D}} \\ a_{\text{l\_D}} \\ a_{\text{r\_D}} \end{bmatrix} + = \begin{bmatrix} \boldsymbol{M}_1 & \boldsymbol{C}_1 & \boldsymbol{C}_2 \\ \boldsymbol{C}_1^{\text{T}} & \boldsymbol{M}_2 & \boldsymbol{C}_3 \\ \boldsymbol{C}_2^{\text{T}} & \boldsymbol{C}_3^{\text{T}} & \boldsymbol{M}_3 \end{bmatrix}^{-1} \left(\begin{bmatrix} \boldsymbol{F}_{\text{m\_D}} \\ \boldsymbol{0} \\ \boldsymbol{F}_{\text{l\_D}} \end{bmatrix} - \begin{bmatrix} \boldsymbol{S}_1 \\ \boldsymbol{S}_2 \\ \boldsymbol{S}_3 \end{bmatrix} \right) \tag{7.20}
$$

上面两个公式分别为左、右边单点抓捕的动力学模型。其中的各个控制力输入需要通过 7.1 节中的公式得到：

$$
\begin{cases}
\boldsymbol{F}_{\mathrm{m\_A}} = \boldsymbol{F}_{\mathrm{m\_B}} = \boldsymbol{F}_{\mathrm{m\_C}} = \boldsymbol{F}_{\mathrm{m\_D}} \\
\boldsymbol{F}_{\mathrm{l\_B}} = \boldsymbol{F}_{\mathrm{r\_B}} = \boldsymbol{F}_{\mathrm{l\_C}} = \boldsymbol{F}_{\mathrm{r\_D}} = \boldsymbol{0} \\
\boldsymbol{F}_{\mathrm{l\_A}} = \boldsymbol{F}_{\mathrm{l\_D}} \\
\boldsymbol{F}_{\mathrm{r\_A}} = \boldsymbol{F}_{\mathrm{r\_C}}
\end{cases}
\tag{7.21}
$$

在此基础之上，再通过引入目标加速度约束（即目标的质心加速度在所有子系统中是一致的），来对左右等效开链系统做非连续性修正。只不过在这里，需要修正的量不再是 3 个拓展自由度，而是 6 个：

$$
\begin{cases}
\boldsymbol{a}_{\mathrm{r\_C}} = \boldsymbol{M}_{\mathrm{r}}^{-1}\left(\boldsymbol{a}_{\mathrm{tg}} - \boldsymbol{J}\boldsymbol{a}_{\mathrm{m\_A}}\right) \\
\boldsymbol{a}_{\mathrm{l\_D}} = \boldsymbol{M}_{\mathrm{l}}^{-1}\left(\boldsymbol{a}_{\mathrm{tg}} - \boldsymbol{J}\boldsymbol{a}_{\mathrm{m\_A}}\right)
\end{cases}
\tag{7.22}
$$

$$
\boldsymbol{a}_{\mathrm{r\_C}} = \ddot{\boldsymbol{q}}_{\mathrm{tg\_r}} =
\begin{bmatrix}
\ddot{l} \\
\ddot{\theta} \\
\ddot{f} \\
\ddot{\theta}_x \\
\ddot{\theta}_z \\
\ddot{H}
\end{bmatrix}_{\mathrm{r}}
\tag{7.23}
$$

$$
\boldsymbol{a}_{\mathrm{l\_D}} = \ddot{\boldsymbol{q}}_{\mathrm{tg\_l}} =
\begin{bmatrix}
\ddot{l} \\
\ddot{\theta} \\
\ddot{f} \\
\ddot{\theta}_x \\
\ddot{\theta}_z \\
\ddot{H}
\end{bmatrix}_{\mathrm{l}}
\tag{7.24}
$$

由此，就将接触动力学与拓展自由度模型相结合，获得了空间三维环境下的并联机械臂组合体动力学模型。通过分析可以看出，此种算法的动力学建模过程可以和 7.1 节中所描述的一样，轻松地拓展到 N 点并联的工况之中。拓展的方法仅仅是将多点接触组合体系统视作 N 个等效单点接触组合体，并以此将相对应的控制信号集成到算法中，即可以实现不同工况下的组合体动力学响应。再利用先前提到的算法，就可以实现考虑单边约束情况下的多点变拓扑系统动力学建模。

7.3　仿真验证

本节将通过仿真的方式验证本章所提出的相关算法。从先前的讨论可以看出，本章的算法讨论主要是分为平面工况环境和三维空间工况环境两种。因此，本节的仿真内容也将分为两个部分，分别从平面工况和三维空间工况两个层面入手，对相关的动力学建模与控制算法进行验证。

7.3.1　二维环境任务场景仿真验证

本小节主要讨论二维平面工况。为了验证 7.1 节所描述的动力学建模算法，首先建立了与图 7.1 完全一致的任务场景。采用一个三自由度机械臂平台，搭载左右两个机械臂。左右两个机械臂分别具有 3 个自由度，并分别利用末端执行机构抓住目标。任务场景的基本参数定义如表 7.1 所示。

表 7.1　平面仿真场景动力学参数

参数	参数值
基座卫星质量 /kg	1500
基座卫星转动惯量 /（kg·m²）	2100
左右臂关节 1 长度 /m	2
左右臂关节 2 长度 /m	2
左右臂关节 3 长度 /m	1.5
左右臂关节质量 / kg	150
左右臂关节转动惯量 /（kg·m²）	210
左右臂执行机构质量 / kg	50
左右臂执行机构转动惯量 /（kg·m²）	90
目标质量 / kg	1600
目标转动惯量 /（kg·m²）	2500

基于上述动力学参数，利用 7.1 节中所描述的算法进行了动力学仿真测试。为了验证算法的正确性，仿真测试分为几个步骤进行。

（1）自由漂浮工况

首先，根据 7.1 节的论述，如果多臂系统的左右机械臂都不执行抓捕操作，那么目标实际上不受任何外力扰动，其质心位置将保持不变。在 7.1 节中，已经给出了目标质心位置相对于左右臂拓展自由度的雅可比矩阵。因此，在第一组仿真中，先令式（7.5）中的 w 为 0，即左右臂都不抓住目标。在此情况下，对机械臂系统进行操控，解算左右拓展自由度和目标质心位置速度信息，并得到了如图 7.11～图 7.14 所示的仿真结果。

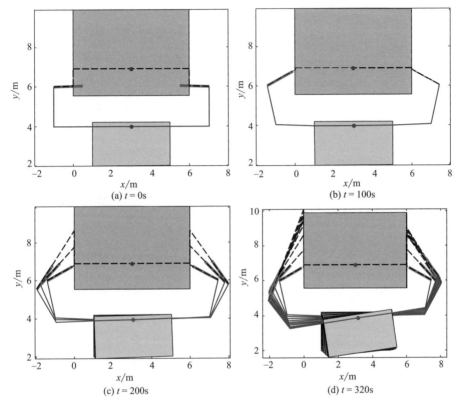

(a) $t = 0$s

(b) $t = 100$s

(c) $t = 200$s

(d) $t = 320$s

图 7.11　自由漂浮情况下的组合体系统运动情况

从仿真结果可以看出，在完全不进行抓捕操控的自由漂浮状态下，空间机械臂系统的动力学响应与传统多体系统的响应是完全一致的。而根据左右拓展自由度所计算出来的目标质心位置、速度几乎不变。这一结果印证了先前的假设，即左右臂都不进行抓捕操控时，目标不受外力作用自由漂浮。而根据雅可比矩阵所计算出的左右拓展自由度所对应的目标质心位置也几乎保持不变，由此也印证了模型的正确性。

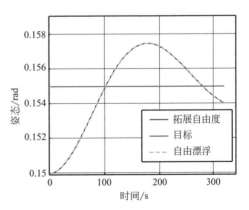

图 7.12　机械臂基座姿态变化情况

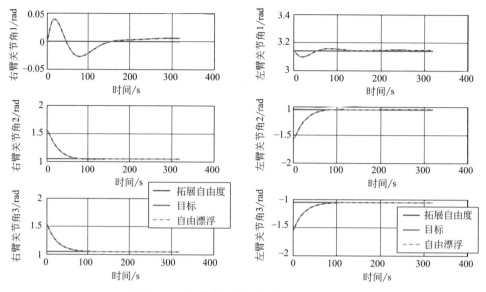

图 7.13　组合体系统左右臂关节变化曲线

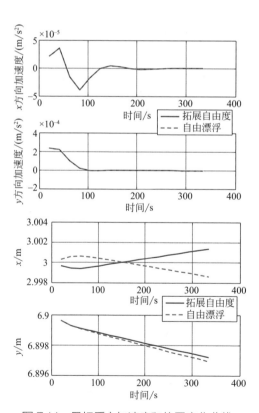

图 7.14　目标质心加速度和位置变化曲线

（2）等效单臂模型测试

在验证了多臂动力学系统在完全自由漂浮情况下的动力学响应之后，下一步将测试等效单臂动力学系统的动力学响应情况。根据 7.1 节中的定义，等效单臂动力学系统指的是左臂或右臂之中有一个抓捕目标，而另一个不进行抓捕操控的情况。因此，也仅仅需要对相应的抓捕力参数进行人为设定，即可以构造出此种模型。另外，通过分析可以得知，此种动力学系统实际上是一种开链动力学系统，因此，其基本的动力学响应可以直接通过本书第一部分所述的开链拓展自由度模型得到。所以，这里统一定义双臂系统左臂不抓捕目标，而右臂时刻抓住目标来构建等效单臂系统，并基于此来进行动力学仿真，以验证本章所提出的建模方法在等效单臂系统环境下的正确性。

　　基于上述场景定义，通过数学仿真得到了如下的仿真结果。从图7.15可以看出，由于左臂没有抓住目标，因此在操控过程中，左臂逐渐脱离了目标的范围；但是右臂始终与目标连接，因此目标的存在对右臂的运动也产生了很大影响。从图7.16～图7.18可以看出，基于本章提出的动力学模型所得到的结果与基

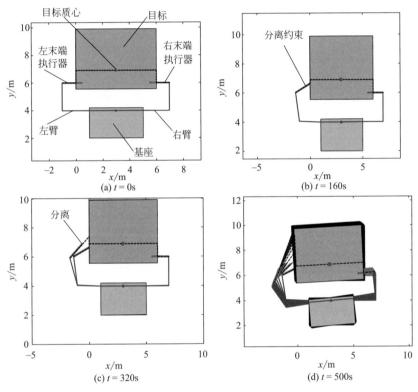

图 7.15　等效单臂系统在动力学仿真中的变化情况

于开链模型所得到的结果完全一致，这一结果验证了本章所述方法的正确性。最后，在图7.19所示的摩擦力信号中，可以清晰地看出在控制过程中，右臂与目标之间经历了静摩擦到动摩擦、再转换回静摩擦的变化。可以看出，拓展自由度方法可以更加精确地描述现实环境中的复杂接触问题，有着很好的应用前景。

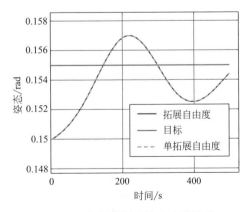

图 7.16　机械臂基座姿态变化情况

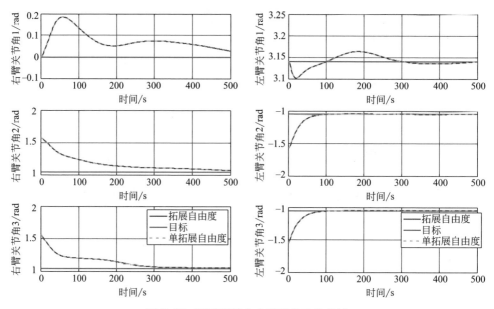

图 7.17   双臂系统左右臂关节变化曲线

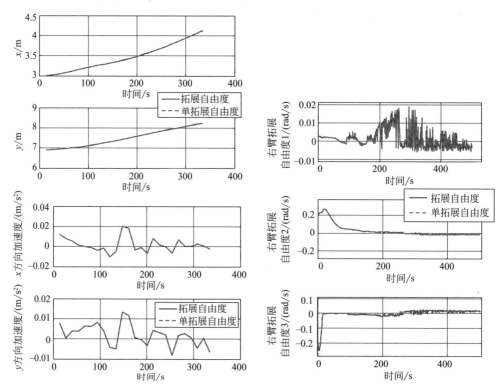

图 7.18   目标质心位置与加速度变化曲线

图 7.19   右臂的 3 个拓展自由度广义速度变化曲线

（3）闭链系统仿真

最后，令左臂和右臂都抓住目标，并对整个组合体系统进行动力学响应测试。通过对传统机械臂动力学系统的研究可以得知，解决双臂系统（Dual Arm System）建模问题有一个较为直接的方式，那就是将目标和机械臂系统分开建模。利用作用力反作用力原理，将机械臂左右臂受到的接触力通过雅可比矩阵投影到关节空间，即可以对目标和机械臂的运动分别进行计算。因此，本小节将采用这种方法作为基准，与本章所提出的方法进行比较，通过仿真，得到了如图 7.20 所示的仿真结果。

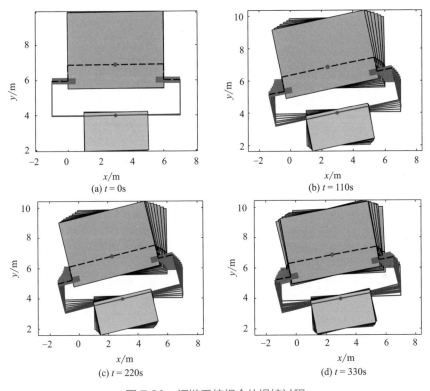

图 7.20　闭链系统组合体操控过程

从仿真结果中可以看出，由于考虑到左臂、右臂同时抓住了目标，整个组合体系统的动力学响应更加接近一个刚体系统，整个组合体的几何构型没有发生太大的变化，左臂与右臂都与目标几乎保持固连状态，因此，可以认为该仿真是机械臂环抱着目标进行姿态机动的操控过程。机械臂关节角度也在期望值附近进行振荡，没有发散趋势。但是在图 7.21～图 7.23 中，还是可以清晰看出新的建模方法与传统的将目标与机械臂分开建模的方法所得到的结果高度一致，进一步验证了该算法的正确性和有效性。

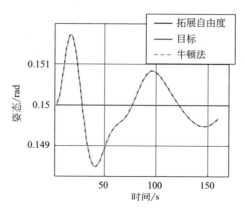

图 7.21　闭链系统基座姿态变化曲线

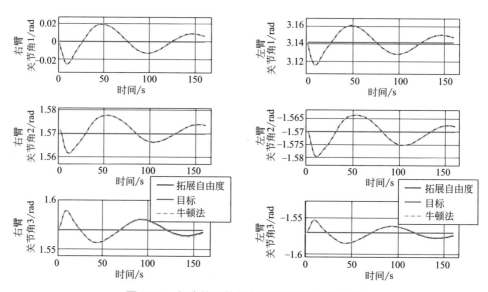

图 7.22　组合体系统左右臂关节角度变化曲线

（4）复杂操控序列仿真

　　有了以上的仿真结果，已经基本验证了 7.1 节所提出算法的正确性和有效性。下面，就可以将上述三个部分的仿真结果结合起来，通过设计一个复杂的在轨双臂操控任务流程，来全面验证本章提出的新算法在不同工况下的动力学响应能力。基于以上思路，设计了如表 7.2 所示的操控流程。

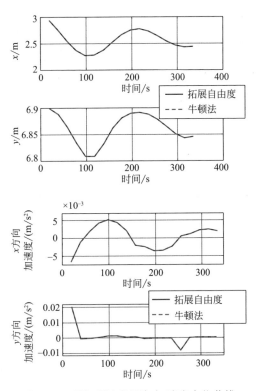

图 7.23　目标质心位置与加速度变化曲线

表 7.2　平面仿真场景操控流程

阶段	操作
阶段 1	左右臂抓住目标，各个主动关节进行机动
阶段 2	左臂解锁，右臂继续抓捕目标
阶段 3	左臂脱离目标区域操控，其余主动关节位置保持
阶段 4	左臂回到原有位置，并再次抓住目标
阶段 5	组合体所有关节进行减速稳定控制

从表 7.2 可以看出，设计的在轨操控流程为一个复杂的多阶段流程。其大致包含了闭链系统整体构型操控、闭链与开链的切换、开链系统部分关节操控、重新抓捕目标以及组合体稳定消旋操控等内容，可以从多个角度对本章所设计的动力学系统进行全面测试。在本章中，还将继续采用目标与机械臂分开建模的模型作为基准，对拓展自由度模型的正确性进行比对。基于以上讨论，获得了如图 7.24 所示的仿真结果。

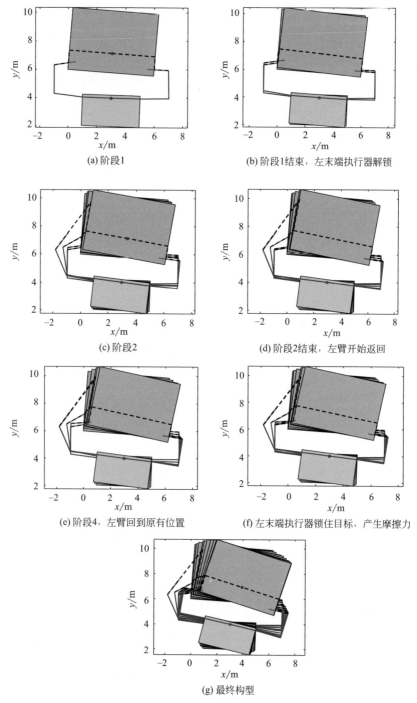

(a) 阶段1

(b) 阶段1结束，左末端执行器解锁

(c) 阶段2

(d) 阶段2结束，左臂开始返回

(e) 阶段4，左臂回到原有位置

(f) 左末端执行器锁住目标，产生摩擦力

(g) 最终构型

图 7.24　复杂流程操控中组合体的构型变化情况

从仿真结果可以看出，整个操控流程相对复杂，但是本章所提出的动力学模

型却可以在不同工况、不同环境下，对整个组合体系统的动力学变化过程进行有效解算，且解算的各个关节的运动信息与基于传统牛顿力学方法得到的信息高度一致，如图 7.25、图 7.26 所示。基于此，足以说明本章所提出的动力学模型具备正确性和稳定性。

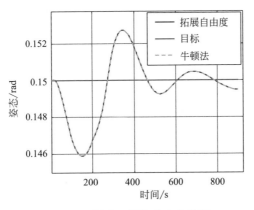

图 7.25　基座卫星姿态变化情况

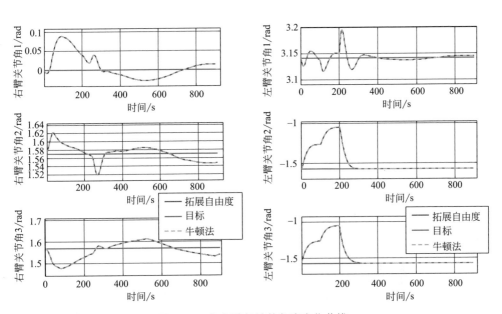

图 7.26　左右臂各关节角度变化曲线

最后，针对摩擦力和左右两边所对应的拓展自由度，做进一步的讨论，结果如图 7.27 ～图 7.29 所示。首先，通过图 7.27 可知，在阶段 2 中，左臂解锁并离开目标区域的同时，利用摩擦力模型理论计算了该段时间内摩擦力的理论值。但是由于机械臂抓捕系数为 0，因此该理论值并没有被集成到仿真系统。从图中可以看出，理论情况下计算的摩擦力信号完美包含了静摩擦力、动摩擦力和分离的全过程，因此进一步验证了摩擦力模型的正确性，也为左右拓展自由度运动的建模打下了基础。图 7.28 则展示了左右拓展自由度在全流程中的变化情况。从图中可以看出，由于右臂时刻处于抓住目标的状态，因此全过程中右臂的 3 个拓展自由度几乎只能在很小的范围内做运动，被静摩擦力保持在固连状态临界范围之内。而对于左臂，则可以明显看出，在阶段 2，其解锁并离开目标范围后，拓展自由度位移有了一个大范围机动，而当左臂回到目标区域并重新抓住目标后，3 个拓展自由度又归于稳定，快速收敛到一个几乎为 0 的状态，说明目标与左臂再次实现了抓捕操作。整个过程也体现了新模型的正确性。

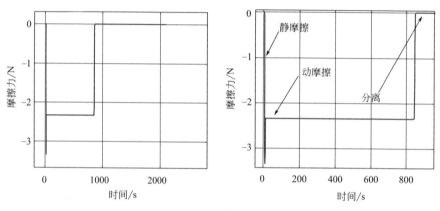

图 7.27　左臂理论摩擦力变化情况及其局部放大图

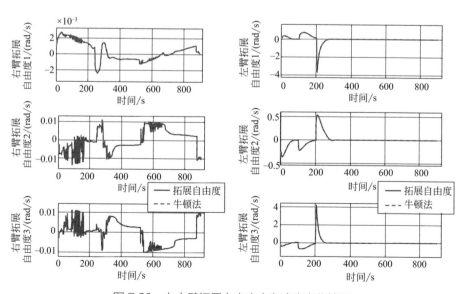

图 7.28　左右臂拓展自由度广义速度变化情况

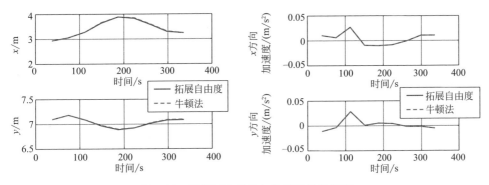

图 7.29 目标质心位置与加速度变化情况

7.3.2 多机械臂对于多体目标的操控技术仿真

7.3.1 节所展示的仿真结果主要采用了平面内的双臂操控系统模型，而这一小节将聚焦空间三维环境仿真。

首先，在任务场景设计方面，对于三维空间的双臂操控系统，执行机构与目标之间的相对滑动现象往往会被限制。如果左右机械臂的抓捕平面不共面，则目标与机械臂之间无相对滑动的空间，拓展自由度方法的特性就难以显现出来。为了解决此问题，其中一种方式为采用三维非线性接触模型，增加目标与机械臂执行机构间的相对滑动自由度，即 7.2.1 节所述的内容。此种方法为先验技术，且即使采用此种方法，对于闭链操控系统，3 个 x-z 平面内的拓展自由度也将被转化为传统的接触模型，在平衡位置附近进行振荡。为了增加问题的难度，考虑了另一种特殊任务场景，使得目标与执行机构之间可能在三维不共面环境下出现三自由度相对滑动。这就是双机械臂系统对多体目标的操控任务场景。此种场景在实际任务中也存在一定的需求，如机器人对目标物体的展开、折叠、弯曲等操控，都可以归纳为多臂系统对多体目标的操控。

为了验证这一假设，本小节主要考虑如图 7.30 所示的任务场景。从图中可以看出，该任务场景为两根机械臂分别抓住上下两个平面（两个执行机构记为 EF1 和 EF2，两个平面则记为 Plane1 和 Plane2），两个平面之间由 3 根杆连接，3 根杆的质心分别记为 M1、M2 和 M3。3 根杆呈串联状态，每两根杆之间由一个球铰

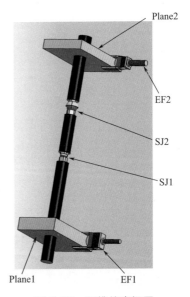

图 7.30 三维仿真场景

（Spherical Joint）连接，因此连接 3 根杆需要两个球铰，记为 SJ1 和 SJ2。杆 M1
与 Plane1 固连，杆 M3 与 Plane2 固连。因此，当机械臂末端执行机构运动时，
将带动 3 根杆之间的球铰，从而达到折叠连杆的作用。由于本书提出的动力学模
型主要是研究拓展自由度与接触动力学问题，因此出于任务场景清晰、避免参数
和质量体过多的考虑，与两个执行机构 EF1、EF2 相连的机械臂系统在图中没有
做具体展示。综上所述，在此种任务场景下，主要将展示和研究 5 个质量体的运
动情况，即 EF1、EF2、M1、M2、M3。通过进一步分析可以得知，虽然 Plane1
和 Plane2 在绝大多数情况下并不共面，但是 EF1 与 Plane1、EF2 与 Plane2 之间
仍然可能存在相对滑动。为了绘图的简便，机械臂的主体结构并未在图中呈现，
而同时主要的仿真结果将聚焦多体目标结构和机械臂执行机构。基于以上的论
述，可以将图 7.30 所示的动力学系统的相关参数整理罗列在表 7.3 之中，并基于
此进行仿真研究。

表7.3　多体目标折叠仿真场景动力学参数

参数	参数值
EF1 质量 / kg	10
EF2 质量 / kg	10
EF1 惯量 /（kg·m²）	Diag（20，15，22）
EF2 惯量 /（kg·m²）	Diag（20，15，22）
M1、M3 质量 / kg	20
M2 质量 / kg	40
M1、M3 惯量 /（kg·m²）	Diag（320，315，322）
M2 惯量 /（kg·m²）	Diag（1220，1500，2100）
H1、H2 /m	1
M1-SJ1 间距 /m	2
SJ1-M2 间距 /m	2
M2-SJ2 间距 /m	2
SJ2-M3 间距 /m	2

　　在上述论述的基础之上，获得了如图 7.31 所示的仿真场景初始状态。从图
中可以看出，该动力学系统的自由度数量众多。因此，考虑到本仿真主要聚焦
EF1 和 EF2 与目标的接触和相对滑动问题，在仿真中将机械臂主体系统隐去不

展示是明智的。通过进一步分析可以得知，在仿真中将主要关注 5 个质量体的运动情况，而 EF1 与 M1、EF2 与 M3 之间仅存在 3 个相对运动自由度，即本书所定义的拓展自由度；M1、M2 与 M3 之间将只存在 3 个相对转动自由度。因此，在仿真中，只需要将 M1、M2、M3 三个质量体的姿态进行展示，并将上下两个执行机构 EF1、EF2 所对应的 3 个拓展自由度进行展示即可。基于以上讨论，获得了如图 7.32～图 7.34 所示的仿真结果。从图中可以看出，M1、M2、M3 之间的相对姿态发生了相应的变化，这说明对这个多体目标进行了折叠操作。而上下两个执行机构所对应的拓展自由度也发生了变化，而非 7.2 节中所示的在平衡位置附近的振动，表示相对滑动是存在的。

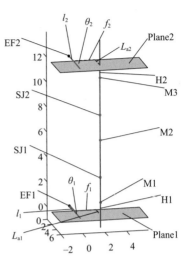

图 7.31　任务场景在动力学模型中初始状态的展示

为了进一步验证相对滑动现象的存在和在折叠过程中其对多体目标所产生的

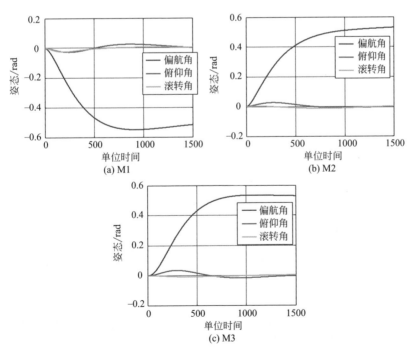

图 7.32　M1、M2、M3 三个质量体所对应的三轴姿态角度

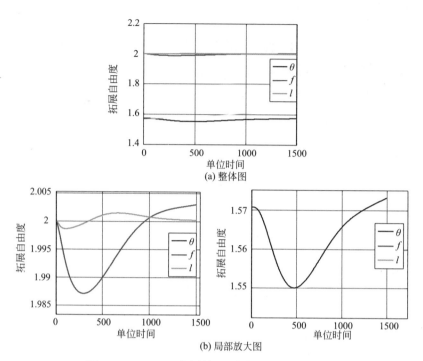

图 7.33　EF1 所对应的拓展自由度与局部放大图

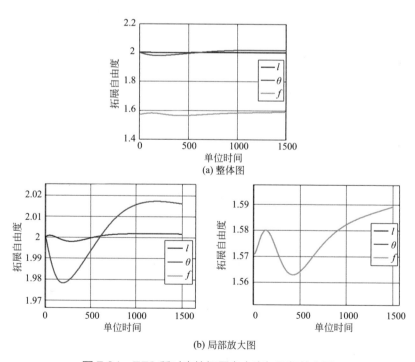

图 7.34　EF2 所对应的拓展自由度与局部放大图

影响，对上下两个执行机构所受到的摩擦力进行了绘制，并得到了如图 7.35 所示的结果。从图中可以看出，上下执行机构在绝大多数情况下都受到静摩擦力的影响，即摩擦力变化剧烈，部分时段摩擦力几乎为 0，即执行机构与抓捕平面之间没有相对运动趋势。但在部分时段，显然上下执行机构分别受到了滑动摩擦力的影响，即摩擦力快速发散并变为常值。这个时间段中，目标与执行机构之间发生了较为明显的相对滑动现象。最后，在图 7.36 中给出了整个组合体在操控过程中的构型变化情况。从图中可以看出，双机械臂系统利用两个执行机构，对一个多体目标进行了折叠操作，上下两个接触平面从初始状态的平行变为了存在一定夹角。仿真结果说明该动力学模型是可靠的，且相对应的控制与建模方法能够达到任务目标。

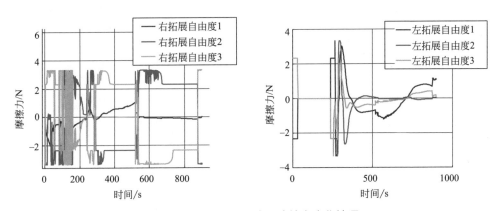

图 7.35 EF1、EF2 实际摩擦力变化情况

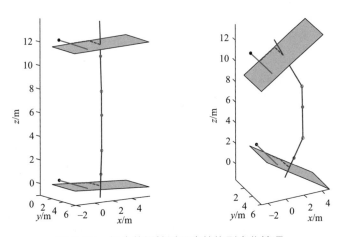

图 7.36 组合体操控过程中的构型变化情况

7.4 本章小结

本章在拓展自由度概念的基础之上，将其应用范围从开链多体系统拓展到了闭链多体系统之中，通过对拓展自由度定义方式的改进和接触力与拓展自由度模型的结合，建立了针对空间闭链多体系统的建模方法，并通过模型比对、数学仿真等手段对相关的算法进行了验证。该方法在空间多机械臂操控任务与空间多体目标操控任务中有着良好的应用前景。基于本章的讨论，可以得到以下几个基本结论：

① 在平面二维环境下，基于等效开链系统的拓展自由度动力学建模方法可以有效地将一个闭链系统转化为多个等效开链系统，从而避免复杂的拉格朗日算子解算，大大提高动力学计算的效率。

② 对于多点接触的闭链系统，相对滑动主要发生在二维工况之下；在三维环境下，由于复杂运动约束的存在，执行机构与目标之间的相对滑动会受到限制，因此相对滑动位移一般较小，对整个组合体系统操控的影响也较小。

③ 将接触动力学模型与改进后的拓展自由度模型相结合，即可以模拟三维空间下目标与执行机构之间的复杂接触环境，从而有效解算空间组合体动力学问题。

④ 虽然三维环境下拓展自由度一般被约束，对组合体影响不大，但是在针对多体目标的操控，如折叠、展开、拼装等操作时，执行机构与目标之间的相对滑动现象仍然是可能出现的。因此，将接触动力学与改进后的拓展自由度相结合的建模方法在实际工程中仍然有一定的应用价值。

至此，已经建立了较为完善的拓展自由度建模思想，并将其与其他建模方法相结合，实现了对空间开链机械臂、带有铰间隙的多体系统、空间闭链多机械臂系统等复杂系统的建模；并成功将零空间控制方法、多模式切换自适应控制方法、神经网络自适应控制方法、滑模变结构控制方法等控制策略与拓展自由度动力学模型相结合，实现了对单边约束多体动力学系统的有效控制。综上所述，我们已经对空间组合体系统进行了较为完善的研究和讨论，下一章将进一步延伸拓展自由度思想的应用范围，论述它对于空间机械臂抓捕目标进行操控所产生的影响，以及相应控制算法的改进策略。

第 8 章

拓展自由度方法在空间机械臂抓捕非合作目标过程中的应用

前几章已经建立了较为完善的拓展自由度建模思想，并将其与其他建模方法相结合，实现了对空间开链机械臂、带有铰间隙的多体系统、空间闭链多机械臂系统等复杂系统的建模。同时，成功将零空间控制方法、多模式切换自适应控制方法、神经网络自适应控制方法与滑模变结构控制方法等控制策略与拓展自由度动力学模型相结合，实现了对单边约束多体动力学系统的有效控制。显然，截至目前的讨论都局限于组合体动力学与控制问题，即在机械臂系统抓住目标之后，对目标进行必要的操控作业。而在组合体抓捕目标前，对于机械臂将如何应用相关的控制方法抓住空间翻滚的目标，又如何对该控制算法进行建模验证等问题，本书并没有做深入的探讨。更重要的是，本书的核心——拓展自由度概念的存在，除了会对机械臂抓住目标后的组合体控制产生重要影响，对于抓住目标前的抓捕操控是否也会产生影响？这一问题更是需要深入研究。因此，本章将进一步延伸拓展自由度思想的应用范围，论述它对于空间机械臂抓捕目标进行操控所产生的影响，以及相应的算法改进策略。

考虑到先前章节的讨论已经涉及了开链和闭链两种多体系统，而空间机械臂抓捕目标显然也可以通过单臂抓捕或多臂抓捕两种形式实现。因此，本章也将从单臂抓捕和多臂抓捕两个层面出发，对机械臂抓捕目标的方式进行设计和定义。本章的讨论将主要分为四个方面进行：8.1 节主要给出基本的任务场景定义和任务描述；8.2 节将分别针对单臂和多臂两种抓捕方式，从不同的思路出发，设计不同的机械臂抓捕路径规划方案；8.3 节将从拓展自由度的角度出发，针对抓捕过程中的碰撞和接触问题给出具体的建模和解算方案；8.4 节则将根据先前的讨论，给出相应的仿真结果。

8.1　任务场景定义

根据先前的描述可知，本章将同时对单臂和多臂两种抓捕方式进行论述。因此，本节的任务场景设计也将分别针对单臂和多臂两个抓捕任务进行具体设计。

8.1.1　单臂抓捕任务场景

首先，针对单臂抓捕任务，图 8.1 定义了空间机械臂系统。该系统由基座卫星与空间机械臂组成。从图中可以看出，假设抓捕任务场景中机械臂基座卫星与末端执行机构上各安装了一个视觉相机，从而构成了一个等效双目视觉系统对抓捕过程进行监控。与先前章节的讨论不同，本章不再完全聚焦于机械臂末端执行机构与目标之间的相对接触问题，而是整个机械臂系统的抓捕运动问题。为此，就必须对机械臂的所有关节进行具体定义，其定义在图 8.2 中进行了展示。从图中可以看出，该机械臂具备 9 个关节，可以进行复杂操作；同时太阳帆板具备两个关节，可以在必要时进行折叠操作，以增加系统的刚性，减少抓捕碰撞所带来的冲击。

进一步地，为上述仿真场景建立了相对应的坐标系。由于抓捕任务涉及的分系统数量较多，机械臂的运动也更加复杂，因此建立了更多的坐标系来对系统进行描述，如图 8.3 所示，包括惯性坐标系 O_i-$X_iY_iZ_i$、基座卫星本体坐标系 O_b-$X_bY_bZ_b$、机械臂执行机构坐标系 O_e-$X_eY_eZ_e$、目标本体固连坐标系 O_t-$X_tY_tZ_t$、机械臂手眼相机坐标系 O_{cam2}-$X_{cam2}Y_{cam2}Z_{cam2}$ 以及基座相机坐标

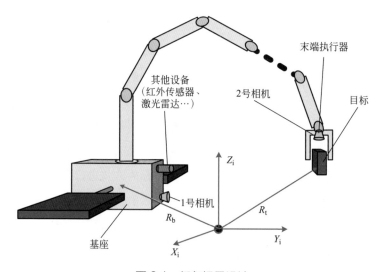

图 8.1　任务场景设计

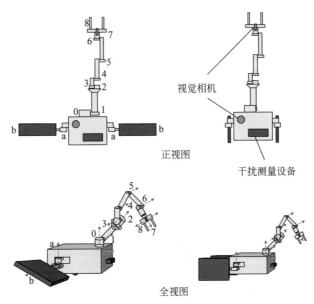

图 8.2　单臂抓捕系统机械臂关节配置

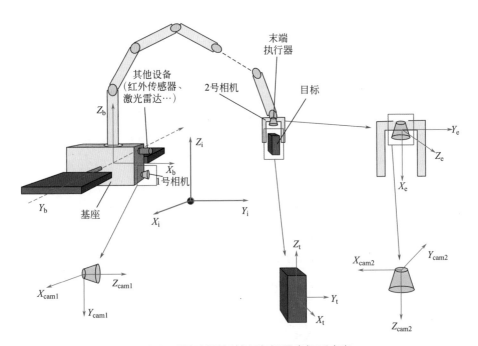

图 8.3　单机械臂抓捕任务场景坐标系定义

系 $O_{cam1} - X_{cam1}Y_{cam1}Z_{cam1}$。

最后还需要说明，本章所述的抓捕过程仍然采用了与先前章节一致的"钳"型执行机构，如图 8.4 所示。通过前文的论述已经明确，该抓捕系统仅能够提供三自由度的运动约束，而在空间引力梯度环境下，此种三自由度约束是无法达到完整封闭的，目标与执行机构之间将始终存在相对运动趋势，即存在静摩擦力作用。在前文的论述中，此种静摩擦力将使得组合体的操控裕度降低，随之又出现相对滑动的风险，而本章将利用这种摩擦力，对抓捕算法进行改进。

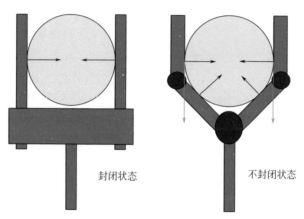

封闭状态   不封闭状态

图 8.4   单臂抓捕系统执行机构示意图

8.1.2   多臂抓捕任务场景

与单机械臂类似，本小节将对多机械臂抓捕任务场景进行基本的定义。由于双机械臂系统自由度很多，为了方便对其运动学的描述，采用了 Denavit 和 Hartenberg 于 1957 年提出的 D-H 矩阵建模法。这是一种非常实用的建立连杆坐标系与运动学建模的方法，后迅速成为标准方法，在机器人运动学建模领域中得到了广泛应用。其中，一次 D-H 变换的坐标变换矩阵可记作：

$$A_n = \begin{bmatrix} \cos\theta_n & -\sin\theta_n\cos\alpha_n & \sin\theta_n\sin\alpha_n & a_n\cos\theta_n \\ \sin\theta_n & \cos\theta_n\cos\alpha_n & -\cos\theta_n\sin\alpha_n & a_n\sin\theta_n \\ 0 & \sin\alpha_n & \cos\alpha_n & d_n \\ 0 & 0 & 0 & 1 \end{bmatrix} \qquad (8.1)$$

从矩阵中可以看出，一次 D-H 变换矩阵存在 d、a、α、θ 四个变量。因此，对于空间多机械臂系统列出所有的 D-H 变换参数，即可通过矩阵连乘的方式在惯性坐标系下获得所有关节的位置以及各关节本地坐标系的方向向量。D-H 参数法示意图如图 8.5 所示。

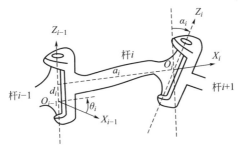

图 8.5　D-H 参数法示意图

本章将以图 8.6 所示的空间双机械臂系统为例开展研究，其详细的动力学参数如表 8.1 所示。根据表 8.1 中的参数可以得到如表 8.2 所示的 D-H 参数（以右臂为例）。

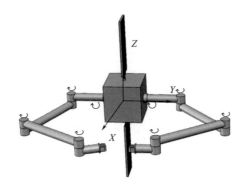

图 8.6　空间双臂系统示意图

表 8.1　空间双臂系统动力学参数表

部位	质量 /kg	形状	$I_x/$ ($kg \cdot m^2$)	$I_y/$ ($kg \cdot m^2$)	$I_z/$ ($kg \cdot m^2$)	长度 /m
基座	1000	正方体	100	100	100	[1, 1, 1]
左臂连杆 1	10	圆柱体	1	1	0.05	1
左臂连杆 2	20	圆柱体	8	8	0.1	2
左臂连杆 3	20	圆柱体	8	8	0.1	2
左臂连杆 4	5	圆柱体	0.25	0.25	0.025	0.5
右臂连杆 1	10	圆柱体	1	1	0.05	1
右臂连杆 2	20	圆柱体	8	8	0.1	2
右臂连杆 3	20	圆柱体	8	8	0.1	2
右臂连杆 4	5	圆柱体	0.25	0.25	0.025	0.5

表 8.2　空间双机械臂系统 D-H 参数

i	a_i	α_i	θ_i	d_i
1	0	90	0	0
2	0.5	0	0	0.5
3	0	0	θ_1	l_1
4	l_2	0	θ_2	0
5	l_3	0	θ_3	0

　　两机械臂的安装位置分别在（0，0.5，0）与（0，-0.5，0）处。抓捕目标为 1m×1m×1m 的立方体，其两抓捕点分别位于本体坐标系下的（0，0.5，0）与（0，-0.5，0）处。其运动学关系如图 8.7 所示。

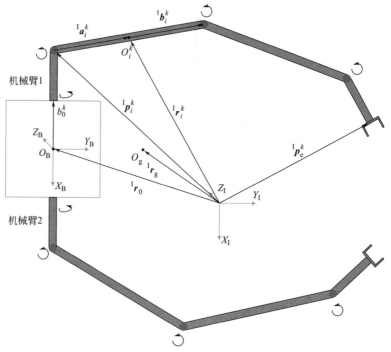

图 8.7　空间双臂系统运动学关系图

　　由此，就定义了多臂抓捕目标的任务场景。从场景中可以看出，本章所考虑的多机械臂系统抓捕目标的任务场景为一个双臂系统，左右两个机械臂将协同运动，力求在同一时刻抓住目标的两个接触点，从而快速实现对目标的运动进行约束。此外，在抓捕过程中，还需要考虑到左右臂杆不能相撞等复杂运动约束。

　　为了实现上述操控，首先需要基于 **D-H** 方法建立空间多机械臂系统的运动学方程。其基本思路为：首先利用 D-H 方法可以求解出每一根臂杆在惯性坐标系下的质心位置以及末端执行器的位置，再对质心位置求导即可得到相应的质心速度，基于此，就可以进一步推导出自由漂浮空间双臂系统的运动学模型。从图 8.7 中可以得到，手臂 k 上的第 i 根连杆在惯性坐标系下的位置矢量可以表示为：

$$^{\mathrm{I}}\boldsymbol{r}_i^k = {}^{\mathrm{I}}\boldsymbol{r}_0 + \sum_{j=1}^{i} {}^{\mathrm{I}}\boldsymbol{a}_j^k + \sum_{j=0}^{i-1} {}^{\mathrm{I}}\boldsymbol{b}_j^k \tag{8.2}$$

式中，$^{\mathrm{I}}\boldsymbol{r}_0$ 为基座质心在惯性坐标系下的坐标；$^{\mathrm{I}}\boldsymbol{a}_j^k$ 为从关节 j 指向连杆 j 质心的向量；$^{\mathrm{I}}\boldsymbol{b}_j^k$ 为从连杆 j 质心指向关节 $j+1$ 的向量。

对式（8.2）中的位置矢量进行求导可得其在惯性坐标系下的速度矢量：

$$^{\mathrm{I}}\boldsymbol{v}_i^k = {}^{\mathrm{I}}\boldsymbol{v}_0 + {}^{\mathrm{I}}\boldsymbol{\omega}_0 \times \left({}^{\mathrm{I}}\boldsymbol{r}_i^k - {}^{\mathrm{I}}\boldsymbol{r}_0 \right) + \sum_{j=1}^{i} {}^{\mathrm{I}}\boldsymbol{z}_j^k \times \left({}^{\mathrm{I}}\boldsymbol{r}_i^k - {}^{\mathrm{I}}\boldsymbol{p}_j^k \right) \dot{\phi}_j^k \tag{8.3}$$

式中，$^{\mathrm{I}}\boldsymbol{v}_0$ 为惯性坐标系下基座质心速度矢量；$^{\mathrm{I}}\boldsymbol{\omega}_0$ 为基座的姿态角速度矢量；$^{\mathrm{I}}\boldsymbol{z}_j^k$ 为关节 j 的角速度方向矢量；$^{\mathrm{I}}\boldsymbol{p}_j^k$ 为关节 j 的位置矢量；$\dot{\phi}_j^k$ 为关节 j 的角速度大小。

同样地，可以求出每个关节的角速度矢量：

$$^{\mathrm{I}}\boldsymbol{\omega}_i^k = {}^{\mathrm{I}}\boldsymbol{\omega}_0 + \sum_{j=1}^{i} {}^{\mathrm{I}}\boldsymbol{z}_j^k \dot{\phi}_j^k \tag{8.4}$$

基于以上的公式，就可以推导出机械臂末端执行器的速度与角速度矢量：

$$\begin{cases} ^{\mathrm{I}}\boldsymbol{v}_{\mathrm{e}}^k = {}^{\mathrm{I}}\boldsymbol{v}_0 + {}^{\mathrm{I}}\boldsymbol{\omega}_0 \times \left({}^{\mathrm{I}}\boldsymbol{p}_{\mathrm{e}}^k - {}^{\mathrm{I}}\boldsymbol{r}_0 \right) + \sum_{j=1}^{n} {}^{\mathrm{I}}\boldsymbol{z}_j^k \times \left({}^{\mathrm{I}}\boldsymbol{p}_{\mathrm{e}}^k - {}^{\mathrm{I}}\boldsymbol{p}_j^k \right) \dot{\phi}_j \\ ^{\mathrm{I}}\boldsymbol{\omega}_{\mathrm{e}}^k = {}^{\mathrm{I}}\boldsymbol{\omega}_0 + \sum_{j=1}^{n} {}^{\mathrm{I}}\boldsymbol{z}_j^k \dot{\phi}_j \end{cases} \tag{8.5}$$

式中，$^{\mathrm{I}}\boldsymbol{p}_{\mathrm{e}}^k$ 为机械臂末端执行器的位置矢量。

为了获得紧凑运动学模型，可以进一步将式（8.5）整理后写成矩阵形式：

$$\begin{bmatrix} ^{\mathrm{I}}\boldsymbol{v}_{\mathrm{e}}^1 \\ ^{\mathrm{I}}\boldsymbol{\omega}_{\mathrm{e}}^1 \\ ^{\mathrm{I}}\boldsymbol{v}_{\mathrm{e}}^2 \\ ^{\mathrm{I}}\boldsymbol{\omega}_{\mathrm{e}}^2 \end{bmatrix} = \begin{bmatrix} \boldsymbol{E}_3 & -\tilde{\boldsymbol{p}}_{0\mathrm{e}}^1 \\ \boldsymbol{O} & \boldsymbol{E}_3 \\ \boldsymbol{E}_3 & -\tilde{\boldsymbol{p}}_{0\mathrm{e}}^2 \\ \boldsymbol{O} & \boldsymbol{E}_3 \end{bmatrix} \begin{bmatrix} ^{\mathrm{I}}\boldsymbol{v}_0 \\ ^{\mathrm{I}}\boldsymbol{\omega}_0 \end{bmatrix}$$

$$+ \begin{bmatrix} ^{\mathrm{I}}\boldsymbol{z}_1^1 \times \left({}^{\mathrm{I}}\boldsymbol{p}_{\mathrm{e}}^1 - {}^{\mathrm{I}}\boldsymbol{p}_1^1 \right) & \cdots & ^{\mathrm{I}}\boldsymbol{z}_n^1 \times \left({}^{\mathrm{I}}\boldsymbol{p}_{\mathrm{e}}^1 - {}^{\mathrm{I}}\boldsymbol{p}_n^1 \right) & 0 & \cdots & 0 \\ ^{\mathrm{I}}\boldsymbol{z}_1^1 & \cdots & ^{\mathrm{I}}\boldsymbol{z}_n^1 & 0 & \cdots & 0 \\ 0 & \cdots & 0 & ^{\mathrm{I}}\boldsymbol{z}_1^2 \times \left({}^{\mathrm{I}}\boldsymbol{p}_{\mathrm{e}}^2 - {}^{\mathrm{I}}\boldsymbol{p}_1^2 \right) & \cdots & ^{\mathrm{I}}\boldsymbol{z}_n^2 \times \left({}^{\mathrm{I}}\boldsymbol{p}_{\mathrm{e}}^2 - {}^{\mathrm{I}}\boldsymbol{p}_n^2 \right) \\ 0 & \cdots & 0 & ^{\mathrm{I}}\boldsymbol{z}_1^2 & \cdots & ^{\mathrm{I}}\boldsymbol{z}_n^2 \end{bmatrix} \begin{bmatrix} \dot{\boldsymbol{\phi}}^1 \\ \dot{\boldsymbol{\phi}}^2 \end{bmatrix} \tag{8.6}$$

式中，$\mathbf{E}_3$ 是 3×3 的单位矩阵；$\boldsymbol{p}_{0e}^k = \boldsymbol{p}_e^k - \boldsymbol{r}_0$，$\left[\dot{\boldsymbol{\phi}}^1 \ \dot{\boldsymbol{\phi}}^2\right]^T = \left[\dot{\phi}_1^1 \ \dot{\phi}_2^1 \ \cdots \ \dot{\phi}_n^1 \ \dot{\phi}_1^2 \ \dot{\phi}_2^2 \ \cdots \ \dot{\phi}_n^2\right]^T$。

对于向量 $\boldsymbol{e} = \left[e_x, e_y, e_z\right]$，算子 $\tilde{\boldsymbol{e}}$ 表示：$\tilde{\boldsymbol{e}} = \begin{bmatrix} 0 & -e_z & e_y \\ e_z & 0 & -e_x \\ -e_y & e_x & 0 \end{bmatrix}$。

定义矩阵 $\boldsymbol{J}_0$ 与 $\boldsymbol{J}_\phi$ 为基座速度、角速度以及关节角速度到末端执行器速度与角速度的映射矩阵，则式（8.6）可以简化为：

$$\begin{bmatrix} {}^1\boldsymbol{v}_e^1 \\ {}^1\boldsymbol{\omega}_e^1 \\ {}^1\boldsymbol{v}_e^2 \\ {}^1\boldsymbol{\omega}_e^2 \end{bmatrix} = \boldsymbol{J}_0 \begin{bmatrix} {}^1\boldsymbol{v}_0 \\ {}^1\boldsymbol{\omega}_0 \end{bmatrix} + \boldsymbol{J}_\phi \begin{bmatrix} \dot{\boldsymbol{\phi}}^1 \\ \dot{\boldsymbol{\phi}}^2 \end{bmatrix} \tag{8.7}$$

矩阵 $\boldsymbol{J}_0$ 和 $\boldsymbol{J}_\phi$ 就是机械臂系统的雅可比矩阵。若基座状态和所有的关节角状态都是可测的，那么末端执行器的运动状态即可通过式（8.6）计算得到。

空间机械臂系统在执行抓捕任务期间，为了节省能源，通常其姿控与轨控系统都处于关闭状态，也就是说，此时的空间机械臂系统是自由漂浮的，满足动量守恒与角动量守恒定律。空间机械臂系统的动量和角动量计算如下：

$$\begin{cases} \boldsymbol{P} = m_0\,{}^1\boldsymbol{v}_0 + \sum_{k=1}^2 \sum_{i=1}^n m_i^k\,{}^1\boldsymbol{v}_i^k \\ \boldsymbol{H} = \boldsymbol{I}_0\,{}^1\boldsymbol{\omega}_0 + m_0\,{}^1\boldsymbol{r}_0 \times {}^1\boldsymbol{v}_0 + \sum_{k=1}^2 \sum_{i=1}^n \left(\boldsymbol{I}_i^k\,{}^1\boldsymbol{\omega}_i^k + m_i^k\,{}^1\boldsymbol{r}_i^k \times {}^1\boldsymbol{v}_i^k\right) \end{cases} \tag{8.8}$$

式中，$\boldsymbol{P}$ 和 $\boldsymbol{H}$ 分别表示系统的动量和角动量。

将式（8.7）代入式（8.8）可以得到：

$$\begin{bmatrix} \boldsymbol{P} \\ \boldsymbol{H} \end{bmatrix} = \begin{bmatrix} M\boldsymbol{E}_3 & -M\boldsymbol{r}_{0g}^\times \\ M\boldsymbol{r}_g^\times & \boldsymbol{P}_\omega \end{bmatrix} \begin{bmatrix} {}^1\boldsymbol{v}_0 \\ {}^1\boldsymbol{\omega}_0 \end{bmatrix} + \begin{bmatrix} \boldsymbol{J}_{P\phi} \\ \boldsymbol{P}_\phi \end{bmatrix} \begin{bmatrix} \dot{\boldsymbol{\phi}}^1 \\ \dot{\boldsymbol{\phi}}^2 \end{bmatrix} \tag{8.9}$$

式中，${}^1\boldsymbol{r}_g$ 表示系统质心；$\boldsymbol{r}_{0g} = {}^1\boldsymbol{r}_g - {}^1\boldsymbol{r}_0$；$\boldsymbol{P}_\omega = \sum_{k=1}^2 \sum_{i=1}^n \left(\boldsymbol{I}_i^k - m_i^k\,\boldsymbol{r}_i^k\,\boldsymbol{r}_{0i}^{k\times}\right) + \boldsymbol{I}_0$。

定义下列矩阵：

$$\begin{cases} \boldsymbol{J}_{Pi}^1 = \left[{}^1\boldsymbol{z}_1^1 \times \left({}^1\boldsymbol{r}_i^1 - {}^1\boldsymbol{p}_1^1\right) \ \cdots \ {}^1\boldsymbol{z}_i^1 \times \left({}^1\boldsymbol{r}_i^1 - {}^1\boldsymbol{p}_i^1\right) \ 0 \ \cdots \ 0\right] \\ \boldsymbol{J}_{Pi}^2 = \left[0 \ \cdots \ 0 \ {}^1\boldsymbol{z}_1^2 \times \left({}^1\boldsymbol{r}_i^2 - {}^1\boldsymbol{p}_1^2\right) \ \cdots \ {}^1\boldsymbol{z}_i^2 \times \left({}^1\boldsymbol{r}_i^2 - {}^1\boldsymbol{p}_i^2\right) \ 0 \ \cdots \ 0\right] \\ \boldsymbol{J}_{Hi}^1 = \left[{}^1\boldsymbol{z}_1^1 \ {}^1\boldsymbol{z}_2^1 \ \cdots \ {}^1\boldsymbol{z}_i^1 \ 0 \ \cdots \ 0\right] \\ \boldsymbol{J}_{Hi}^2 = \left[0 \ \cdots \ 0 \ {}^1\boldsymbol{z}_1^2 \ {}^1\boldsymbol{z}_2^2 \ \cdots \ {}^1\boldsymbol{z}_i^2 \ 0 \ \cdots \ 0\right] \end{cases} \tag{8.10}$$

则 $J_{P\phi}$ 和 P_ϕ 可以被表示为：$J_{P\phi} = \sum_{k=1}^{2}\sum_{i=1}^{n} m_i^k \sum_{j=1}^{i} J_{P_j}^{k}$，$P_\phi = \sum_{k=1}^{2}\sum_{i=1}^{n}\left(I_i^k J_{Hi}^{k} + m_i^{k} {}^{1}r_i^{k\times} J_{Pi}^{k}\right)$。

假设系统的初始动量和初始角动量都为零，由此可以解出空间双臂系统的广义雅可比矩阵：

$$
\begin{bmatrix}
{}^{1}v_0 \\
{}^{1}\omega_0 \\
{}^{1}v_e^{1} \\
{}^{1}\omega_e^{1} \\
{}^{1}v_e^{2} \\
{}^{1}\omega_e^{2}
\end{bmatrix}
=
\begin{bmatrix}
-\begin{bmatrix} M\mathbf{E}_3 & -Mr_{0g}^{\times} \\ Mr_g^{\times} & P_\omega \end{bmatrix}^{-1}\begin{bmatrix} J_{P\phi} \\ P_\phi \end{bmatrix} \\[4mm]
J_\phi - J_0\begin{bmatrix} M\mathbf{E}_3 & -Mr_{0g}^{\times} \\ Mr_g^{\times} & P_\omega \end{bmatrix}^{-1}\begin{bmatrix} J_{P\phi} \\ P_\phi \end{bmatrix}
\end{bmatrix}
\begin{bmatrix}
\dot{\phi}^{1} \\
\dot{\phi}^{2}
\end{bmatrix}
\tag{8.11}
$$

使用式（8.11）所示的广义雅可比矩阵可以对漂浮基空间双臂系统机械臂与基座之间的耦合运动进行描述，所以该运动学模型可以应用到空间双臂系统的轨迹规划中。

8.2　抓捕策略设计

8.1 节针对单臂抓捕系统和多臂抓捕系统，建立了较为完善的任务场景，并给出了用以描述复杂机械臂运动的运动学方程。本节将根据上一节定义的任务场景，制定具体的抓捕策略。

8.2.1　基于相对运动分解的空间单臂抓捕策略

首先讨论的是单机械臂抓捕策略与路径规划问题。在 8.1.1 节中已经得知，在"钳"型抓捕机构下，目标与执行机构之间将存在三自由度的相对运动情况，而这种三自由度相对运动理论上将会被摩擦力被动耗散减速。因此，在考虑了拓展自由度的情况下，理论上单机械臂系统仅仅需要对执行机构与目标之间的三个相对运动自由度进行跟踪，即可实现对目标的抓捕，而不再需要像传统方法那样让执行机构跟随六自由度的目标相对运动。基于这种思路，设计了基于相对运动分解的单机械臂抓捕目标的方法。

8.2.1.1　目标形状归纳

基于之前介绍的核心抓捕思路可以得知，空间单机械臂抓捕目标的核心操作在于构造出如图 8.1 所示的相对接触场景，即"钳"型执行机构的上下表面夹住目标，并将目标抓捕点附近的区域约束在 O_e-$X_eY_eZ_e$ 的 x-z 平面之内。为了实现上述操作，首先尝试对现有的空间目标进行归类，将形态各异的航天器归纳为三种基本几何体：四面体、长棱柱和短棱柱。将四面体单独列出的原因主要是四面体的顶面和底面一般在临界条件下无法定义，因此一般直接将四面体作为短棱柱处理。有了此种目标几何形态归纳方法，则在抓捕过程中仅仅需要让机械臂末端 O_e-$X_eY_eZ_e$ 坐标系的 x-z 平面与目标棱柱的最大截面相重合，即可实现对拓展自由度接触构型的构造。

　　空间目标归类的大致结果如图 8.8 所示，可以看出，图中归纳了包括火箭、卫星、柔性结构等多种空间物体，并将它们归纳为不同棱数的棱柱。图 8.9 则给出了三、四、五、六四种棱柱的长、短棱柱形状，共八种基本形状的示意图。通过分析可以得知，以上八种基本形状已经可以代表大部分的空间目标的宏观几何特征。因此，可以将上述八种形状预先输入机械臂控制系统的数据库中，在任务过程中通过模式识别算法，将被抓捕目标的几何特征对比后归纳为其中一种基本几何体，再基于此选择相对应的抓捕算法，就可以实现对各种空间目标的鲁棒抓捕操作。

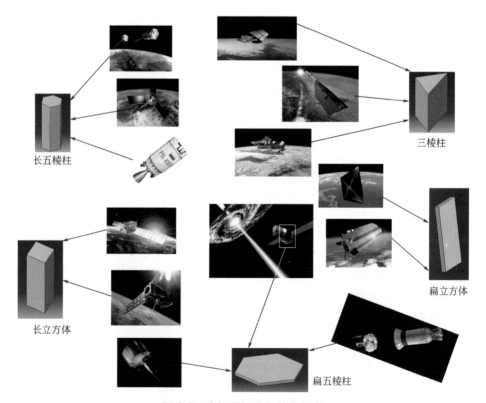

图 8.8　空间目标几何特征归类

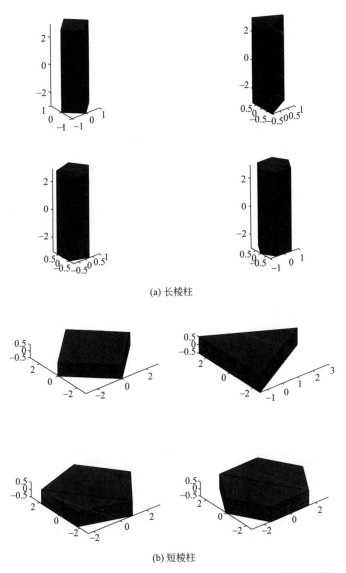

(a) 长棱柱

(b) 短棱柱

图 8.9　基于各种空间目标所得到的目标基本几何形状示意图

8.2.1.2　针对目标形状归纳的抓捕策略

在获得了目标的基本几何特征之后，即可以对单机械臂系统抓捕目标的过程进行设计。通过先前的讨论已知，在考虑了拓展自由度的情况下，空间机械臂系统仅仅需要对执行机构与目标之间的 3 个相对运动自由度进行跟随即可。结合拓展自由度的定义可以得知，需要跟随的自由度分别是：执行机构坐标系 $O_e\text{-}X_eY_eZ_e$ 中 y 方向上的平动、x 方向上的转动和 z 方向上的转动。因此，可以通过对基座卫星和机械臂自由度的分解，分别实现对上述运动的跟随。基于以上讨论，本小节制定出了如图 8.10 和图 8.11 所示的两种抓捕策略。这两种抓捕策略大体上是一致的，仅在目标相对运动自由度的跟随方式上存在一定的区别。两种抓捕策略基本可以归纳为如下的步骤。

方案 1：

① 机械臂系统通过相对导航传感器，对目标的几何特征、自旋角速度等进行测量识别，并通过形状归纳算法从 8 个基本几何体中选择一个与目标最接近的，从而制定具体的抓捕方案；

② 采用单目视觉相机拍摄目标，由于相机固定于机械臂基座卫星上，因此同步进行姿态机动跟踪目标运动，并逐步接近目标；

③ 当目标进入机械臂抓捕范围时，将执行机构对准目标，利用手眼相机拍摄目标，并构造出双目视觉导航模型；

④ 利用基座卫星 x 轴的姿态机动来中和执行机构与目标在 O_e-$X_eY_eZ_e$ 坐标系中 x 轴相对转动自由度；

⑤ 利用机械臂的 $1 \sim 8$ 个自由度来中和执行机构与目标在 O_e-$X_eY_eZ_e$ 坐标系中 y 轴的相对运动，并跟随目标位置；

⑥ 利用机械臂的第 9 个自由度来中和执行机构与目标在 O_e-$X_eY_eZ_e$ 坐标系中 z 轴的相对转动，并实现夹取；

⑦ 目标与执行机构之间在 O_e-$X_eY_eZ_e$ 坐标系 x-z 平面内将存在三自由度剩余相对滑动，采用组合体控制方式对其进行减速，实现最终稳定。

方案 2：

① 机械臂系统通过相对导航传感器，对目标的几何特征、自旋角速度等进行测量识别，并通过形状归纳算法从 8 个基本几何体中选择一个与目标最接近的，从而制定具体的抓捕方案；

② 采用单目视觉相机拍摄目标，由于相机固定于机械臂基座卫星上，因此同步进行姿态机动跟踪目标运动，并逐步接近目标；

③ 利用机械臂的 $1 \sim 3$ 轴的姿态机动来中和执行机构与目标在 O_e-$X_eY_eZ_e$ 坐标系中 x 轴相对转动自由度；

④ 当目标进入机械臂抓捕范围时，利用机械臂的 7 号关节将执行机构对准目标，利用手眼相机拍摄目标，并构造出双目视觉导航模型；

⑤ 利用机械臂的 $4 \sim 8$ 个自由度来中和执行机构与目标在 O_e-$X_eY_eZ_e$ 坐标系中 y 轴的相对运动，并跟随目标位置；

⑥ 利用机械臂的第 9 个自由度来中和执行机构与目标在 O_e-$X_eY_eZ_e$ 坐标系中 z 轴的相对转动，并实现夹取；

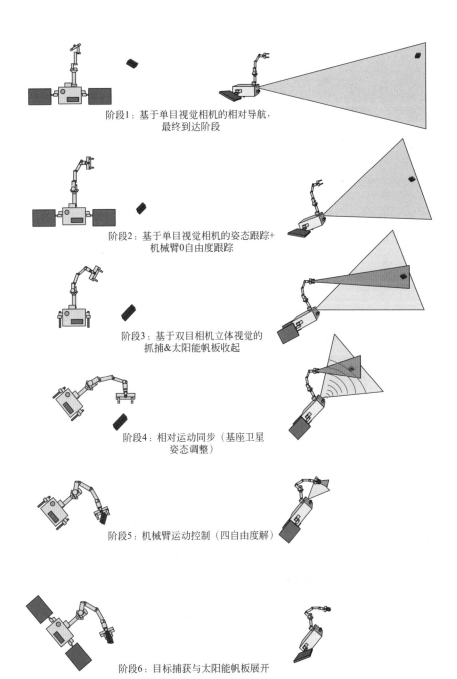

阶段1：基于单目视觉相机的相对导航，
最终到达阶段

阶段2：基于单目视觉相机的姿态跟踪+
机械臂0自由度跟踪

阶段3：基于双目相机立体视觉的
抓捕&太阳能帆板收起

阶段4：相对运动同步（基座卫星
姿态调整）

阶段5：机械臂运动控制（四自由度解）

阶段6：目标捕获与太阳能帆板展开

图 8.10　单机械臂系统抓捕策略方案 1

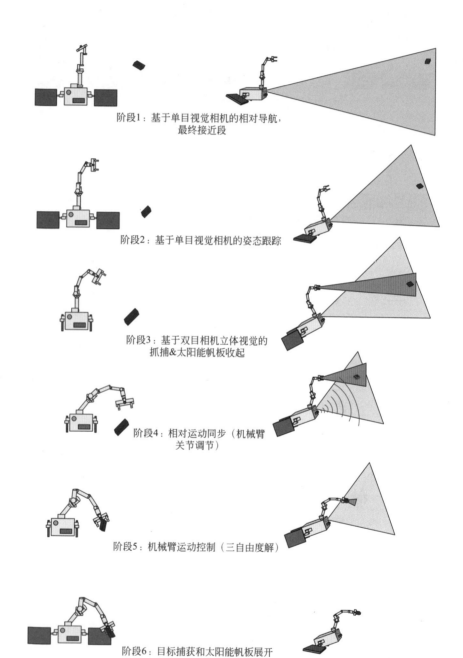

阶段1：基于单目视觉相机的相对导航，
最终接近段

阶段2：基于单目视觉相机的姿态跟踪

阶段3：基于双目相机立体视觉的
抓捕&太阳能帆板收起

阶段4：相对运动同步（机械臂
关节调节）

阶段5：机械臂运动控制（三自由度解）

阶段6：目标捕获和太阳能帆板展开

图 8.11　单机械臂系统抓捕策略方案 2

⑦ 目标与执行机构之间在 $O_e\text{-}X_eY_eZ_e$ 坐标系 x-z 平面内将存在三自由度剩余相对滑动，采用组合体控制方式对其进行减速，实现最终稳定。

从上述两个方案可以看出，两种抓捕模式的核心区别在于对 3 个相对运动自由度的跟踪策略。方案 1 借助了机械臂基座卫星的姿态控制系统来完成对相对转动自由度的跟随，而方案 2 则依赖机械臂关节的冗余性，完全依靠机械臂来实现对全部 3 个相对运动自由度的跟随。

为了分析对比两种抓捕方案的优劣势，首先要对两种方案对控制系统的要求进行一个简单的评估。方案 1 中需要借助机械臂基座卫星的姿态控制系统来实现抓捕。因此，基座卫星的姿态控制系统就有两个任务要同步进行：

① 由于视觉相机 Cam2 固连在基座卫星上，因此基座卫星首先需要根据 Cam2 的观测结果，在抓捕前调整两自由度姿态以跟随目标的运动：

$$\boldsymbol{\Theta} = \begin{bmatrix} \lambda & \varphi \end{bmatrix}^{\mathrm{T}} \tag{8.12}$$

式中，λ、φ 分别为基座卫星的俯仰和偏航角度。

假设目标在 Cam1 坐标系 $O_{\mathrm{cam1}} - X_{\mathrm{cam1}}Y_{\mathrm{cam1}}Z_{\mathrm{cam1}}$ 中的两自由度视线向量为 $V_{\mathrm{rel|cam1}}$，则可以通过安装矩阵 $\boldsymbol{M}_{\mathrm{cam1}}^{\mathrm{b}}$ 将该向量投影到基座卫星本体坐标系 $O_{\mathrm{b}} - X_{\mathrm{b}}Y_{\mathrm{b}}Z_{\mathrm{b}}$ 中：

$$\boldsymbol{V}_{\mathrm{rel|b}} = \boldsymbol{M}_{\mathrm{cam1}}^{\mathrm{b}} \frac{\boldsymbol{V}_{\mathrm{rel|cam1}}}{\left\| \boldsymbol{V}_{\mathrm{rel|cam1}} \right\|} \tag{8.13}$$

由此，就可以得知基座所需要达到的二维姿态角度为：

$$\begin{cases} \lambda = \arcsin\left(\boldsymbol{V}_{\mathrm{rel|b}}(3)\right) \\ \varphi = \arctan\left(\dfrac{\boldsymbol{V}_{\mathrm{rel|b}}(2)}{\boldsymbol{V}_{\mathrm{rel|b}}(1)}\right) \end{cases} \tag{8.14}$$

由此，就可以通过建立基座卫星当前时刻的姿态动力学方程得到理想需求角加速度信息：

$$\boldsymbol{J}\dot{\boldsymbol{\omega}} + \boldsymbol{\omega} \times \boldsymbol{J}\boldsymbol{\omega} = \boldsymbol{T} \tag{8.15}$$

$$\dot{\boldsymbol{\omega}} = \mathrm{d}\boldsymbol{q}_{\mathrm{t}} + \begin{bmatrix} 0 \\ -k_1\dot{\lambda} \\ -k_2\dot{\varphi} \end{bmatrix} \tag{8.16}$$

式中，$\mathrm{d}\boldsymbol{q}_{\mathrm{t}}$ 为误差四元数。其计算方法为：首先定义目标四元数，即通过最短转动路径，将 Cam1 光轴对准目标：

$$\begin{cases} \theta = ag\left(V_{\mathrm{rel|b}} \quad \begin{bmatrix} 1 & 0 & 0 \end{bmatrix}\right) \\ axe = \begin{bmatrix} 1 & 0 & 0 \end{bmatrix} \times V_{\mathrm{rel|b}} \end{cases} \tag{8.17}$$

从而生成目标四元数：

$$\boldsymbol{q}_{\mathrm{t}} = \left[\cos\left(\frac{\theta}{2}\right) \quad \sin\left(\frac{\theta}{2}\right)(axe)^{\mathrm{T}} \right] \tag{8.18}$$

由此，就得到了误差四元数：

$$\mathrm{d}\boldsymbol{q}_{\mathrm{t}} = \boldsymbol{Q}\boldsymbol{q}_{\mathrm{t}} \tag{8.19}$$

式中，$\boldsymbol{Q}$ 为反对称矩阵，经常用于四元数动力学计算。

利用式（8.15）可计算得出当前时刻基座卫星所需要的控制力矩。这两个角度可以保证目标的视线始终在 Cam1 的视野范围之中，从而实现对目标的有效跟随。

② 通过上一步可以看出，基座卫星若仅仅跟随目标视线运动，则仍有一个自由度没有被控制。这一点在式（8.16）中可以明显看出。基座卫星的 x 轴方向转动控制信号为 0，即航天器的滚转角属于无控状态。因此在方案 1 中，这一剩余自由度就可以被用来跟随 $O_{\mathrm{e}}\text{-}X_{\mathrm{e}}Y_{\mathrm{e}}Z_{\mathrm{e}}$ 坐标系中 x 轴方向上的相对转动自由度：

$$\dot{\boldsymbol{\omega}}_{\mathrm{l}} = \begin{bmatrix} -k_{\mathrm{p}}\psi \\ 0 \\ 0 \end{bmatrix} - \begin{bmatrix} k_{\mathrm{d}}\dot{\psi} \\ 0 \\ 0 \end{bmatrix} \tag{8.20}$$

$$\dot{\boldsymbol{\omega}} = \dot{\boldsymbol{\omega}}' + \dot{\boldsymbol{\omega}}_{\mathrm{l}} \tag{8.21}$$

从上述针对方案 1 的讨论可以看出，方案 1 的核心优势在于充分利用了基座卫星姿态控制系统的能力，从而减轻了机械臂控制的压力，为机械臂系统留出了更多的余量。考虑到航天器姿态控制系统包含 RCS、飞轮、磁力矩器等多种高强度的执行机构，因此，利用这种强大的控制能力来减轻机械臂的控制压力是合理的。

相反，若要有效地实现方案 2 中的操作，则需要充分考虑机械臂的运动学模型和执行机构与目标之间的相对姿态：

$$\boldsymbol{q}_{\mathrm{rel}} = \boldsymbol{q}_{\mathrm{tag}} \otimes \boldsymbol{q}_{\mathrm{ed}} \tag{8.22}$$

$$\begin{bmatrix} \phi_{\mathrm{tg\_ed}} & \varphi_{\mathrm{tg\_ed}} & \gamma_{\mathrm{tg\_ed}} \end{bmatrix}^{\mathrm{T}} = f\left(\boldsymbol{q}_{\mathrm{rel}}\right) \tag{8.23}$$

式中，$\boldsymbol{q}_{\mathrm{tag}}$ 和 $\boldsymbol{q}_{\mathrm{ed}}$ 分别为目标和执行机构相对惯性坐标系的姿态；$\otimes$ 为四元数乘法；$f(\boldsymbol{q}_{\mathrm{rel}})$ 表示姿态四元数到欧拉角的转换函数。

类似地，目标与执行机构之间的相对位置将通过基座卫星与执行机构之间的坐标转换关系得到：

$$r_{\mathrm{rel|ed}} = M_{\mathrm{b}}^{\mathrm{ed}} r_{\mathrm{rel|b}} \tag{8.24}$$

式中，$M_{\mathrm{b}}^{\mathrm{ed}}$ 为坐标转换矩阵。

进行此种坐标转换的原因主要是相对导航传感器大部分安装在基座卫星之上，因此，相对位置数据也都是在基座卫星坐标系 $O_{\mathrm{b}}\text{-}X_{\mathrm{b}}Y_{\mathrm{b}}Z_{\mathrm{b}}$ 下定义的。有了上述的相对位置定义，就可以进行如下的机械臂路径规划操作：

$$\mathrm{d}r = \left(r_{\mathrm{rel|ef}} - r_{\mathrm{ef}} \right) \tag{8.25}$$

考虑到方案 2 中仅仅利用关节 7 将执行机构对准目标，因此，需要专门计算相对位置方向上的单位向量：

$$\mathrm{d}r_{\mathrm{lo}} = \frac{M_{\mathrm{b}}^{7}\mathrm{d}r}{\left\| M_{\mathrm{b}}^{7}\mathrm{d}r \right\|} \tag{8.26}$$

计算关节 7 的角度控制量：

$$\mathrm{d}\theta_{7} = k_{2}\left(\arctan\left(\frac{\mathrm{d}r_{\mathrm{lo}}(2)}{\mathrm{d}r_{\mathrm{lo}}(1)} \right) - \theta_{7} \right) \tag{8.27}$$

关节 8 在最后时刻利用与式（8.27）同样的方式跟随目标在 z 轴方向的转动。因此，剩余 1～6 关节的控制量则可以进行求解：

$$\dot{\theta}_{1-6} = J_{\mathrm{ed}}^{-1} k_{1}\mathrm{d}r - k_{3}\mathrm{d}v \tag{8.28}$$

式中，J_{ed} 为惯性空间到关节空间的雅可比矩阵。

从以上算法中可以看出，方案 2 对机械臂关节的分配控制要求较高，更加符合先进机械臂操控技术的理念，但也具备了一定的风险，计算难度也更大。

8.2.2　基于深度强化学习的抓捕路径规划算法

本小节的讨论将聚焦多机械臂抓捕翻滚目标的抓捕策略与路径规划技术。考虑到多机械臂系统有着复杂的运动约束与冗余性，传统的路径规划算法难以高效快速地完成规划决策作业，为此，本书介绍了一种基于深度强化学习的多机械臂抓捕路径规划算法。该算法结合了深度学习和强化学习这两种机器学习方式。深度学习通过组合低层特征形成更加抽象的高层属性类别或特征，以发现数据的分布式特征表示；强化学习是机器学习的一个分支，通过学习策略以达成回报最大化或实现特定目标。不同于有正确标签的监督学习和通常用于聚类的非监督学习，增强学习不要求预先给定任何数据，而是通过接收环境对动作的奖励（反馈）获得学习信号并更新模型参数，从而实现在线交互学习的算法构建，可大大提升多机械臂系统的操控效率。

8.2.2.1　强化学习的基本原理

强化学习也是机器学习中的一个领域，它允许智能体，即学习者或决策者通过与周围环境的反复试验自主发现最佳行为，试图解决规划和控制问题。环境被定义为智能体之外可以与之交互的所有内容。强化学习的框架如图 8.12 所示。

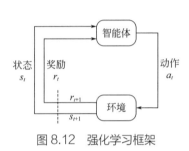

图 8.12　强化学习框架

在强化学习中，智能体（Agent）与环境（Environment）一直在进行交互。在每个时刻 t，智能体会接收到来自环境的状态信息 s_t，基于状态信息 s_t，智能体会选择动作 a_t，动作 a_t 作用在环境上，于是智能体可以接收到一个即时的奖励 r_{t+1}，并且智能体会到达新的状态 s_{t+1}。所以，其实智能体与环境之间的交互就是产生了一个序列：$s_0, a_0, r_1, s_1, a_1, r_2, \cdots$，将这个过程称为序列决策过程，而马尔可夫决策过程就是一个典型的序列决策过程的一种公式化。有了马尔可夫的假设，在解决序列决策过程时才比较方便，而且实用。

马尔可夫决策过程（Markov Decision Process，MDP）是一个用于帮助智能体在随机环境中做出决策的框架。目标是找到一个策略，即一个映射，可以给出每个环境状态下的最优动作。MDP 在某种程度上比简单规划更强大，因为即使过程中出现问题，根据现有的最优策略也可以做出最佳动作。

在强化学习系统中，虽然智能体从环境中获取的状态特征可能无法包含所有的环境信息，但是至少不会遗忘之前状态序列中的信息。因此，在理想的强化学习系统中，希望状态特征能够以紧凑的形式包含过去的状态序列信息，同时保留所有做决策必需的相关信息。具有这样的状态特征的马尔可夫决策过程满足马尔可夫性。

马尔可夫性的公式表示如下：

$$p\left(s_{t+1} \mid s_t, a_t\right) = p\left(s_{t+1} \mid s_t, a_t, s_{t-1}, a_{t-1}, \cdots, s_0, a_0\right) \tag{8.29}$$

这说明环境在 $t+1$ 时的响应仅取决于 t 时刻的状态和动作。也就是说，在给定当前状态 s_t 的情况下，未来独立于过去，因为状态 s_t 中已包含智能体此前状态序列中的所有信息。

在连续状态和动作空间中满足马尔可夫属性的强化学习任务被称为是马尔可夫决策过程。马尔可夫决策过程是一个四元组 (S, A, P_a, R_a)。其中，S 是有限状态集合，A 是有限动作集合，P_a 是状态转移概率，即 t 时刻在状态 s 和动作 a 的作用下状态变为 s' 的概率，$R_a(s,s')$ 是在动作 a 的作用下状态从 s 转移为 s' 时的即时奖励。

MDP 的核心问题是为决策者找到一个"策略（Policy）"，即一个函数 $\pi(s)$，它决定了决策者在状态 s 时将选择的动作。策略 π 将能够最大化累计折扣回报：

$$\sum r_{a_t}(s_t,s_{t+1}) \tag{8.30}$$

式中，$a_t = \pi(s_t)$。

当 $P_a(s,s')$ 和 $R_a(s,s')$ 已知时，MDP 问题可以通过多种算法求解，如动态规划（Dynamic Programming）；而当其未知时，这就是一个强化学习问题，为此，需要定义累计回报和值函数。

一般而言，智能体希望最大化其预期回报，在最简单的情况下，奖励和有如下形式：

$$G_t = r_{t+1} + r_{t+2} + \cdots + r_T \tag{8.31}$$

式中，T 是最终时间步，这里最终时间步是指决策序列的末尾，它表示智能体处于被称为终止状态的一个特殊状态，它表示一个回合的结束。在此之后，智能体被重置为标准初始状态或从初始状态的标准分布中采样，诸如此类的任务称为回合任务。

可以看到，式（8.31）回报可能不适合所有任务。此外，这样的表示意味着当前获得的奖励与未来获得的奖励有着同样的价值。然而一般地，离当前步越远的未来步的奖励对于当前步的影响越小。因此，引入折扣因子的概念，定义一个范围为 $0 \leqslant \gamma \leqslant 1$ 的参数 γ，称为折扣因子，用于确定智能体可能收到的未来奖励在当前情况下的价值。将折扣因子添加到期望回报中，可得累计折扣回报：

$$G_t = r_{t+1} + \gamma r_{t+2} + \gamma^2 r_{t+3} + \cdots = \sum_{k=0}^{\infty} \gamma^k r_{t+k+1} \tag{8.32}$$

式（8.32）中，某个给定时间步 k 接收到的奖励的价值为现在接收到的 γ^{k-1} 倍。在选择 γ 的值时必须非常小心，因为它通常会定性地改变最优解的形式。当 γ 接近 0 时，智能体表现为没有远见，仅选择最大化其即时奖励的动作，在长期的任务中将会导致不良的表现。相反，当 γ 接近 1 时，智能体变得更有远见，但会产生无法区分立即获得大量奖励的策略和将来获得奖励的策略的问题。

当智能体进入某个新状态时，它必须要知道该状态的价值。一个状态的价值可以有两种衡量方式：一种是只考虑状态的状态价值函数，另一种是考虑正确状态动作的动作价值函数。

策略 π 的状态价值函数定义为从状态 s 开始之后的累计回报的期望，即：

$$V(s) = E_\pi\left[G_t \mid s_t = s\right] = E_\pi\left[\sum_{k=0}^{\infty}\gamma^k r_{t+k+1} \mid s_t = s\right] \tag{8.33}$$

类似地，策略 π 的动作价值函数定义为从状态 s 开始，根据当前策略 π，执行动作 a 之后获得的累计回报的期望，即：

$$Q(s,a) = E_\pi\left[\sum_{k=0}^{\infty}\gamma^k r_{t+k+1} \mid s_t = s, a_t = a\right] \tag{8.34}$$

这里 E_π 的意义是跟随策略 π 的期望值。

价值函数满足 Bellman 递归方程，这也是价值函数的基本属性：

$$\begin{aligned}
V^\pi(s) &= E_\pi\left[G_t \mid s_t = s\right] \\
&= E_\pi\left[r_{t+1} + \sum_{k=1}^{\infty}\gamma^k r_{t+k+2}\right] \\
&= \sum_a \pi(s,a)\sum_{s'} P_{ss'}^a\left[R_{ss'}^a + \gamma E_\pi\left[\sum_{k=0}^{\infty}\gamma^k r_{t+k+1}\right]\right] \\
&= \sum_a \pi(s,a)\sum_{s'} P_{ss'}^a\left[R_{ss'}^a + \gamma V^\pi\left(s'\right)\right]
\end{aligned} \tag{8.35}$$

式中，$G_t = \sum_{k=0}^{\infty}\gamma^k r_{t+k+1}$，即累计折扣回报。式（8.35）又可以写成如下形式：

$$V^\pi\left(s_t\right) = E_\pi\left[r_{t+1} + \gamma V^\pi\left(s_{t+1}\right)\right] \tag{8.36}$$

可以看出，当前状态的状态值可以由后继状态的状态值和奖励计算得到，这种通过后继状态值函数的估计来计算当前状态值函数的估计的方法称为自举（Bootstrapping）。

价值函数的更新方式主要分为三种：动态规划方法（Dynamic Programming，DP）、蒙特卡罗方法（Monte Carlo，MC）以及时间差分方法（Temporal-Difference，TD）。这里仅介绍本节中使用的时间差分方法。

TD 方法是 DP 方法与 MC 方法的组合，结合了 DP 方法通过自举学习的能力，以及 MC 方法通过收集到的经验平均值来估计当前状态的价值函数的能力。

在强化学习的应用中，一般通过迭代的方式获得价值函数。不同于 MC 方法，TD 方法不必等到一个回合结束才更新值函数。相反，TD 方法只需等下一个时间步，通过使用 TD 误差就可以得知新值与旧预测值的不同，迭代更新的一般形式为：

$$V(s_t) \leftarrow V(s_t) + \alpha \left[r_{t+1} + \gamma V(s_{t+1}) - V(s_t) \right] \tag{8.37}$$

TD 方法是 MC 的采样和 DP 的自举的强大组合。相比 DP 方法，它无模型的特性有巨大的优势。同时，它的在线全增量更新改进了 MC 方法。这在处理长度较长但长度有限的回合时尤为重要，因为单步更新的价值函数更新方式比回合更新效率更高。

8.2.2.2　深度确定性策略梯度算法

深度确定性策略梯度法是由 Sutton 提出的策略梯度法（Policy Gradient，PG）[51] 和 Silver 提出的确定性策略梯度法（Deterministic Policy Gradient，DPG）[52] 发展而来。

PG 算法采用的是随机策略，根据概率分布对动作进行采样从而决定每一步的动作，是一个随机过程。但由于 PG 算法在每一步动作时，都要根据策略对动作进行采样获得动作的具体反馈值然后选择最佳动作，当动作发生在高维空间时，这一步骤使得算法计算非常繁琐，降低了运算效率。在此基础上，Silver 提出了 DPG 算法，该算法的最大改进就是动作的选择不再是随机的，而是直接通过策略决定出一个确定的动作。在 DPG 算法的基础上，深度确定性策略梯度法（Deep Deterministic Policy Gradient，DDPG）将深度学习神经网络结合 actor-critic 模式做出改进。

DDPG 算法采用了 actor-critic 模式，利用 actor 做出决策，利用 critic 做出评价：首先从环境中观测得到状态 s，传递给 actor 根据这一状态凭现有策略做出决定得到动作 a，将动作作用于环境之后，环境会给出当前步的奖励反馈 r 和新的状态，根据奖励反馈 r，critic 将会更新对 actor 的行为评价网络，actor 再沿着 critic 建议的方向更新自身的策略网络，如此完成了一步训练，然后继续循环直到训练成功。由于神经网络要求训练数据之间是独立的，而 actor 通过不断与环境交互得到的数据存在一定的相关性，DDPG 采用了记忆池的设计，将与环境交互得到的数据样本存储在记忆池中，然后再从中随机选择一条数据进行训练，由此打破了数据间的关联，实现了样本的独立。

DDPG 采用了深度 Q 网络（Deep Q-network，DQN）算法中双网络的思想，即采用了四个神经网络：将 actor 对应的网络称为策略网络，分为现实策略网络和目标策略网络；将 critic 对应的网络称为价值网络，即 Q 网络，分为现实 Q 网络和目标 Q 网络。这四个网络的主要功能为：现实策略网络主要用于与环境进行交互，根据当前的状态 s 选择相应的动作 a，并更新策略网络中的参数 θ^μ；目标策略网络采用从记忆池中抽取的数据进行训练，根据下一状态 s' 选择合适的下

一动作 a'，该网络的网络参数 $\theta^{\mu'}$ 定期从现实策略网络中进行复制更新；现实 Q 网络用于计算当前的 Q 值 $Q\left(s,a\,|\,\theta^{Q}\right)$ 和目标 Q 值 $y=r+\gamma Q'\left(s',a'\,|\,\theta^{Q'}\right)$，并更新 Q 网络中的参数 θ^{Q}；目标 Q 网络主要用于计算目标 Q 值中的 $Q'\left(s',a'\,|\,\theta^{Q'}\right)$，该网络的参数 $\theta^{Q'}$ 定期从现实 Q 网络中进行复制更新。

深度确定性策略梯度算法的流程如图 8.13 所示。

由图可知，DDPG 算法的主要步骤为：首先，对现实策略网络和现实 Q 网络的神经网络参数 θ^{μ} 和 θ^{Q} 进行初始化；然后，将这两个网络的网络参数分别复制给目标策略网络和目标 Q 网络，得到 $\theta^{\mu'}$ 和 $\theta^{Q'}$；再对记忆池 D 进行初始化，准备开始每一回合的训练和参数更新。对于每一个回合的每一时间步，首先，根据当前的状态，通过现实策略网络生成动作并执行，将生成的新状态存入记忆池 D；然后，从记忆池中随机采样一批样本，通过样本计算 TD 损失与策略梯度，并根据 TD 损失对现实策略网络与现实 Q 网络参数进行更新；最后，通过软更新的方式，根据现实策略网络与现实 Q 网络参数缓慢地更新目标策略网络与目标 Q 网络参数。最终，通过回合的不停更迭，使网络参数向最大化 Q 值的方向更新发展。

8.2.2.3　空间多臂系统模型与参数选择 [53]

（1）状态及动作设置

状态和动作中包含的信息对于智能体的学习至关重要。因此，状态需要经过精心设计，并且包含智能体做出决定所必需的特征信息。由于空间多臂系统处于自由漂浮模式下，应该考虑基座的运动。因此，状态应该包括：基座的三轴位置及其速度、基座的姿态角及其角速度、机械臂各关节角度及其角速度、两末端执行器的位置及速度、目标点的位置以及末端执行器与目标点的直线距离。而对于自由漂浮空间机械臂而言，受控对象只有机械臂各关节角，且在本节中采用广义雅可比矩阵作为空间机械臂的运动学模型，所以动作选取为各关节角速度。规划的目标是使得两末端执行器同时到达其对应目标点附近一个小的区域内，规划算法的流程如图 8.14 所示。

（2）奖励函数设计

合理的奖励机制是 DDPG 算法收敛性能的关键影响因素。对于本节的研究对象而言，机械臂运动规划的成功与否取决于机械臂末端执行器是否能够到达目标点，因此机械臂末端执行器与目标点之间的距离是建立奖励模型的重要参数。同时，为了更加贴合工程实际，引入如下约束条件：

① 为了防止抓捕过程中机械臂末端执行器与目标发生剧烈碰撞而导致任务失败甚至是机械臂的损坏，需要对机械臂末端执行器的速度进行约束，使其在靠

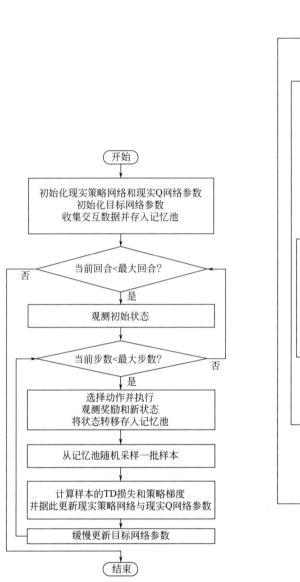

图 8.13　深度确定性策略梯度算法流程图

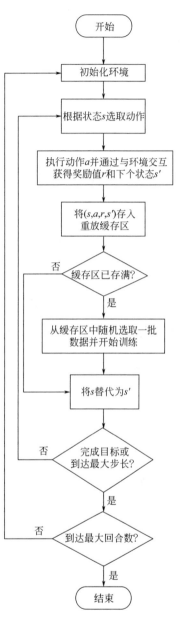

图 8.14　轨迹规划算法流程图

近目标点的过程中随着距离的缩短逐渐减小；

　　② 在两机械臂协同工作时，为了防止两机械臂之间发生自碰撞，需要对左臂与右臂之间的最小距离进行约束，使其保持在安全的操作范围内。

　　从以往的研究中可以得知，连续型的奖励函数往往能比稀疏型的奖励函数表现出更好的性能，因此，在本节中完成抓捕目标与满足约束所对应的奖励函数都采用连续型奖励函数。然而，连续型奖励函数相比于稀疏性奖励函数往往具有更加复杂的形式，这加大了设计的难度。下面将分别对完成主要目标和满足约束的奖励函数进行设计。

① 主要目标。

根据上述分析，两机械臂末端执行器与其对应的目标点之间的距离（记作 d_1 和 d_2）是设计奖励函数的主要依据。假设奖励函数采取线性函数的形式 $r = k(d_1 + d_2)$，其中 k 为负常数，那么随着距离 d_1 和 d_2 的不断减小，奖励值均匀增大，直至距离满足要求。然而，当末端执行器到达目标点附近时，期望其能够加速收敛到目标点处并快速学会这一策略，所以在线性函数的基础上引入了对数函数项以实现这一目标，其混合奖励形式如下：

$$r = -(d_1 + d_2) - \lg(d_1 + 10^{-8}) - \lg(d_2 + 10^{-8}) \tag{8.38}$$

式中，10^{-8} 项是为了避免对数函数产生歧义，同时约束对数函数项的最大值。

式（8.38）所示的奖励函数图像如图 8.15 所示。从图中可以看出，随着 d_1 和 d_2 的减小，奖励函数匀速增大，直至当 d_1 或 d_2 接近 0 时，奖励值会有显著增加，能够很好地满足我们的设计初衷。

② 末端执行器速度约束。

根据上述分析，在空间操控任务中，过大的接触速度可能导致机械臂末端执行器与目标之间发生碰撞甚至造成机械臂损坏，因此，为了兼顾机械臂的工作效率和机械臂的操作安全性，对机械臂末端执行器速度设置如下约束：当机械臂末端执行器离其对应的抓捕目标点较远时，速度约束项对整体奖励几乎没有影响；而当机械臂末端执行器与其对应的抓捕目标点之间的距离超过安全阈值之后，距离越近，速度约束所能提供的惩罚就越大。为了满足这一要求，速度约束所对应的惩罚项设计为如下形式：

$$r_v = -\left(\frac{|v_e^1|}{k_1 d_1^2 + k_2} + \frac{|v_e^2|}{k_1 d_2^2 + k_2} \right) \tag{8.39}$$

式中，系数 k_1 表示距离对惩罚项大小的影响程度，而系数 k_2 的作用为限制惩罚项的最大值。系数 k_1 和 k_2 需要通过合理的选取来保证在提供有效的速度约束的同时不对任务的主要目标产生影响。在这里，选取 $k_1 = 1, k_2 = 1$ 进行相关的仿真研究。假设末端执行器速度 v_e^1 和 v_e^2 固定为 0.5，则可以通过图像展示出速度惩罚项与距离 d_1 和 d_2 的关系，如图 8.16 所示。从图中可以看出，当距离 d_1 和 d_2 都大于 2m 时，速度惩罚项非常小，而当 d_1 或 d_2 小于 2m 时，速度惩罚项的大小会随着距离的缩短迅速增大，符合设计要求。

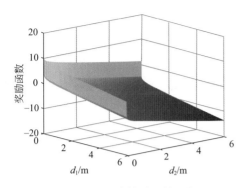

图 8.15　混合奖励函数图像

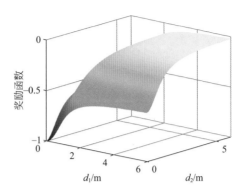

图 8.16　距离与惩罚项关系图

③ 双臂自碰撞约束。

当双臂协同工作时，避免两根机械臂之间的相互碰撞也是保证操作安全性的一个重要部分，因此，需要在算法中额外加入碰撞检测算法。在本节中，将机械臂连杆简化为有向线段来进行碰撞检测运算，原因如下：a. 通过机械臂的运动学参数可以看出，机械臂的半径相对于长度来说是可以忽略的；b. 由于需要在算法的每一步中都进行碰撞检测运算，所以复杂的模型必然会带来庞大的计算量，甚至可能会导致算法无法运行。考虑到 DDPG 算法需要进行大量的迭代运算，碰撞检测算法的设计也需要尽量简化，因此，本节中选取一种基于向量运算的方法来进行两臂之间最短距离的计算，其原理如图 8.17 所示。

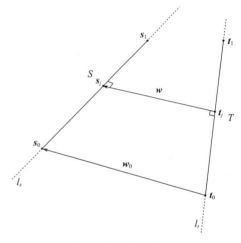

图 8.17　碰撞检测算法原理图

图 8.17 中，s_0、s_1、t_0、t_1 分别表示两条有向线段 S 和 T 的四个端点，l_s 和 l_t 表示线段 S 和 T 所在的直线，s_j、t_j 表示直线 l_s 和 l_t 的公垂线在这两条直线上的垂足。定义向量 $u = s_1 - s_0$，$v = t_1 - t_0$，则可以使用这两个向量对垂足 s_j 和 t_j 进行表示：

$$\begin{cases} s_j = s_0 + k_s u \\ t_j = t_0 + k_t v \end{cases} \tag{8.40}$$

式中，系数 k_s 和 k_t 分别表示垂足 s_j 和 t_j 在直线 l_s 和 l_t 上的位置。定义向量 $w_0 = s_0 - t_0$，$w = s_j - t_j$，则 w 可以表示为如下形式：

$$w = (s_0 + k_s u) - (t_0 + k_t v)$$
$$= (s_0 - t_0) + k_s u - k_t v \qquad (8.41)$$
$$= w_0 + k_s u - k_t v$$

又因为向量 w 垂直于向量 u 和向量 v，所以有 $u \cdot w = 0$，$w \cdot v = 0$，结合上述垂直关系，可以得到如下关系式：

$$\begin{cases} (u \cdot u)k_s - (u \cdot v)k_t = -u \cdot w_0 \\ (v \cdot u)k_s - (v \cdot v)k_t = -v \cdot w_0 \end{cases} \qquad (8.42)$$

令 $a = u \cdot u$，$b = u \cdot v$，$c = v \cdot v$，$d = u \cdot w_0$，$e = v \cdot w_0$，则系数 k_s 和 k_t 为：

$$\begin{cases} k_s = \dfrac{be - cd}{ac - b^2} \\ k_t = \dfrac{ae - bd}{ac - b^2} \end{cases} \qquad (8.43)$$

得到这两个系数之后，即可求出垂足 s_j 和 t_j 的位置。但是当 $ac - b^2 = 0$ 时，公式会出现奇异的情况，因此需要将这一情况单独考虑。分析可知，$ac - b^2 = 0$ 对应于直线 l_s 与 l_t 平行或重合的情况，当两直线平行时，取 $k_t = 0$，即可求出一组垂足位置 s_j 和 t_j，而此时两线段之间的最小距离就是两垂足之间的距离；当两直线重合时，不考虑线段重合的情况，则两线段之间的最小距离可以通过直接求解端点 s_0、s_1 与 t_0、t_1 之间距离的最小值获得。最终通过判断垂足与两线段之间的相对位置，即可求出两线段之间的最小距离，其具体形式如下所示：

$$d_{ST} = \begin{cases} \min(d_{s_0 t_0}, d_{s_0 t_1}, d_{s_1 t_0}, d_{s_1 t_1}), & l_s 与 l_t 重合 \\ d_{s_j t_j}, & 0 \leqslant k_s \leqslant 1, 0 \leqslant k_t \leqslant 1 \\ d_{s_0 t_j}, & k_s < 0, 0 \leqslant k_t \leqslant 1 \\ d_{s_1 t_j}, & k_s > 1, 0 \leqslant k_t \leqslant 1 \\ d_{s_j t_0}, & 0 \leqslant k_s \leqslant 1, k_t < 0 \\ d_{s_j t_1}, & 0 \leqslant k_s \leqslant 1, k_t > 1 \\ d_{s_0 t_0}, & k_s < 0, k_t < 0 \\ d_{s_1 t_0}, & k_s > 1, k_t < 0 \\ d_{s_0 t_1}, & k_s < 0, k_t > 1 \\ d_{s_1 t_1}, & k_s > 1, k_t > 1 \end{cases} \qquad (8.44)$$

应用式（8.44），分别求解左臂四个连杆与右臂四个连杆之间的最小距离，即可得到左臂与右臂之间的最小距离 $d_{\min}$，之后就可以据此设计避免发生自碰撞的惩罚项函数。

在奖励函数中，两臂之间最小距离 $d_{\min}$ 约束的惩罚项需要满足如下性质：当 $d_{\min}$ 足够大时，最小距离约束所提供的惩罚是可以忽略的；而当 $d_{\min}$ 超过安全阈值时，随着 $d_{\min}$ 的减小，最小距离约束所提供的惩罚会迅速加重。对比末端执行器速度约束惩罚项可以发现，二者具有相似的性质，因此，最小距离约束的惩罚项仍采用与速度约束惩罚项相同的函数形式：

$$r_d = -\frac{1}{k_1 d_{\min}^2 + k_2} \tag{8.45}$$

在本节的后续研究中，将最小距离约束惩罚项中的系数选作：$k_1 = 100$，$k_2 = 0.5$。将以上三组奖励函数组合起来，就可以得到最终形式的奖励函数：

$$
\begin{aligned}
r_{\text{total}} = &-(d_1 + d_2) - \lg(d_1 + 10^{-8}) - \lg(d_2 + 10^{-8}) \\
&-\left(\frac{|\boldsymbol{v}_e^1|}{d_1^2 + 1} + \frac{|\boldsymbol{v}_e^2|}{d_2^2 + 1}\right) - \frac{1}{100 d_{\min}^2 + 0.5}
\end{aligned}
\tag{8.46}
$$

8.3　仿真验证

本节将通过数学仿真的方式，对本章所提出的考虑相对滑动的空间机械臂抓捕非合作目标的算法进行测试。考虑到本章从单臂和多臂两个角度提出了相关的抓捕策略和机械臂路径规划算法，本节在仿真中也将从单臂和多臂两个方面进行具体论述。

8.3.1　单臂抓捕

首先，空间单机械臂系统的具体设计已经在本章的先前部分给出，因此这里仅仅在图 8.18 中给出整个空间单机械臂航天器的总体设计示意图。基于该种设计和本章所介绍的抓捕策略，可以得到如图 8.19 所示的仿真结果。图中所展示的抓捕仿真场景分别给出了基座相机、手眼相机拍摄的抓捕过程，以及空间惯性坐标系和基座卫星本体坐标系下的机械臂与目标相对位置。从仿真中可以清晰地看出，单机械臂系统在抓捕过程中经历了几个阶段，并最终顺利抓住了在运动且自旋的空间非合作目标。

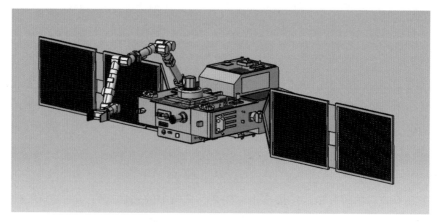

图 8.18　空间单机械臂航天器设计图

1号相机图像

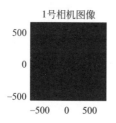

惯性坐标系下系统构型

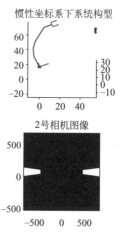

基座卫星本体坐标系下系统构型

2号相机图像

(a) 接近阶段

1号相机图像

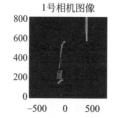

惯性坐标系下系统构型

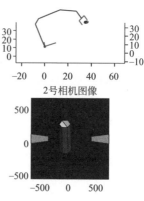

基座卫星本体坐标系下系统构型

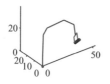

2号相机图像

(b) 捕获阶段

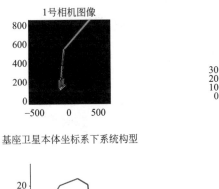

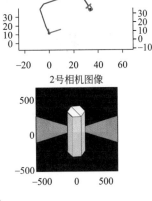

(c) 捕获完成

图 8.19　单机械臂抓捕仿真实验结果

　　进一步聚焦抓捕过程中的接触问题。在本节中，由于只考虑了钳型抓捕机构，因此执行机构与目标之间的工作平面是固定的。为此，就可以将目标在工作平面上的投影单独隔离处理，并进行碰撞点识别与碰撞力计算。该过程需要经历两次投影解算，如图 8.20 和图 8.21 所示，在图 8.20 中，首先需要判断碰撞会发生在棱柱的顶面还是侧面。如果碰撞发生在侧面，则要进一步判断具体发生在哪条棱附近。进一步地，图 8.21 展示了在碰撞面上的具体碰撞点的计算。将上述两次投影解算的结果集成，就得到了如图 8.22 所示的仿真结果。从图中可以看出，目标在抓捕过程中与执行机构发生了数次碰撞，并最终被钳子夹住。值得注意的是，在被夹紧之后，目标与执行机构之间仍然留存有三自由度的相对滑动，这也就形成了前面几个章节中讨论的组合体控制任务场景。

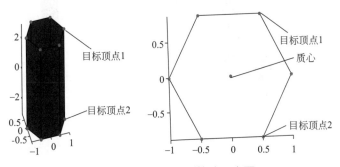

图 8.20　碰撞面识别算法示意图

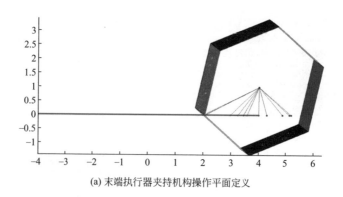

(a) 末端执行器夹持机构操作平面定义

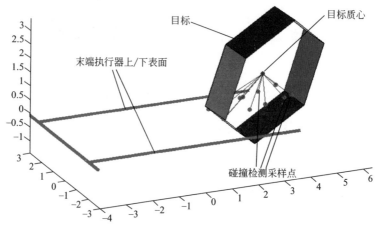

(b) 目标与末端执行器之间的构型

图 8.21　碰撞点识别过程示意图

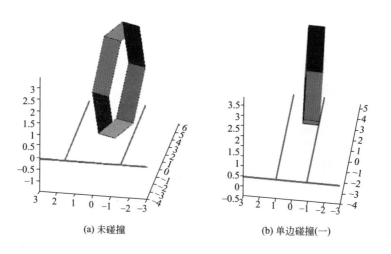

(a) 未碰撞　　　　　　　　(b) 单边碰撞(一)

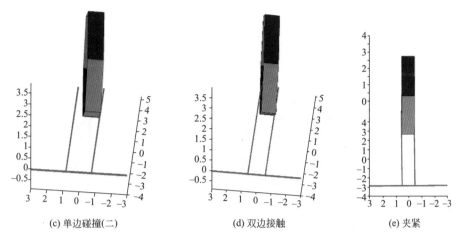

(c) 单边碰撞(二)　　　　　　(d) 双边接触　　　　　　(e) 夹紧

图 8.22　碰撞接触模型展示

最后，图 8.23 与图 8.24 展示了碰撞接触模型在整个机械臂抓捕目标过程中所发挥的作用。从图中可以看出，在抓捕流程的最后，接触模型会被激活，从而模拟机械臂所受到的碰撞冲击，以及目标与机械臂之间非连续的相对运动变化。最终可以得知，对不同形状的目标，空间机械臂所采用的不同的抓捕策略可以在大部分情况下实现对目标的精确抓捕。由于考虑了目标与执行机构之间的相对滑动，在完成抓捕后，目标与执行机构间将留存有相对运动，形成单边约束组合体构型。

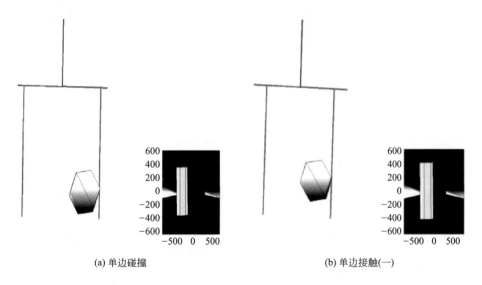

(a) 单边碰撞　　　　　　　　　　　(b) 单边接触(一)

图 8.23

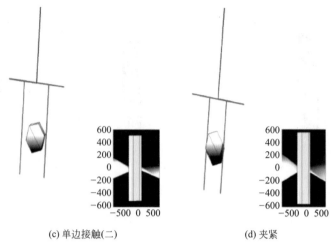

(c) 单边接触(二)　　　　　　(d) 夹紧

图 8.23　抓捕过程中的接触细节展示（工况一）

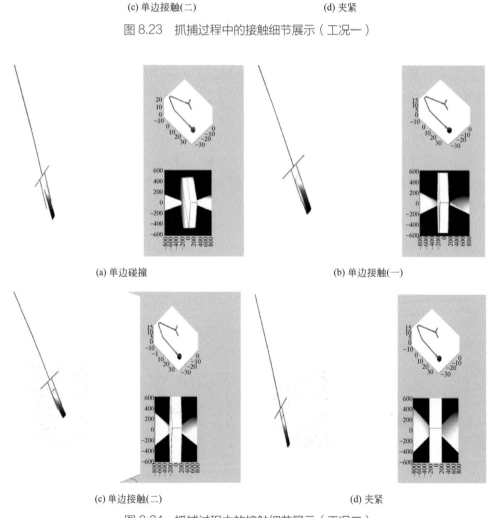

(a) 单边碰撞　　　　　　(b) 单边接触(一)

(c) 单边接触(二)　　　　　　(d) 夹紧

图 8.24　抓捕过程中的接触细节展示（工况二）

　　进一步地，上述碰撞算法可以被应用于更广泛的非棱柱形状目标。从图 8.25 中可以看出，若目标不是棱柱，但仍然是规则旋转体，则碰撞检测算法大部分内容不会受到影响，只有在碰撞面检测时，不能再以棱柱为检测基准。在确定了碰撞面之后，碰撞点的检测和碰撞力的计算并没有变化，如图 8.26 和图 8.27 所示。与此同时，图 8.28 展示了更加复杂的几何形状的碰撞处理方式。在识别了目标的大概碰撞区域之后，通过对碰撞区域的局部二维曲面拟合，就可以获得碰撞位置的解析表达式，从而快速检测碰撞点，并利用如图 8.29 和图 8.30 所示的方法计算接触力以及碰撞后目标的运动情况。

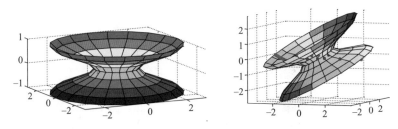

图 8.25　非棱柱目标碰撞点识别算法

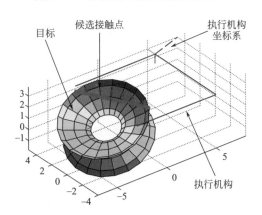

图 8.26　执行机构抓捕目标的任务场景

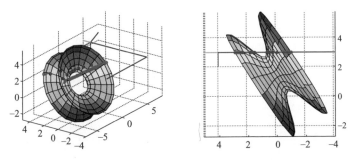

图 8.27　执行机构与目标之间的碰撞平面检测算法（三维场景与投影平面视角）

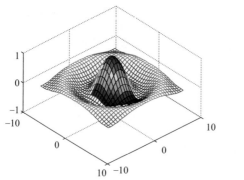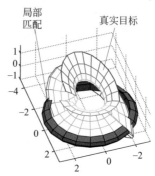

图 8.28　完全非规则目标局部曲线拟合算法

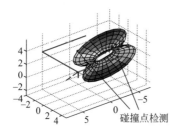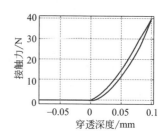

图 8.29　碰撞点检测算法　　图 8.30　接触动力学模型受力曲线示意图

8.3.2　多臂抓捕

上一小节已经实现了在单机械臂抓捕任务场景下的算法验证。本小节将继续从多机械臂抓捕任务场景出发，验证基于深度强化学习的多臂协同抓捕策略。首先，将 DDPG 算法的状态量选取如下形式：

$$s = \left(r_0, A_0, v_0, \omega_0, \phi^1, \phi^2, \omega^1, \omega^2, p_e^1, p_e^2, v_e^1, v_e^2, p_t, v_t, d_1, d_2, d_{\min} \right) \quad (8.47)$$

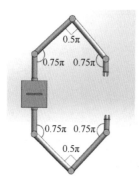

图 8.31　空间双臂系统的参考构型

式中，r_0、A_0、v_0、ω_0 分别为基座的位置、姿态、速度以及姿态角速度；ϕ^1、ω^1、ϕ^2、ω^2 分别为机械臂 1 和机械臂 2 上所有关节的关节角与关节角速度；p_e^1、v_e^1、p_e^2、v_e^2 分别为末端执行器 1 和末端执行器 2 的位置以及速度；p_t、v_t 分别为目标抓捕点的位置与速度；d_1、d_2 分别为末端执行器 1 和末端执行器 2 与其对应目标点的距离；$d_{\min}$ 为左臂与右臂之间的最小距离。

空间双机械臂系统在仿真时的参考构型如图 8.31 所示。考虑到一些空间目标是带自旋的，所以将分别对抓捕静止目标与带自旋目标这两种工况进行仿真分析。

8.3.2.1　抓捕静止目标

首先对抓捕静止目标进行仿真，用于训练和用于测试的空间机械臂系统初始构型在表 8.3 中进行了罗列。当机械臂两末端执行器同时到达对应目标点附近 0.2m 的范围内时，视为抓捕成功。仿真结果如图 8.32 ～图 8.38 所示。

表 8.3　空间机械臂系统初始构型

参数	用于训练的初始构型	用于测试的初始构型
r_0	(0, 0, 0)	(0, 0, 0)
A_0	(0, 0, 0)	(0, 0, 0)
v_0	(0, 0, 0)	(0, 0, 0)
ω_0	(0, 0, 0)	(0, 0, 0)
ϕ^1	可动范围内随机选取	(0.15π, 0.15π, 0.25π, 0.3π)
ϕ^2	可动范围内随机选取	(0.3π, -0.15π, -0.25π, -0.3π)
ω^1	(0, 0, 0)	(0, 0, 0)
ω^2	(0, 0, 0)	(0, 0, 0)
p_t	(0, 3, 0)	(0, 3, 0)
v_t	(0, 0, 0)	(0, 0, 0)

图 8.32 为 DDPG 算法训练过程中的每百回合成功率。从图中可以看出，当训练大约两千回合之后，算法的成功率稳定在 90% 以上，验证了 DDPG 算法具有很好的收敛性与训练效果。图 8.33 ～图 8.35 为对训练完成的 DDPG 算法的验证结果。从图中可以看出，训练得到的 DDPG 算法能够很好地完成抓捕任务。图 8.34 展示了两末端执行器的速度变化，结合图 8.33 和图 8.34 可以看出，当末端执行器与目标点距离大于 2m 时，末端执行器的速度几乎没有变化，而当末端执行器与目标点距离小于 2m 时，末端执行器速度随距离的减小迅速变小，验证了所设计速度约束的有效性。图 8.35 与图 8.36 分别为两臂之间的最短距离变化以及两臂各个连杆之间的最短距离变化。从这两张图中可以看出，最短距离始终处于安全阈值之外，验证了所设计最短距离约束的有效性。而结合这两张图可以看出，最短距离一直都是两根机械臂一号连杆之间的距离，是一个定值，这是因为两根一号连杆都是固连在基座上的，它们之间的相对距离不会发生变化。为了更好地说明机械臂的运动情况，在图 8.37 和图 8.38 中展示了两根机械臂各个关

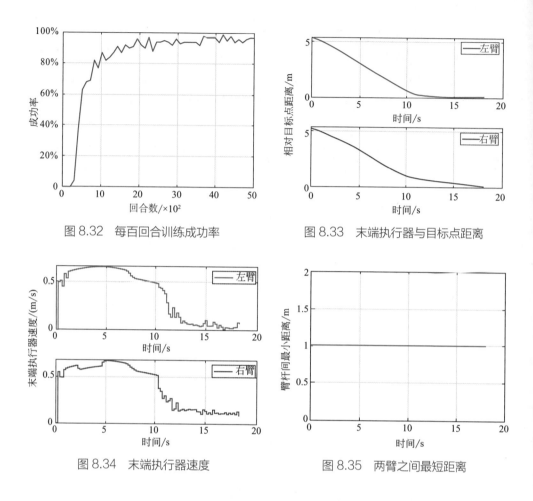

图 8.32　每百回合训练成功率

图 8.33　末端执行器与目标点距离

图 8.34　末端执行器速度

图 8.35　两臂之间最短距离

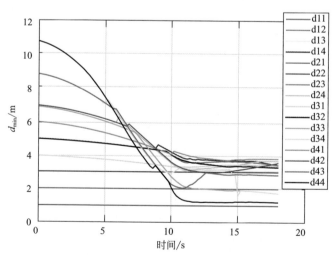

图 8.36　两臂各连杆之间最短距离

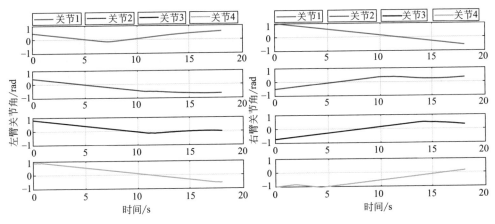

图 8.37　关节角轨迹

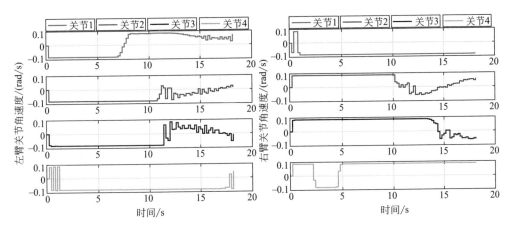

图 8.38　关节角速度轨迹

节的关节角轨迹以及关节角速度轨迹。从图中可以看出，通过本章所设计的轨迹规划算法能够得到一条连续的关节角轨迹，满足设计的初衷；且关节角速度是跳变的，这是因为关节角速度是 DDPG 算法中的训练对象，而为了方便后续的控制算法能够跟得上设计的关节角速度轨迹，在本节中已经将每一步的仿真步长加大。

8.3.2.2　抓捕自旋目标

在完成对静止目标抓捕的轨迹规划之后，本小节对自旋目标抓捕也进行了仿真。在这一工况下，训练与测试所使用的机械臂系统初始构型与抓捕静止目标的工况相同，而且设置目标为以匀角速度缓慢自旋的。在本小节的仿真中，将目标的自旋角速度设置为 0.02rad/s。仿真结果如图 8.39 ～图 8.47 所示。

从图 8.39 中可以看出，在考虑目标自旋之后，DDPG 算法仍然能够在 3000

回合左右达到90%以上的成功率，说明本章所设计的基于DDPG算法的轨迹规划算法对于自旋目标同样是适用的。图8.40为轨迹规划的主要目标，即末端执行器与目标点距离。从图中可以看出，在目标自旋这一工况下，本章所设计的规划算法仍然能够很好地完成路径规划的目标。图8.41和图8.42显示出本章所设计的末端执行器速度约束与双臂的碰撞约束在自旋目标的工况下仍然能够发挥出很好的作用。图8.44和图8.45分别是两机械臂所有关节的角度与角速度轨迹。为了能够更好地体现出对于自旋目标的抓捕过程，在图8.46和图8.47中展示了左右两末端执行器与左右两目标点的位置变化。从图中可以看出，末端执行器能够对目标点进行跟踪。所以本章所设计的路径规划算法同样适用于抓捕自旋目标。为了能够更直观地展示出抓捕过程，在图8.48中展示了在抓捕自旋目标过程中四个时间节点上空间双机械臂系统与目标之间的实时关系图。

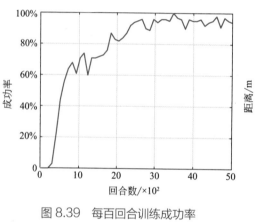

图 8.39　每百回合训练成功率

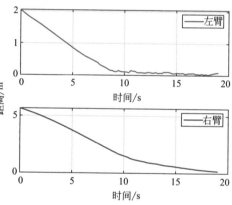

图 8.40　末端执行器与目标点距离

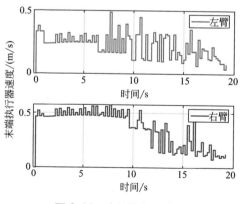

图 8.41　末端执行器速度

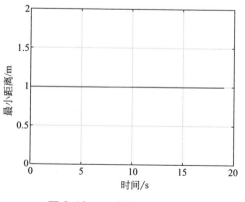

图 8.42　两臂之间最短距离

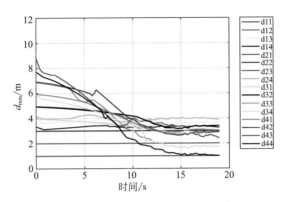

图 8.43　两臂各连杆之间最短距离

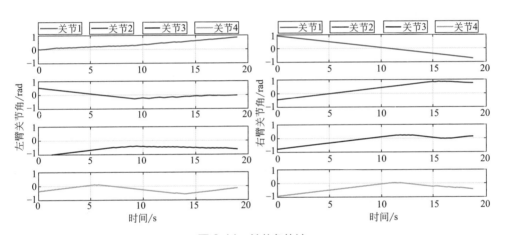

图 8.44　关节角轨迹

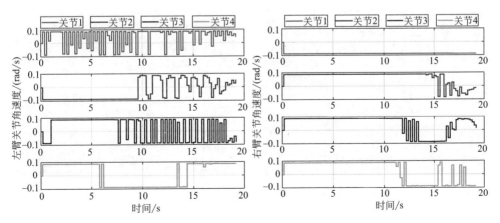

图 8.45　关节角速度轨迹

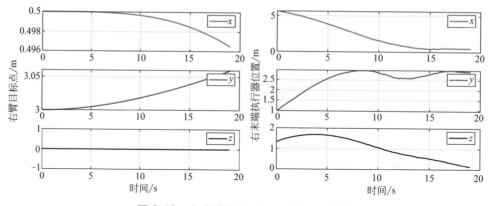

图 8.46　右末端执行器与对应目标点位置

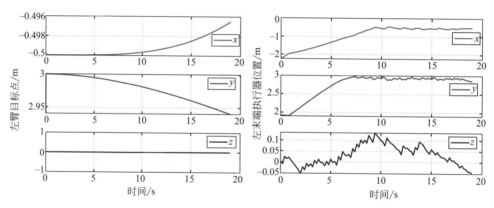

图 8.47　左末端执行器与对应目标点位置

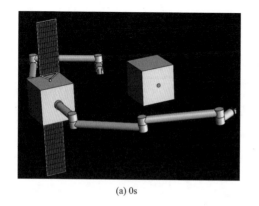

(a) 0s

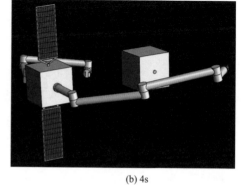

(b) 4s

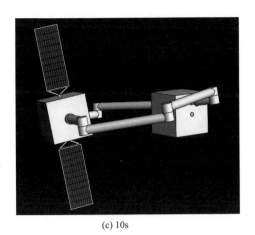
(c) 10s

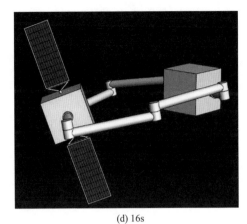
(d) 16s

图 8.48 抓捕自旋目标过程

8.4 本章小结

本章结合目标与执行机构之间的相对滑动现象,对空间机械臂抓捕非合作目标的策略进行了改进。通过对单机械臂抓捕策略和多机械臂抓捕策略的研究,构建了更简洁高效的空间非合作目标抓捕方法;同时,允许在抓捕完成后目标与执行机构之间存在一定的相对滑动运动,并基于此改进了现有的碰撞模型来模拟抓捕过程中的接触现象。这也使得仿真算例更加贴近真实,更能够测试相关抓捕策略与机械臂路径规划算法的可靠性。基于本章的讨论和仿真结果,可以得到以下几个结论:

① 考虑相对滑动的空间机械臂抓捕策略与传统策略有显著不同,执行机构不再需要跟随 6 自由度相对运动,这为算法设计提供了更多创新的空间;

② 基于工作平面投影的空间非合作目标碰撞模型可以高效地识别碰撞点并计算碰撞力的大小,为抓捕仿真系统提供了重要的铺垫;

③ 基于相对运动分解的空间单机械臂抓捕策略可以实现对不同形状类型的空间自旋目标的有效抓捕;

④ 基于深度强化学习的空间多机械臂抓捕策略可以成功地抓住空间自旋目标,同时还能保证双臂之间的距离保持在安全范围以内,避免碰撞风险。

以上的讨论证明了拓展自由度方法除了在抓捕之后对多体航天器的建模与控制有着重要的作用,在抓捕前对机械臂路径规划与控制同样能起到一定的效果。

　　至此，我们就将拓展自由度方法融入到了多体航天器动力学与控制的各个层面之中，被控对象包括空间单机械臂、多机械臂系统、带有运动部件的航天器以及带有铰链的空间结构机构等。以上的讨论充分印证了拓展自由度方法在多体航天器动力学研究中的广阔应用前景，为相关航天任务提供了新的思路和一定的技术支持。

[1] M. Shan, J. Guo, E. Gill. Review and comparison of active space debris capturing and removal methods[J]. Progress in Aerospace Sciences, 2016, 80: 18-32.

[2] A. Flores-Abad, O. Ma, K. Pham, et al. A review of space robotics technologies for on-orbit servicing[J]. Progress in Aerospace Sciences, 2014, 68: 1-26.

[3] 汤靖师，程昊文. 空间碎片问题的起源、现状和发展 [J]. 物理，2021, 50(05): 317-323.

[4] https://www.esa.int/Safety_Security/Space_Debris/Space_debris_by_the_numbers.

[5] 佘宇琛. 单边约束空间非合作目标组合体动力学与控制技术研究 [D]. 南京：南京航空航天大学, 2020.

[6] L. M. Seale, W. E. Bailey, W. E. Powe. Study of Space Maintenance Techniques[R]. BELL AEROSYSTEMS CO BUFFALO NY, 1963.

[7] Z. Cheng, X. Hou, X. Zhang, et al. In-orbit assembly mission for the Space Solar Power Station[J]. Acta Astronautica, 2016, 129: 299-308.

[8] W. Oegerle. Concept for a large scalable space telescope: In-space assembly[C]. Proc. SPIE 6265, Space Telescopes and Instrumentation I: Optical, Infrared, and Millimeter, 2006, 62652C.

[9] S. Yano, H. Kasahara, D. Masuda, et al. Improvements in and actual performance of the Plant Experiment Unit onboard Kibo, the Japanese experiment module on the international space station[J]. Advances in Space Research, 2013, 51(5): 780-788.

[10] C. F. Lillie. On-Orbit Assembly and Servicing for Future Space Observatories[C]. AIAA 2006-7251, San Jose, California, 2006.

[11] V. Wagenen, J. NovaWurks. Prepares-self assembling space-craft for LEO demonstration[OL]. http://www.Satellitetoday.com/technology/2016/01/27/novawurks-prepares-self-assembling-spacecraft-for-leo-demonstration.

[12] R. Fujita, M. Imaizumi, K. Aoyama, et al. Analysis of generated power of ETS-VII during solar activity maximum period[J]. Solar Energy Materials and Solar Cells, 2003, 75(1-2): 319-325.

[13] J N. Pelton. On-Orbit Servicing and Retrofitting, Handbook of Satellite Applications[M]. Switzerland: Springer, 2017.

[14] N. J. Currie, B. Peacock. International Space Station Robotic Systems Operations − A Human Factors Perspective [C]. Proceedings of the Human Factors and Ergonomics Society Annual Meeting, Los Angeles. CA: SAGE Publications, 2002, 46(1): 26-30.

[15] R. Longman, R. Lindererg, M. Zedd. Satellite-mounted robot manipulators — new kinematics and reaction moment compensation[J]. Int. J. Robot Res, 1987, 6: 87-103.

[16] A. Abramovici. The special purpose dexterous manipulator (SPDM) systems engineering efforts − A cost effective approach to systems engineering[C]. Proceeding of the 6th International Symposium on Artificial Intelligence and Robotics & Automation in Space: i-SAIRAS, Quebec, 2001.

[17] A. Chiesa, F. Alberto. Enabling technologies for active space debris removal: The cadet project[C]. 3rd European Workshop on Space Debris Modeling and Remediation, Paris, 2014.

[18] K. Yoshida, H. Nakanishi. The TAKO (Target Collaborativize) Flyer: A New Concept for Future Satellite

Servicing[C]. Proceeding of the 6th International Symposium on Artificial Intelligence and Robotics & Automation in Space: i-SAIRAS, Quebec, 2001.

[19] S. Li, Y. She. Recent advances in contact dynamics and post-capture control for combined spacecraft[J]. Progress in Aerospace Sciences, 2021, 120: 100678.

[20] J. Bourdon, M. Ganet-Schoeller, P. Delpy, et al. Position control design and validation applied to ATV during docking to ISS[J]. IFAC Proceedings Volumes, 2004, 37(6): 83-88.

[21] O. Ma, K. Buhariwala, N. Roger. MDSF — A generic development and simulation facility for flexible, complex robotic systems[J]. Robotica, 1997, 15(1): 49-62.

[22] Y. Shen, S. Guo, P. Zhao, et al. Research on lettuce growth technology onboard Chinese Tiangong II Spacelab[J]. Acta Astronautica, 2018, 144: 97-102.

[23] 游斌第 . 星载天线动态指向精度动力学分析与控制 [D]. 哈尔滨 : 哈尔滨工业大学 , 2011.

[24] 李忠洪 . 考虑铰链间隙的空气舵传动机构动力学建模及分析 [D]. 哈尔滨 : 哈尔滨工业大学 , 2015.

[25] 王旭鹏 . 含间隙铰链机构非线性接触力和碰撞动力学研究 [D]. 西安 : 西北工业大学 , 2016.

[26] Y. Hamada, T. Ohtani, T. Kida, et al. Synthesis of a linearly interpolated gain scheduling controller for large flexible spacecraft ETS-VIII[J]. Control Engineering Practice, 2011, 19(6): 611-625.

[27] 刘洪，邓林，沈俊 . ICO G1 卫星移动通信系统 [J]. 数字通信世界 , 2011(03): 36-39.

[28] "米诺陶 4+" 火箭首飞发射军事通信试验卫星 [J]. 卫星与网络 , 2011(11): 56.

[29] D. W. Matolak, A. Noerpel, R. Goodings, et al. Recent progress in deployment and standardization of geostationary mobile satellite systems[C]. MILCOM, Anaheim, 2002, 1: 173-177.

[30] 谢丰奕 . 美国移动通信卫星 Sky Terra 1 升空 [J]. 卫星电视与宽带多媒体 , 2010(23): 20-21.

[31] S. Wu, F. Mou, Q. Liu, et al. Contact dynamics and control of a space robot capturing a tumbling object[J]. Acta Astronautica, 2018, 151: 532-542.

[32] T. Hu, T. Wang, J. Li, et al. Modeling and simulation of space robot with unilateral contact based on complementary problem[J]. Acta Scientiarum Naturalium Universitatis Pekinensis, 2016, 52(4): 627-633.

[33] Y. She, S. Li. An extra degree-of-freedom model for combined spacecraft attitude control with unilateral contact constraint[J]. Acta Astronautica, 2019, 165: 54-67.

[34] R. Kelly, V. Santibáñez, A. Loría. Control of Robot Manipulators in Joint Space[M]. London: Springer-Verlag, 2005.

[35] L. C. Bo, D. Pavelescu. The friction–speed relation and its influence on the critical velocity of slip-stick motion[J]. Wear, 1982, 82: 277-289.

[36] J. Liang, S. Fillmore, O. Ma. An extended bristle friction force model with experimental validation[J]. Mechanism and Machine Theory, 2012, 56: 123-137.

[37] G. Gilardi, I. Sharf. Literature survey of contact dynamics modelling[J]. Mech. Mach. Theor., 2000, 37: 1213-1239.

[38] Y. She, S. Li, J. Hu. Contact dynamics and relative motion estimation of non-cooperative target with unilateral contact constraint[J]. Aerospace Science and Technology, 2020, 98: 105705.

[39] G. Biondi, S. Mauro, S. Pastorelli. Vision-based localization of the center of mass of large space debris via statistical shape analysis[J]. J. Phys. Conf. Ser., 2017, 882, 012001.

[40] Q. Feng, Z. H. Zhu, Q. Pan, et al. Pose and motion Estimation of unknown tumbling spacecraft using stereoscopic vision[J]. Advances in Space Research, 2018, 62: 359-369.

[41] G. Biondi, S. Mauro, S. Pastorelli. Kinematic registration and shape analysis for locating center of mass in large passive spacecraft[C]. 2017 IEEE International Workshop on Metrology for AeroSpace (MetroAeroSpace), Padua, 2017.

[42] S. Li, Y. She, J. Sun. Inertial parameter estimation and control of non-cooperative target with unilateral contact constraint[J]. Chinese Journal of Aeronautics, 2021, 4(3): 225-240.

[43] T. Nguyen-Huynh, C. Sharf. Adaptive reactionless motion and parameter identification in postcapture of space debris[J]. Journal of Guidance, Control, and Dynamics, 2014, 36(2): 404-414.

[44] D. N. Nenchev, K. Yoshida, P. Vichitkulsawat, et al. Reaction null-space control of flexible structure mounted manipulator systems[J]. IEEE Transactions on Robotics and Automation, 1999, 15(6): 1011-1023.

[45] 秦昌茂. 高超声速飞行器分数阶 PID 及自抗扰控制研究 [D]. 哈尔滨 : 哈尔滨工业大学 , 2011.

[46] S. Abiko, G. Hirzinger. An adaptive control for a free-floating space robot by using inverted chain approach[C]. IEEE/RSJ International Conference on Intelligent Robots and Systems, San Diego, 2007.

[47] A. S. Zaki, W. H. ElMaraghy. Model reference adaptive control for a three-degree of freedom manipulator with flexible links[C]. American Control Conference, 2009, 0-7803-0860-3.

[48] 李胤慷，佘宇琛，李爽，等 . 复杂动力学模型下星载天线跟瞄控制技术研究 [J]. 飞控与探测 , 2019, 2(05): 41-48.

[49] G. Campolo, L. Mazzini. Flexible Spacecraft Dynamics, Control and Guidance[M]. Switzerland: Springer, 2016.

[50] 张博，梁斌，王学谦，等 . 基于自适应反作用零空间控制的大型非合作目标动力学参数实时辨识仿真 [J]. 机器人 , 2016, 38(1): 98-106.

[51] R. S. Sutton, D. Mcallester, S. Singh, et al. Policy gradient methods for reinforce-ment learning with function approximation[C]. Neural Information Processing Systems, Colorado, 1999: 1057-1063.

[52] D. Silver, G. Lever, N. Heess, et al. Deterministic policy gradient algorithms[C]. International Conference on Machine Learning, Beijing, 2014: 387-395.

[53] Y. Li, X. Hao, Y. She, et al. Constrained motion planning of free-float dual-arm space manipulator via deep reinforcement learning[J]. Aerospace Science and Technology, 2021, 109: 106446.